TECHNIK, WIRTSCHAFT und POLITIK 51

Schriftenreihe des Fraunhofer-Instituts
für Systemtechnik und Innovationsforschung ISI

Carsten Nathani

Modellierung des Strukturwandels beim Übergang zu einer materialeffizienten Kreislaufwirtschaft

Kopplung eines Input-Output-Modells mit einem Stoffstrommodell am Beispiel der Wertschöpfungskette „Papier“

Mit 42 Abbildungen und 71 Tabellen

Physica-Verlag

Ein Unternehmen des Springer-Verlags

Dr. Carsten Nathani
Fraunhofer-Institut für Systemtechnik
und Innovationsforschung
Breslauer Straße 48
76139 Karlsruhe
carsten.nathani@isi.fraunhofer.de

ISSN 1431-9659
ISBN 3-7908-0023-6 Physica-Verlag Heidelberg

Bibliografische Information Der Deutschen Bibliothek
Die Deutsche Bibliothek verzeichnet diese Publikation in der Deutschen Nationalbibliografie; detaillierte bibliografische Daten sind im Internet über <http://dnb.ddb.de> abrufbar.

Physica-Verlag Heidelberg
ein Unternehmen der BertelsmannSpringer Science+Business Media GmbH

Umschlaggestaltung: Erich Kirchner, Heidelberg

SPIN 10908952 88/3130-5 4 3 2 1 0 – Gedruckt auf säurefreiem Papier

Vorwort

Die vorliegende Arbeit entstand während meiner Tätigkeit als wissenschaftlicher Mitarbeiter am Fraunhofer-Institut für Systemtechnik und Innovationsforschung in Karlsruhe. Sie wurde als Dissertation an der Universität Oldenburg angenommen.

Herrn Prof. Dr. Wolfgang Pfaffenberger danke ich herzlich für die Aufnahme als „externer" Doktorand, für die Betreuung der Arbeit und die konstruktiven Diskussionen. Mein besonderer Dank gilt auch Herrn Prof. Dr.-Ing. Eberhard Jochem für die Übernahme des Korreferats trotz enger Terminpläne, sein Interesse an der Arbeit und für die wertvollen Anregungen.

Herzlich danken möchte ich meinen Kollegen Rainer Walz, Joachim Schleich und Martin Patel für ihre jederzeitige Diskussionsbereitschaft und ihre hilfreichen Anmerkungen zum Manuskript. Harald Hiessl danke ich für die zeitlichen Freiräume, die ich in der Endphase neben den laufenden Projekten zur Fertigstellung dieser Arbeit nutzen konnte. Ebenfalls danken möchte ich Frau Angelika Schilling und Frau Sonja Mohr für die zuverlässigen redaktionellen Korrekturen und die Unterstützung bei der Textverarbeitung.

Dem Bundesministerium für Bildung und Forschung bin ich für die Förderung des Forschungsvorhabens verbunden, in dessen Rahmen die vorliegende Arbeit zum großen Teil erstellt werden konnte.

Mein ganz besonderer Dank gilt Dorothée Braun für ihr Verständnis und ihre Unterstützung.

Carsten Nathani

Karlsruhe, Oktober 2002

Inhaltsübersicht

Inhaltsverzeichnis

1 Einführung

Hintergrund

Die Verringerung von Treibhausgasemissionen ist derzeit eine der wichtigsten Aufgaben auf der umweltpolitischen Agenda. Auf den Konferenzen von Rio und Kyoto haben sich die Industrieländer zum Ziel gesetzt, ihren Ausstoß von klimarelevanten Gasen, insbesondere von Kohlendioxid, gegenüber dem Stand von 1990 zu reduzieren. Die Bundesrepublik Deutschland hat sich im Rahmen des EU-Burden-Sharing auf ein Minderungsziel von 21 %[1] bis zum Zeitraum 2008 - 2012 verpflichtet. Langfristig sind laut Empfehlung der Enquete-Kommission des Deutschen Bundestages „Vorsorge zum Schutz der Erdatmosphäre" deutlich weitergehende Reduktionen erforderlich (Enquete, 1990). Zwar ist es inzwischen gelungen, den Verbrauch fossiler Energieträger und damit den CO_2-Ausstoß von der Entwicklung des Bruttoinlandsprodukts zu entkoppeln. Gegenüber dem Jahr 1990 haben sich die CO_2-Emissionen sogar um gut 15 % verringert[2] (Umweltbundesamt, 2001). Knapp 60 % der Emissionsreduktion sind jedoch auf die Deindustrialisierung in den neuen Bundesländern zurückzuführen (Schleich et al., 2001). Sollen die mittel- und langfristigen Reduktionsziele erreicht werden, so sind auch in Deutschland noch erhebliche Anstrengungen erforderlich.

Die bisherigen Erfolge bei der Begrenzung der CO_2-Emissionen wurden vor allem durch technische Effizienzsteigerungen bei der Energieumwandlung und -nutzung, den Einsatz CO_2-armer Energieträger und zunehmendes Recycling auf der werkstofflichen Ebene erreicht (Jochem/Bradke, 1996; Eichhammer et al., 2001). Der Strukturwandel, der zu einem relativen Bedeutungsverlust energieintensiver Branchen geführt hat, ist ebenfalls als Einflussfaktor zu nennen (Diekmann et al., 1999).

Ein bedeutender Teil des Energieverbrauchs wird für die Bereitstellung materieller Produkte für Endverbraucher benötigt. Dementsprechend können Strategien, die einen effizienteren Einsatz von Materialien oder die verstärkte Kreislaufführung von Materialien und Produkten zum Ziel haben, ebenfalls wesentlich zur Verringerung des Energieverbrauchs und damit der CO_2-Emissionen beitragen (Jochem, 2000; Gielen, 1999). Eine systematische Kreislaufführung von Materialien und Produkten geht über die bestehenden Recycling-Systeme, die vorwiegend rohstofflich oder werkstofflich orientiert sind, hinaus. Produktbezogene Umweltschutzstrategien, die seit einigen Jahren in der Diskussion sind, aber noch nicht breit umgesetzt werden, setzen darüber hinaus auch auf die Kreislaufführung und möglichst lange Nutzung von Produkten oder Produktkomponenten (Hirschl et al., 2001; Walz et al., 2001). Damit werden im Vergleich zum Werkstoffrecycling zusätzliche ener-

---

[1] gemessen in CO_2-Äquivalenten

[2] bis einschl. 1999

gie- und umweltintensive Prozessschritte vermieden und dementsprechend weniger Energie benötigt. Gleichzeitig führen diese Strategien zu Umweltentlastungen in anderen Bereichen, wie z. B. bei der Ressourcennutzung, den Schadstoffemissionen oder dem Abfallaufkommen.

Es ist absehbar, dass der Übergang zu einer materialeffizienten Kreislaufwirtschaft mit einem deutlichen technischen und strukturellen Wandel verbunden wäre. Technologien zur Aufbereitung von ausgedienten Produkten und ihrer Rückführung in den Produktionskreislauf würden ebenso wie klassische Recyclingtechniken stark an Bedeutung gewinnen und gegenüber dem heutigen Stand der Technik weiterentwickelt werden. Eine materialeffiziente Kreislaufwirtschaft würde zu einer Verlagerung der ökonomischen Aktivitäten sowohl von der Bereitstellung von Primärwerkstoffen hin zur Bereitstellung von Sekundärwerkstoffen als auch von der Produktion neuer Güter hin zur Aufarbeitung ausgedienter Güter führen und generell mit einem Bedeutungsverlust von Branchen der Grundstoffindustrie einhergehen. Dies dürfte auch Auswirkungen auf Rohstoffimporte, vorgelagerte Branchen wie die Energieversorgung und nachgelagerte Branchen wie die klassische Entsorgungswirtschaft haben. Neue Dienstleistungen zur ressourcenschonenden Produktnutzung wären erforderlich (vgl. Fleig, 2000). Bisher ist empirisch kaum untersucht worden, welche Auswirkungen der Übergang zu einer materialeffizienten Kreislaufwirtschaft für eine Volkswirtschaft, insbesondere im Hinblick auf sektorstrukturelle Verlagerungen, hätte. Die vorliegende Arbeit will hierzu einen Beitrag leisten.

Für komplexe Fragestellungen wie die oben genannte werden häufig Modelle zur Analyse der Problematik sowie zur Unterstützung umweltpolitischer Entscheidungen eingesetzt. Die meisten Erfahrungen mit dem Einsatz umweltökonomischer Modelle wurden im Zusammenhang mit der Klimaschutzdiskussion gemacht. Die bisher entwickelten Modelle können dabei anhand verschiedener Kriterien klassifiziert werden (vgl. Grubb et al., 1993). Häufig wird zwischen so genannten Bottom-Up- und Top-Down-Modellen unterschieden.

Bottom-Up-Modelle sind durch partialanalytische Ansätze gekennzeichnet, die einen für die Fragestellung relevanten Ausschnitt der Volkswirtschaft mit einem hohen Detaillierungsgrad abbilden. Dazu gehören u.a. partielle Gleichgewichtsmodelle und prozessanalytische Modelle wie Energiesystemmodelle (FEES, 1999). Hinsichtlich der Untersuchung material- und produktorientierter Fragestellungen sind die Stoffstrommodelle dieser Gruppe zuzuordnen. Kennzeichnend ist dabei der technikbasierte Ansatz, bei dem die relevanten Technikalternativen einschließlich zukünftig verfügbarer Techniken detailliert mit den notwendigen Daten wie z. B. stofflichen und energetischen Inputs und Outputs, Kosten etc. abgebildet werden. Damit ist eine explizite Erklärung der Technikwahl unter verschiedenen Rahmenbedingungen (z.B. Einführung einer CO_2-Steuer) sowie der damit verbundenen Umweltauswirkungen und Kosten möglich. Eine Schwäche dieser Modelle ist die fehlende Einbettung in gesamtwirtschaftliche Zusammenhänge (Jochem et al., 1999).

Sie benötigen exogene Annahmen zur künftigen Höhe und Struktur der Güternachfrage oder zum künftigen Außenhandel. Aussagen zu den Auswirkungen ressourcenschonender Politikansätze auf Bereiche außerhalb des betrachteten Systems sowie auf volkswirtschaftliche Zielgrößen sind nicht möglich.

Zu den Top-Down-Modellen werden die in der empirischen Wirtschaftsforschung eingesetzten Modelle gezählt, die in großer Vielfalt auf umweltökonomische Fragestellungen angewandt werden. Die Modelle dieser Gruppe haben einen deutlich höheren Aggregationsgrad als partialanalytische Ansätze. Üblicherweise lässt sich diese Gruppe weiter in die makroökonomischen Modelle, die Allgemeinen Gleichgewichtsmodelle (AGE-Modelle[3]) und die Input-Output-Modelle differenzieren (Pfaffenberger, 1995; Fankhauser/McCoy, 1995). Diese Modelltypen sind durch unterschiedliche methodische Ansätze und unterschiedliche Schwerpunkte bei der Abbildung gesamtwirtschaftlicher Zusammenhänge gekennzeichnet (für eine vergleichende Darstellung der Modelltypen vgl. z. B. Grubb et al., 1993; Jochem et al., 1999; Pfaffenberger, 1995). Aufgrund ihres hohen Aggregationsgrades sind AGE-Modelle und makroökonomische Modelle nur bedingt in der Lage, technischen und (intrasektoralen) strukturellen Wandel angemessen abzubilden. Input-Output-Modelle zeichnen sich zwar durch eine stärkere sektorale Disaggregation aus. Dafür werden jedoch an anderen Stellen, insbesondere bei der Flexibilität der Produktionsfunktion, Einschränkungen in Kauf genommen (Fankhauser/McCoy, 1995).

In der Regel wird in Top-Down-Modellen versucht, technischen und strukturellen Wandel einzubeziehen, indem Vergangenheitstrends, autonome Effizienzfaktoren oder Preisabhängigkeiten in die sektoralen Produktionsfunktionen integriert werden. Damit lassen sich jedoch Veränderungen unterhalb der jeweiligen Sektorebene (z. B. Veränderungen des Produkt- und Prozess-Mix) sowie Strukturbrüche gegenüber vergangenen Trends nur sehr bedingt einbeziehen. Nach Frohn et al. (1998) weisen Top-Down-Ansätze insbesondere auch „Defizite hinsichtlich der Erfassung potentieller, noch nicht implementierter Techniken auf“[4].

Daher kam es vielfach zu Ansätzen, Bottom-Up-Modelle und Top-Down-Modelle zu verbinden, um die jeweiligen Stärken der beiden Modelltypen zu nutzen (vgl. z.B. Grubb et al., 1993; Krause, 1996; Grundmann, 1999 für eine Übersicht). In diesen gekoppelten Modellen ermöglichen Bottom-Up-Modelle die detaillierte technikbasierte Analyse eines relevanten Ausschnitts aus der Volkswirtschaft, während mit Top-Down-Modellen die gesamtwirtschaftlichen Auswirkungen einbezogen werden können. Diese Kopplungsansätze wurden bisher überwiegend für energie- und klimapolitische Fragestellungen angewendet, wobei in den Bottom-Up-Modellen die Veränderungen des Energiesystems im Mittelpunkt standen.

---

3 nach der englischen Bezeichnung „Applied General Equilibrium Models“

4 vgl. Frohn et al. (1998), S. 86

Zielsetzung
Das Ziel dieser Arbeit ist die Entwicklung eines Ansatzes zur Modellierung des mit dem Übergang zu einer materialeffizienten Kreislaufwirtschaft verbundenen Strukturwandels. Das gewählte Konzept umfasst die Kopplung eines dynamischen Input-Output-Modells mit einem Stoffstrommodell als Bottom-Up-Modell. Für diese Wahl waren die folgenden Überlegungen ausschlaggebend. Die Gestaltung von Materialeffizienz- und Kreislaufwirtschaftsstrategien sowie ihre Einsatzpotentiale sind in der Regel sehr material- und produktspezifisch. So kommen beispielsweise für kurzlebige Verbrauchsgüter und langlebige Gebrauchsgüter ganz unterschiedliche Maßnahmen der Materialeffizienzsteigerung in Betracht. Für Analysen mit diesem hohen Differenzierungsgrad sind technikbasierte Stoffstrommodelle entwickelt worden. Input-Output-Modelle sind aufgrund ihres – im Vergleich zu anderen Top-Down-Modellen hohen - Disaggregationsgrades am ehesten in der Lage, zum einen die technischen Informationen aus dem Partialmodell angemessen zu berücksichtigen und zum anderen die strukturellen Auswirkungen der genannten Strategien abzubilden und auch die unterschiedliche Betroffenheit der Branchen einzubeziehen.

Die vorliegende Arbeit möchte damit zur Beantwortung der folgenden Fragen beitragen:

- Wie kann die Kopplung eines Input-Output-Modells mit einem Stoffstrommodell konzeptionell aussehen?
- Welchen Beitrag kann das gewählte Modellkonzept zur Analyse des Strukturwandels beim Übergang zu einer materialeffizienten Kreislaufwirtschaft leisten? Wo liegen die Potentiale und Grenzen dieses Ansatzes?
- Welche Erkenntnisse hinsichtlich der strukturellen Auswirkungen von Materialeffizienz- und Kreislaufwirtschaftsstrategien lassen sich anhand eines konkreten Fallbeispiels gewinnen?

Unter den Input-Output-Modellen bestehen verschiedene Modelltypen. Die Entwicklung des Kopplungsansatzes erfolgt am Beispiel des Modells MIS (Makroökonomisches Informationssystem Ikarus, vgl. Pfaffenberger/Ströbele, 1995), einem dynamischen Input-Output-Modell mit endogener Bestimmung der Investitionen. Dieses Modell wurde bisher vor allem für Analysen im Energiebereich eingesetzt und ist in der Lage, technischen und strukturellen Wandel in energierelevanten Sektoren einzubeziehen. Insofern stellt die vorliegende Arbeit eine Ausweitung des Betrachtungsrahmens auf Fragen der Materialeffizienz dar.

Neben der Entwicklung des Kopplungsansatzes erfolgt in dieser Arbeit auch eine empirische Anwendung am Beispiel des Werkstoffs „Papier“. Die Wertschöpfungskette „Papier“ ist durch eine hohe Energieintensität gekennzeichnet, sie weist aber auch deutliche Potentiale zur Verbesserung der Materialeffizienz und zur Kreislaufführung der beteiligten Stoffströme auf. Zur Kopplung mit dem oben genannten Input-Output-Modell MIS wird ein Stoffstrommodell der Papierkette aufgebaut, das die wesentlichen mit dem Material „Papier“ verbundenen Prozesse sowie die sie vernetzenden Stoff- und Energieflüsse für den Bezugsraum Bundesrepublik Deutschland abbildet. Mit dem gekoppelten Modellsystem werden Projektionen bis zum Jahr 2020 erstellt, wobei der technische und strukturelle Wandel innerhalb der Papierkette unter besonderer Berücksichtigung von Kreislaufwirtschafts- und Materialeffizienzstrategien einbezogen wird. Für die Entwicklung der Papierkette werden verschiedene Szenarien betrachtet. Der Vergleich der mit dem gekoppelten Modell erzielten Ergebnisse mit denen des ungekoppelten Modells MIS soll dann Aussagen zum Nutzen und den Grenzen des gewählten Kopplungsansatzes erlauben.

Aufbau der Arbeit

Die vorliegende Arbeit ist in einen methodischen und einen empirischen Teil gegliedert. Im ersten Teil gibt Kapitel 2 zunächst einen Überblick über Kreislaufwirtschaftsstrategien und Strategien zur Erhöhung der Materialeffizienz und skizziert ihren möglichen Beitrag zur Einsparung fossiler Energieträger. Des weiteren werden Stoffstrommodelle als partialanalytische Instrumente zur Untersuchung dieser Strategien erläutert. Hypothesen zu den zu erwartenden Auswirkungen von Materialeffizienzstrategien auf die sektorale Wirtschaftsstruktur schließen das Kapitel ab. Diese Effekte lassen sich mit Input-Output-Modellen analysieren. Die bestehenden Ansätze zur Abbildung des technischen und intrasektoralen Wandels in Input-Output-Modellen und deren Nutzbarkeit für die vorliegende Fragestellung werden in Kapitel 3 diskutiert. Darauf aufbauend wird in Kapitel 4 der in dieser Arbeit entwickelte methodische Ansatz zur Kopplung des dynamischen Input-Output-Modells MIS mit einem Stoffstrommodell vorgestellt. Konzeptionelle Aspekte der Modellkopplung werden herausgearbeitet und die für die Modellkopplung und Modellrechnungen erforderlichen Schritte dargestellt. Im empirischen Teil enthält Kapitel 5 die Erläuterung des aufgebauten Stoffstrommodells „Papier“ und der Kopplung dieses Modells mit dem Input-Output-Modell MIS. Die Beschreibung der damit durchgeführten Modellrechnungen ist Gegenstand von Kapitel 6. Darin werden zunächst die betrachteten Szenarien zur Entwicklung der Papierkette unter Einbeziehung von Materialeffizienz- und Kreislaufwirtschaftsmaßnahmen beschrieben. Anschließend erfolgt mit dem gekoppelten Modell eine Analyse der mit der Umsetzung dieser Maßnahmen verbundenen Auswirkungen auf die sektorale Wirtschaftsstruktur und den Energieverbrauch. Kapitel 7 enthält die Zusammenfassung sowie Schlussfolgerungen aus den durchgeführten Arbeiten und schließt mit einem Ausblick auf weiteren Forschungsbedarf ab.

Teil I: Entwicklung eines methodischen Ansatzes zur Modellierung des Strukturwandels in einer materialeffizienten Kreislaufwirtschaft

2 Kreislaufwirtschaft, Materialeffizienz und Strukturwandel

2.1 Typisierung von Materialeffizienz- und Kreislaufwirtschaftsstrategien

Der Begriff der *Materialeffizienz* beschreibt zunächst allgemein, wie effizient materielle Inputs bei der Herstellung eines Outputs eingesetzt werden (Worrell et al., 1997). Dabei dient nicht nur die spezifische Masse der eingesetzten Inputs bezogen auf den erzeugten Output als Maß für die Materialeffizienz. Zu einem möglichst effizienten Materialeinsatz im hier vorliegenden Kontext gehört auch die Verwendung von Materialien, die mit einem möglichst geringen Energieverbrauch bzw. möglichst geringen Umweltbelastungen verbunden sind.

Materialeffizienz kann auf verschiedenen Ebenen und in Bezug auf verschiedene Systeme betrachtet werden. Beginnt man auf der Ebene eines einzelnen Prozesses (Aktivitätsebene), so bedeutet Materialeffizienz hier die effiziente Nutzung materieller Inputs zur Herstellung eines Prozessoutputs (z.B. Minimierung von Produktionsausschuss). Die gleiche Bedeutung hat Materialeffizienz bei Betrachtung eines ganzen Wirtschaftssektors (Sektorebene), wenn man einen Wirtschaftssektor als eine Menge vergleichsweise homogener wirtschaftlicher Aktivitäten ansieht. Hier liegt eine Steigerung der Materialeffizienz vor, wenn weniger oder weniger umweltbelastende materielle Inputs benötigt werden, um die Produktpalette des Sektors herzustellen.

Der Betrachtungsrahmen verändert sich, wenn Produkte Gegenstand der Analyse sind (Produktebene). In der Diskussion um eine umweltgerechte Produktgestaltung hat es sich als sinnvoll erwiesen, den gesamten Lebensweg eines Produkts als Betrachtungsrahmen zu wählen (Enquete, 1994; Rubik/Teichert, 1997). Dieser umfasst alle Prozesse, die mit der Bereitstellung, Nutzung und Entsorgung des Produkts verbunden sind, mit ihren jeweiligen Inputs und Outputs. Ein Produktlebensweg beginnt mit der Gewinnung der benötigten Rohstoffe, führt über die verschiedenen Verarbeitungsschritte bis zur Bereitstellung des Produkts und schließt die Produktnutzung sowie die anschließende Beseitigung bzw. das Recycling der Altprodukte ein (SETAC, 1991). Betrachtet wird also ein System von Prozessen, die durch Stoff- und Energieströme miteinander verbunden sind. Maßnahmen zur Materialeffizienzsteigerung können an verschiedenen Stellen in diesem System ansetzen, vorzugsweise dort, wo sie systemweit die größte Wirkung entfalten. Damit entfernt man sich von der einzeltechnischen Betrachtungsebene und ist in der Lage, Rückwirkungen von Maßnahmen in einem Bereich des Produktlebensweges auf andere Bereiche einzubeziehen. Geht man einen Schritt weiter und betrachtet die Funktion, die ein Produkt erfüllen oder das Bedürfnis, das es befriedigen soll (Produktfunktions- oder Bedürfnisebene), so wird das einzubeziehende System auf mehrere alternative Produktkombinationen erweitert, die eine gegebene Funktion bereitstellen können. Hierbei sind wiederum die Lebenswege der betrachteten Produkte einzubeziehen.

Als letzte Betrachtungsebene ist noch die regionale Ebene zu nennen, die sich auf alle Aktivitäten in einer oder mehreren Volkswirtschaften oder auch in einer abgrenzbaren Teilregion beziehen. Auf dieser Ebene sind verschiedene Untersuchungen durchgeführt worden, die beispielsweise zum Ziel haben, den gesamten Materialverbrauch eines oder mehrerer Länder zu bilanzieren (Bringezu, 2000; Adriaanse et al., 1998; Matthews et al., 2000) oder die Zusammenhänge zwischen ökonomischer Entwicklung, Strukturwandel und der Entwicklung des Materialbedarfs zu analysieren (Hypothese von der Environmental Kuznets Curve, vgl. z.B. Cleveland, 1999; Jänicke et al., 1997).

Die Wahl der Systemgrenzen ergibt sich aus der zu beantwortenden Fragestellung. Sie grenzt auch die Palette der zur Verfügung stehenden Maßnahmen zur Steigerung der Materialeffizienz ein. Will man die Materialeffizienz eines Produktlebensweges erhöhen, so bieten sich dafür deutlich mehr Ansatzpunkte als bei einem einzelnen Prozess.

Der Begriff der *Kreislaufwirtschaft* kann nach Fleischer/Kühl (1999) definiert werden als „ein Wirtschaften mit dem Ziel, genutzte Ressourcen mit geringstem Aufwand an Stoff und Energie durch Kreislaufführung einer erneuten Nutzung zuzuführen“.

Diese Idee einer Kreislaufwirtschaft orientiert sich am Vorbild der natürlichen Stoffkreisläufe, wo die Abfallstoffe eines Prozesses als Rohstoffe eines anderen Prozesses genutzt werden. Im englischsprachigen Raum hat sich der Begriff der „Industrial Ecology“ etabliert, der die Stoff- und Energieströme innerhalb der Industriegesellschaft („Industrieller Metabolismus“, vgl. Ayres/Simonis, 1994; Baccini/Brunner, 1991) systematisch betrachtet und gezielt so beeinflussen will, dass sich der industrielle Metabolismus mit möglichst geringen, letztendlich jedoch unvermeidlichen Umweltbelastungen in den natürlichen Stoffkreislauf einfügt (Ayres/Ayres, 1996; Frosch, 1997).

Einen wichtigen Anstoß für das Konzept der Kreislaufwirtschaft lieferte die abfallpolitische Diskussion seit Ende der achtziger Jahre. Die Abfallwirtschaft sollte nicht mehr isoliert, sondern als Teil einer übergeordneten Stoffwirtschaft betrachtet werden, die sowohl die Versorgung mit Gütern als auch die Entsorgung von Reststoffen umfasst (SRU, 1990). 1994 wurde das Kreislaufwirtschafts- und Abfallgesetz verabschiedet, das den Vorrang der Abfallvermeidung und der Abfallverwertung vor der Abfallbeseitigung festschreibt. Zudem wurde die Verantwortung der Produkthersteller für die umweltgerechte Entsorgung ihrer Produkte im Prinzip verankert.

Das Konzept der Kreislaufwirtschaft beinhaltet also die systematische Erschließung von Potentialen zur Abfallvermeidung und –verwertung in der Produktion und der Produktgestaltung. Dazu gehört die weitgehende Rückführung von Reststoffen zurück in den Produktionskreislauf. Da hiermit wiederum der Einsatz von Primärmaterialien substituiert wird, können Kreislaufwirtschaftsstrategien als Teil einer übergeordneten Materialeffizienzstrategie betrachtet werden. Sie haben die gleichen Ziele, aber unterschiedliche Betrachtungswinkel. Während die Materialeffizienz eher die Inputseite von Produktions- und Konsumtionsprozessen betont, ist die Outputseite eher der Ausgangspunkt der Kreislaufwirtschaftsidee.

Zur Typisierung der zu betrachtenden Strategien sind verschiedene Vorschläge gemacht worden (vgl. z. B. Ayres/Ayres, 1996; Gielen, 1999; Stahel, 1991; Worrell, 1994). Die hier verwendete Typisierung orientiert sich an Gielen (1999) und unterscheidet dabei drei Gruppen, die sich darin unterscheiden, auf welcher Ebene eine Strategie zu einer Effizienzsteigerung führt (vgl. Tabelle 1). Sie sind hinsichtlich der ökologischen Wertigkeit in aufsteigender Reihenfolge aufgeführt. Energieorientierte Strategien führen zu einer Verwertung von Abfällen als Energieträger und substituieren damit andere Energieträger. Diese Strategie wird hier der Vollständigkeit halber aufgeführt, auch wenn sie eigentlich zu den Energieeffizienzstrategien gerechnet wird. Die materialorientierten Strategien führen zu einer Effizienzsteigerung auf der Materialebene, während die produktorientierten Strategien auf der Produktebene bzw. der Komponentenebene ansetzen.

Zusätzlich lassen sich die Strategien auch nach ihren Eingriffspunkten im Produktlebensweg einordnen (vgl. Abbildung 1). Im Mittelpunkt der vorliegenden Arbeit stehen die material- und produktorientierten Strategien, die im Weiteren näher erläutert werden (Gielen, 1999; Hiessl et al., 1995, Walz et al., 2001).

Die *Erhöhung der Materialeffizienz* im engeren Sinn zielt darauf ab, vorgegebene Produktfunktionalitäten mit einer geringeren Materialmenge zu erzielen. Dies kann z. B. durch

- Verbesserung von Materialeigenschaften,
- veränderte Produktkonstruktion, die einen geringeren Materialeinsatz erlaubt (z. B. materialoptimierte Verpackung oder Papier mit geringerem spezifischem Gewicht, Miniaturisierung elektronischer Bauteile),
- Verwendung von Verbundwerkstoffen und
- Veränderung des Produktionsverfahrens mit dem Ziel eines geringeren Materialausschusses

erfolgen (Gielen, 1999).

Tabelle 1: Typisierung von Materialeffizienz- und Kreislaufwirtschaftsstrategien

Energie-orientierte Strategien	Energetische Verwertung von Produktions- und Produktabfällen
Material-orientierte Strategien	Verringerung des für die Produktherstellung benötigten Material- bzw. Werkstoffbedarfs (Materialeffizienz im engeren Sinn)
	Materialsubstitution mit dem Ziel einer insgesamt geringeren Energieintensität bzw. Umweltbelastung
	Werkstoffliches und rohstoffliches Recycling von Produktionsabfällen oder ausgedienten Produkten
Produkt-orientierte Strategien	Herstellung langlebiger Produkte
	Nutzungsdauerverlängerung von Produkten und Produktkomponenten
	Nutzungsintensivierung von Produkten
	Materialeffiziente Produktsubstitution

Quelle: Eigene Darstellung

Die Verwendung von Verbundwerkstoffen, die im Vergleich zu konventionellen Werkstoffen eine geringere Dichte bei gleicher Funktionserfüllung aufweisen, stellt dabei eine Kombination mit der nächsten Strategie der Materialsubstitution dar.

Eine *Materialsubstitution* kann zum Ziel haben, energieintensivere bzw. die Umwelt insgesamt belastendere durch weniger belastende Materialien zu ersetzen. Für den Vergleich zweier Alternativen ist der gesamte Lebenszyklus des hergestellten Produktes einzubeziehen, da ein höherer Energieverbrauch zur Herstellung des Produkts durch Energieeinsparungen in der Produktnutzungs- oder -verwertungsphase ausgeglichen oder überkompensiert werden kann. Ein Beispiel für eine vordergründig energieintensive Materialsubstitution ist die zunehmende Verwendung von Aluminium anstelle von Stahl bei der Fahrzeugherstellung. Hier verspricht man sich jedoch von dem mit dem Aluminiumeinsatz verbundenen geringeren Fahrzeuggewicht Kraftstoffersparnisse bei der Fahrzeugnutzung, die den höheren Energiebedarf bei der Aluminiumproduktion überkompensieren und damit den Aluminiumeinsatz energetisch rechtfertigen (Schäper/Leitermann, 1996).

Beim *rohstofflichen oder werkstofflichen Recycling* werden Produktionsabfälle oder ausgediente Produkte zu Sekundärroh- oder –werkstoffen verarbeitet (vgl. z.B. Nickel, 1996). Häufig sind die dabei zum Einsatz kommenden Prozesse im Vergleich zu den Primärprozessen mit einem geringeren Energieverbrauch verbunden (z. B. Sekundäraluminium- und –stahlproduktion oder Altpapieraufbereitung).

Abbildung 1: Kreislaufwirtschafts- und Materialeffizienzstrategien im Produktlebenszyklus

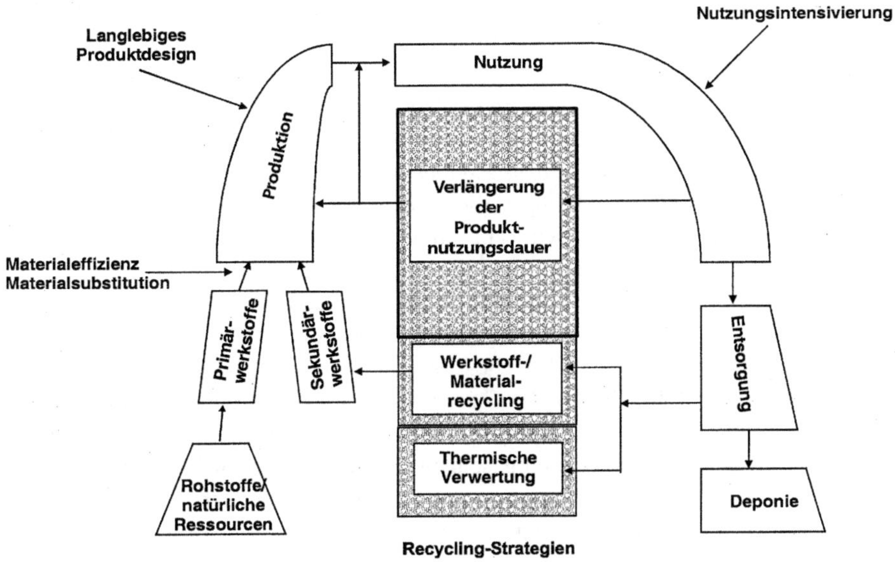

Quelle: in Anlehnung an Hiessl et al. (1995)

Sie sind daher bei einigen Werkstoffen bereits gängige Praxis, bei anderen sind noch Steigerungspotentiale vorhanden. In der Regel ist die Aufbereitung zu Werkstoffen gegenüber der rohstofflichen Verwertung vorzuziehen, da die zusätzlichen Produktionsschritte vom Roh- zum Werkstoff vermieden werden. Insbesondere beim Recycling gebrauchter Produkte muss jedoch für eine sachgerechte Beurteilung der Vorteilhaftigkeit eine Gegenüberstellung der eingesparten Energie mit dem zur Erfassung und Aufbereitung der Altprodukte benötigten Energiebedarf stattfinden.

Die *Herstellung langlebiger Produkte* stellt einen Gegentrend zur gegenwärtigen Entwicklung zu immer kurzlebigeren Produkten dar (Stahel, 1991). Sie verringert damit die Neuproduktion, die nötig ist, um ausrangierte Produkte zu ersetzen. Die Herstellung langlebiger Produkte kann vordergründig einen höheren Materialbedarf zur Folge haben. Die Materialeffizienz steigt jedoch, wenn dieser zusätzliche Materialbedarf durch die längere Lebensdauer überkompensiert wird. Ein Beispiel hierfür sind halbgewerbliche Waschmaschinen, die einen höheren Materialbedarf haben als übliche Haushaltsgeräte, dafür aber auch eine wesentlich längere Lebensdauer aufweisen. Ein Nachteil dieser Strategie kann darin bestehen, dass sich umweltentlastender technischer Wandel langsamer durchsetzt, wenn es nicht möglich ist, die bestehenden Produkte entsprechend nachzurüsten. So ist es beispielsweise fraglich, ob eine möglichst lange Lebensdauer bei Pkw wünschenswert ist. Hier ist die Nutzungsphase für die Hauptumweltbelastungen verantwortlich (Schweimer/Schuckert, 1996). Verschiedene technische Entwicklungen haben in der Vergangenheit zu deutlichen Umweltentlastungen geführt (z.B. kraftstoffsparende Bauweise, 3-Wege-Katalysatoren, Einsatz von bleifreiem Benzin). Eine längere Pkw-Lebensdauer hätte zwar Umweltentlastungen in der Produktion bewirkt, jedoch zu einer Verzögerung der wichtigeren Umweltentlastungen in der Nutzungsphase geführt.

Die *Verlängerung der Produktnutzungsdauer* kann zum einen durch regelmäßige Wartung und Instandhaltung erfolgen, die einem vorzeitigen Ende der Produktnutzung vorbeugen. Zum anderen wird angestrebt, beim Ausfall von Produktkomponenten nicht das ganze Produkt zu entsorgen, sondern die betroffenen Teile auszutauschen, zurückzuführen und möglichst wieder aufzuarbeiten. Hierdurch werden im Gegensatz zum werkstofflichen Recycling Kreisläufe auf höheren Wertschöpfungsstufen geschaffen (Fleig, 2000; Hiessl et al., 1995; Steinhilper, 1993). Je höher die Wertschöpfungsstufe der zurückgeführten Bauteile ist, desto mehr Veredelungsschritte und damit Ressourcen-, Energieverbrauch und Umweltbelastungen können im Vergleich zur Neuproduktion eingespart werden. Ein bekanntes Beispiel für die bereits erfolgte Realisierung dieser Strategie bieten Kopiergerätehersteller. Bei gewerblichen Kunden ist die Wartung und Instandhaltung von Kopierern durch die Hersteller gängige Praxis. Defekte Bauteile werden ausgetauscht, aufgearbeitet und wieder verwendet. Gleichermaßen findet bei ausgemusterten Geräten häufig eine Aufarbeitung weiter nutzbarer Komponenten statt.

Die *Intensivierung der Produktnutzung* setzt bei Produkten an, deren durchschnittliche Nutzungsdauer unter der technisch möglichen Lebensdauer liegt (Behrendt et al., 1999; Hirschl et al., 2001). Dies ist bei Gebrauchsgütern der Fall, die fallweise zum Einsatz kommen, für die Nutzer aber ständig bereit gehalten werden. Eine Nutzungsintensivierung kann z. B. durch die Organisation der gemeinschaftlichen Nutzung erreicht werden. Beispiele dafür sind das Car-Sharing, die gemeinsame Nutzung von Waschmaschinen oder von Büchern in Bibliotheken oder Lesekreisen. Entsprechende Beispiele im gewerblichen Bereich sind das Flottenmanagement von Nutzfahrzeugen (Fleig, 2000) oder die gemeinschaftliche Nutzung von Landmaschinen und Baumaschinen. Beim Flottenmanagement verzichten Unternehmen auf eigene Fahrzeuge und mieten oder leasen stattdessen bei Bedarf Fahrzeuge von dem Betreiber der Fahrzeugflotte.

Durch die gemeinschaftliche Nutzung kann die nicht gebrauchsabhängige (d. h. zeitabhängige) Abnutzung von Gütern minimiert werden, so dass auch hier die Ersatzbeschaffung von Produkten verringert werden kann. Ein weiterer indirekter Vorteil dieser Strategie kommt zum Tragen, wenn bei den betroffenen Produkten ein rascher technischer Wandel stattfindet, der in der Nutzungsphase zu geringeren Umweltbelastungen führt. In diesem Fall ergibt sich insgesamt eine schnellere Diffusion der umweltschonenden Produkte. Damit steht die Strategie der Nutzungsintensivierung zum Teil im Widerspruch zur Strategie der Lebensdauerverlängerung, bei der ein möglichst langes Verweilen der Produkte bei den Nutzern angestrebt wird. Andererseits kann ein langlebiges, robustes Produkt auch eine Voraussetzung für eine gemeinschaftliche Produktnutzung darstellen. Es wird deutlich, dass die Wahl der Strategie stark von den spezifischen Produkteigenschaften und der Geschwindigkeit des technischen Fortschritts abhängt.

Die Strategie der *materialeffizienten Produktsubstitution* berücksichtigt, dass in einigen Fällen eine bestimmte Produktfunktion mit verschiedenen Produktkombinationen erfüllt werden kann. Musik- oder Buchinhalte können beispielsweise konventionell als CDs oder Bücher verkauft werden oder seit einiger Zeit auch „entmaterialisiert" über das Internet auf einen Datenträger, der beliebig oft überspielt werden kann. Bei dieser Strategie gilt es daher, alternative Produktkonzepte zu prüfen und dasjenige zu wählen, das - über den gesamten Lebensweg betrachtet – einen möglichst niedrigen Material- und Energieeinsatz benötigt.

Selbstverständlich ist der Einsatz der aufgeführten Strategien unter ökologischen Gesichtspunkten nur dann wünschenswert, wenn Einsparungen beim Material- oder Energieeinsatz nicht durch Verschlechterungen in anderen Bereichen, wie z. B. bei der Emission toxischer Stoffe überkompensiert werden. Unter Umständen sind die Vorteile verschiedener Alternativen nicht direkt ersichtlich, sondern machen eine komplexe multikriterielle Bewertung erforderlich (vgl. z.B. Stahl, 1999). Auch ist bei der Organisation von Produkt- oder Komponentenkreisläufen oder auch der gemeinsamen Nutzung von Produkten zu beachten, dass die damit verbundenen Aufarbeitungsvorgänge oder das dadurch verursachte zusätzliche Verkehrsaufkommen die ökologischen Vorteile nicht konterkarieren.

2.2 Zur Relevanz für die Verringerung des Energieverbrauchs

Im Mittelpunkt der Suche nach CO_2-Minderungsmaßnahmen standen bisher im Wesentlichen Maßnahmen zur Erhöhung der Energieeffizienz bei Energieumwandlung und –nutzung. Weitere substantielle Energieeinsparungen sind aber auch durch Maßnahmen zum effizienteren Materialeinsatz zu erwarten, wenn man bedenkt, dass ein hoher Anteil des gesamtwirtschaftlichen Energieverbrauchs der Bereitstellung materieller Produkte dient. Anhand einer Modellrechnung mit einem Input-Output-Modell lässt sich abschätzen, dass dieser Anteil in Deutschland bei mindestens 48 % des gesamten Energieverbrauchs liegt[5].

---

[5] Zur Ermittlung dieser Größe wurde ein um sektorspezifische Energieverbrauchskennziffern erweitertes IO-Modell für Deutschland eingesetzt. Dabei wurde von einem Güterkorb ausgegan-

Besonders energieintensiv ist dabei die Herstellung von Werkstoffen, die nach Gielen (1999) 80 % des industriellen Endenergiebedarfs[6] beansprucht, während nur 10 % für die Weiterverarbeitung der Werkstoffe zu Produkten benötigt werden. Bei einigen Werkstoffen haben sich Verfahren, die Sekundärrohstoffe einsetzen und in der Regel einen geringeren Energieverbrauch haben als Primärprozesse, bereits etabliert (vgl. Tabelle 2). Bei anderen „jüngeren" Werkstoffen wie z.B. Kunststoffen liegen die Verwertungsquoten noch deutlich niedriger.

Darüber hinaus hat der technische Fortschritt in einigen Branchen wie der Stahlindustrie oder der Papierindustrie auch ermöglicht, die Werkstoffmasse, die zur Erfüllung einer bestimmten Funktion benötigt wird, im Lauf der Zeit zu verringern (Jochem, 2000; Worrell et al., 1997).

Tabelle 2: Einsatz von Sekundärrohstoffen in der Herstellung ausgewählter Werkstoffe 1997

Werkstoff	Produktionsmenge	Einsatzquote von Sekundärrohstoffen
	Mio. t	%
Rohstahl	45,0	40,4 %
Aluminium	1,0	43 % [1)]
Glas	7,6	36 %
Papier/Pappe	15,9	59 %

1) Anteil der Sekundäraluminiumproduktion an der gesamten Aluminiumproduktion

Quellen: UBA (2001); WV Stahl (1999); Metallstatistik (2000); VdP (2000)

Neue Arbeiten haben gezeigt, dass Materialeffizienz- und Kreislaufwirtschaftsstrategien weiter hohe Energieeinspar- und CO_2-Vermeidungspotentiale bieten. Patel (1999) hat Produkte auf der Basis fossiler Energieträger betrachtet (sog. Produkte des nichtenergetischen Verbrauchs, z. B. Kunststoffe, Gummiprodukte oder Schmierstoffe). Eine stärkere stoffliche und energetische Verwertung ausgedienter Produkte würde danach im Jahr 2005 zu einer Reduktion des Energieverbrauchs um

gen, der einerseits die Endnachfrage des Jahres 1995 nach materiellen Gütern enthält. Diese umfasst die gesamte Endnachfrage, abzüglich der Nachfrage nach land- und forstwirtschaftlichen Gütern, Energieträgern und nach Dienstleistungen. Andererseits wurden auch die materiellen Vorleistungen der Endnachfrage nach nichtmateriellen Gütern einbezogen. Mit dem erweiterten IO-Mengenmodell (vgl. auch Abschnitt 3.1) wurde ermittelt, wie viel Energie direkt und indirekt benötigt wird, um diesen Güterkorb bereitzustellen. Die ermittelte Größe bezieht damit auch Vorleistungen der Industrie z. B. aus dem Stromsektor oder aus Verkehrssektoren mit ein. Sie ist daher nicht mit dem in der Energiebilanz angegebenen Energieverbrauch des Industriesektors zu verwechseln.

6 Damit ist hier der Energiebedarf im Industriesektor gemeint, ohne Vorleistungen aus anderen Sektoren.

rund 200 PJ und der CO_2-Emissionen um über 12 Mio. t gegenüber dem Stand von 1995 – trotz gestiegener Produktionsmengen - führen. Hekkert et al. (2000) haben Maßnahmen zur Steigerung der Materialeffizienz für den Bereich der Verpackungsmaterialien untersucht und schätzen deren technisches Potenzial zur Minderung der diesen Materialien zurechenbaren CO_2-Emissionen auf bis zu 51 %. Gielen (1999) hat analysiert, welchen Beitrag eine breitere Palette von Materialeffizienzmaßnahmen zur CO_2-Minderung leisten kann, wobei mehrere Szenarien mit unterschiedlichen Werten für maximal zugelassene CO_2-Vermeidungskosten betrachtet wurden. Es zeigte sich, dass je nach zugelassener Höhe der Vermeidungskosten bis zu 35 % der insgesamt ermittelten CO_2-Emissionsminderung durch Materialeffizienzmaßnahmen zu realisieren wären. Deren Einbeziehung würde zu einer Verringerung der anfallenden Emissionsminderungskosten führen.

Zusätzlich zum hohen Energieverbrauch ist der Materialverbrauch auch für weitere wichtige Umweltbelastungen verantwortlich, z. B. bei der Gewinnung der benötigten Rohstoffe (z.B. Gewässerbelastungen bei Abbau und Reinigung von Erzen, Zerstörung von Landschaften, vgl. Schmidt-Bleek, 1994) sowie ihrer industriellen Verarbeitung zu Werkstoffen und Produkten (vgl. z.B. Jänicke et al., 1997). Kreislaufwirtschafts- und Materialeffizienzstrategien würden also auch in anderen Bereichen zu Umweltentlastungen führen.

2.3 Die Stoffstromanalyse als partialanalytischer Untersuchungsansatz

In der umweltpolitischen Diskussion hat eine Verlagerung der Sichtweise von einer einzeltechnikbezogenen und medienorientierten Betrachtungsweise zu einer stärker systemorientierten Betrachtung stattgefunden. Durch die Einbeziehung der für ein Umweltproblem relevanten Systemabhängigkeiten und Wechselwirkungen sollen die Eingriffsmöglichkeiten innerhalb des Systems gefunden werden, die zu einer möglichst effektiven Umweltentlastung führen. Dafür wurden neue Instrumente wie Ökobilanzen, Prozesskettenmodelle, Material- und Energieflussmodelle oder Stoffstrommodelle entwickelt. Ihnen gemeinsam ist ein Modellansatz, der versucht, die vorhandenen Abhängigkeiten und Wechselwirkungen stofflicher und energetischer Art zwischen den beteiligten Prozessen quantitativ abzubilden. Ziel ist ein Modellrahmen, der es ermöglicht, die Auswirkungen von Veränderungen in bestimmten Bereichen auf das gesamte System konsistent zu erfassen. Für diese Ansätze hat sich die systemanalytische Methode der Prozesskettenanalyse etabliert, die erstmals in den siebziger Jahren im Zusammenhang mit der Diskussion um die Energieversorgungssicherheit und die Endlichkeit natürlicher Ressourcen eingesetzt wurde (vgl. z. B. Chapman, 1974; Ayres, 1978; Böhm et al., 1979).

Seitdem ist in diesem Feld eine Vielzahl von Begriffen geprägt worden, deren Aufarbeitung über den Rahmen dieser Arbeit hinausführen würde. Eine gute Übersicht über verschiedene Ansätze im europäischen Raum bieten Bringezu et al. (1997). Im Prinzip lässt sich die Stoffstromanalyse als ein übergeordnetes Konzept begreifen, das viele andere Ansätze einschließt.

Der deutsche Begriff der Stoffstromanalyse wird nicht einheitlich verwendet (Enquete, 1993). Er beschreibt einerseits Ansätze, in denen ein chemischer Stoff oder eine Stoffgruppe im Mittelpunkt steht. Beispiele sind Modelle, in denen der Weg eines Stoffs wie z. B. Cadmium oder Chlor aus der Umwelt in und durch das ökonomische System und wieder zurück in die Umwelt verfolgt wird (vgl. z.B. Bätcher/Böhm, 1995). In der englischsprachigen Literatur wurde hierfür der Begriff „Substance Flow Analysis" geprägt (van der Voet, 1996). Andererseits können Produkte oder Produktgruppen im Zentrum der Betrachtung stehen, deren kompletter Lebensweg von der Rohstoffgewinnung über die verschiedenen Stufen der Produktion bis zur Entsorgung der Produkte betrachtet wird. Dabei werden alle relevanten Stoff- und Energieflüsse einbezogen, nicht nur die eines betrachteten Stoffs. Diese Vorgehensweise wird in der englischsprachigen Literatur als „Material Flow Analysis" bezeichnet (Bringezu et al., 1997). Für die vorliegende Arbeit ist die zweite Interpretation relevant.

Kennzeichnend für eine Stoffstromanalyse[7] ist die systematische Betrachtung der Transformation von materiellen und energetischen Rohstoffen über verschiedene Zwischenstufen zu Produkten, ihrer Nutzung und anschließenden Entsorgung bzw. Rückführung in die Produktion. Die beteiligten Energieumwandlungs-, Verarbeitungs-, Transport-, Nutzungs-, Verwertungs- und Beseitigungsprozesse werden in ihrer Vernetzung betrachtet, um bestehende Wechselwirkungen angemessen abbilden zu können. Für dieses vernetzte System wurden verschiedene Begriffe geprägt, wie Prozesskette, Stoffstrom, Lebensweg oder auch Wertschöpfungskette. Der Begriff "Stoff" steht dabei vereinfachend als Oberbegriff für Material und Energie in all ihren verschiedenen Veredelungsformen und bezieht damit sowohl Rohstoffe, Energieträger, Vor-, Zwischen- und Endprodukte als auch Emissionen und Abfälle ein. Gleichbedeutend mit dem Begriff „Prozess" kann auch der nichttechnische und allgemeinere Begriff „Aktivität" verwendet werden[8]. In der Regel werden Prozesse technisch abgegrenzt (sog. „unit process"). Grundsätzlich kann jede durch ihre Inputs und Outputs abgrenzbare Aktivität als Prozess einbezogen werden.

Entsprechend der begrifflichen Vielfalt ist auch eine methodische Vielfalt bei der Durchführung von Stoffstromanalysen zu erkennen (vgl. z.B. Bringezu et al., 1997).

---

7 Gleichbedeutend werden auch die Begriffe „Stoffflussanalyse" oder „Material- und Energieflussanalyse" verwendet.

8 Hier ergeben sich auch Parallelen zur Aktivitätsanalyse (vgl. z. B. Koopmans, 1951).

Eine modellgestützte Stoffstromanalyse besteht in der Regel aus den folgenden Schritten:

- der Festlegung des Untersuchungsziels,
- der Wahl der Systemgrenzen,
- dem Aufbau eines Stoffstrommodells,
- der Durchführung von Modellrechnungen und
- der Auswertung der Modellergebnisse,

wobei die letzten vier Schritte häufig iterativ durchlaufen werden.

Die Festlegung des Untersuchungsziels und die Wahl der Systemgrenzen hängen eng miteinander zusammen. Systemgrenzen grenzen das betrachtete System vom nicht einbezogenen Umfeldsystem ab. Sollen innerbetriebliche oder zwischenbetriebliche Stoffströme optimiert werden, so werden sich die räumlichen Bilanzgrenzen in der Regel auf die betroffenen Betriebe beschränken. Bei regionalen Stoffstromanalysen bleiben die außerhalb der gewählten Region befindlichen Stoffströme außer Betracht, während man bei global ausgerichteten Analysen wie z. B. Produkt-Ökobilanzen versuchen wird, alle relevanten Stoffströme im In- und Ausland in die Untersuchung einzubeziehen. Im Idealfall sollte eine Stoffstromanalyse möglichst alle betroffenen Stoffströme umfassen; in der Realität führen Datenengpässe und begrenzte Bearbeitungskapazitäten zu einer Beschränkung der einbezogenen Prozesse und Aktivitäten, der Stoffe sowie der betrachteten Wechselwirkungen innerhalb des Systems. Die gewählten Systemgrenzen müssen dabei natürlich der Fragestellung noch gerecht werden und sollten durch Abschneidekriterien dokumentiert werden (Heijungs et al., 1992).

Innerhalb gewählter Systemgrenzen wird in einem Stoffstrommodell ein System miteinander vernetzter Prozesse und die in, zwischen und aus diesen Prozessen fließenden Stoffströme in physischen Einheiten abgebildet. Jeder Prozess wird also durch seine spezifischen Inputs und Outputs beschrieben, die ihn gleichzeitig mit anderen Prozessen verknüpfen. In der Regel werden aus Gründen der Vereinfachung lineare Input-Output-Beziehungen angenommen, ebenso sind allerdings auch nicht-lineare Beziehungen denkbar. Zur Ermittlung der Auswirkungen von Maßnahmen oder allgemeiner Veränderungen an ausgewählten Stellen des Stoffstroms auf die übrigen Bereiche und für das Gesamtsystem werden Modellrechnungen durchgeführt. Dabei lassen sich Simulations- und Optimierungsansätze unterscheiden (Gielen, 1999). In der empirischen Anwendung dominieren bisher die Simulationsansätze, da sie auch die Einbeziehung „weicher“ Einflussfaktoren wie veränderte gesetzliche Rahmenbedingungen oder verändertes Akteursverhalten ermöglichen.

Hinsichtlich des zeitlichen Rahmens lassen sich statische und dynamische Analysen unterscheiden. Die statische Analyse betrachtet Material- und Energieflüsse ohne ihren zeitlichen Bezug (Gielen, 1999). Es wird keine Angabe darüber gemacht, welche Zeiträume für bestimmte Prozesse oder Veränderungen des Systems benötigt werden. Dies ist beim dynamischen Ansatz gegeben. Darüber hinaus können in einer dynamischen Analyse sogenannte Stock-Flow-Beziehungen einbezogen werden, die den Auf- und Abbau von Lager- oder Kapitalbeständen abzubilden in der Lage sind. Dies ist insbesondere bei der Betrachtung langlebiger Güter notwendig.

Zur formalen Darstellung und Lösung von Stoffstrommodellen werden im Wesentlichen zwei Methoden angewandt:

- die Darstellung in Matrizen und eine simultane Lösung (vgl. Heijungs, 1994; Baccini / Bader, 1996; Möller, 1992) und
- die Abbildung als Petri-Netze und eine iterative Lösung (Möller/Rolf, 1995).

Für die Erörterung der Charakteristika sowie Vor- und Nachteile der verschiedenen Modellansätze sei auf die angegebene Literatur verwiesen. Sie sind für das in der vorliegenden Arbeit zu entwickelnde Kopplungskonzept nicht relevant, da die beiden Modelle unabhängig voneinander laufen und per Soft-Link miteinander gekoppelt sind (vgl. Abschnitt 4.1). Für die meisten Fragestellungen sind beide Ansätze verwendbar. Ausnahmen beziehen sich unter anderem auf Stoffstromsysteme mit bestimmten komplizierten Rekursionen (Schmidt, 1995).

Zur Unterstützung der Durchführung von Stoffstromanalysen sind verschiedene Software-Programme[9] entwickelt worden, die u. a. dazu dienen,

- das Datenmanagement der Vielzahl benötigter Daten sicherzustellen,
- teilweise das Prozessnetz durch graphische Visualisierung übersichtlich zu machen,
- Simulationsrechnungen durchzuführen, mit denen die Auswirkungen der Veränderung ausgewählter Modellparameter auf die Modellvariable, insbesondere die Aktivitätsniveaus der Prozesse und die Stoff- und Energieströme, ermittelt werden können,
- die Interpretation der Ergebnisse durch eine übersichtliche Darstellung zu unterstützen.

---

9 vgl. Siegenthaler et al. (1995) für eine Übersicht und einen Vergleich der Software-Instrumente

2.4 Auswirkungen auf die sektorale Wirtschaftsstruktur

Die beschriebenen Kreislaufwirtschafts- und Materialeffizienzstrategien zeichnen sich gegenüber den meisten anderen technischen Effizienzmaßnahmen dadurch aus, dass nicht nur einzelne Prozesse, sondern verschiedene Bereiche einer Wertschöpfungskette in die Optimierungsüberlegungen einbezogen werden und durch Veränderungen betroffen sein können. Bei einer weitgehenden Realisierung derartiger Strategien ist daher in hohem Maße mit Auswirkungen auf den wirtschaftlichen Strukturwandel zu rechnen (Meyer-Krahmer/Jochem, 1997). Die folgenden ökonomischen Impulse sind denkbar:

- Maßnahmen zur Erhöhung der Materialeffizienz im engeren Sinne dürften zunächst zur Verringerung der Nachfrage nach Werkstoffen oder bei Materialsubstitution zur Verlagerung zwischen den Werkstoffen führen. Davon wären zunächst die Anbieter dieser Werkstoffe betroffen, aber auch die jeweils vorgelagerten Akteure, die z.B. die benötigte Energie oder Rohstoffe bereitstellen.
- Beim rohstofflichen bzw. werkstofflichen Recycling von Produktionsrückständen und Altprodukten bzw. Altstoffen kommt es zur Verlagerung von Primär- zu Sekundärrohstoffen. Zur Rückführung der Abfälle aus der Fläche zu den Herstellern von Sekundärrohstoffen und -werkstoffen sind zusätzliche Erfassungs-, Aufbereitungs- und Transportaktivitäten erforderlich. Dafür sinkt die Menge der zu beseitigenden Abfälle. Per Saldo dürfte jedoch die Nachfrage nach Erfassungs- und Transportaktivitäten steigen, da jetzt verschiedene Abfallfraktionen getrennt zu erfassen und zu unterschiedlichen Verarbeitungsorten zu transportieren sind, während vorher der Abfall als Gemisch erfasst und entsorgt wurde. Wegen der geringeren Energieintensität der Sekundärwerkstoffprozesse sinkt darüber hinaus die Nachfrage nach Energie.
- Die Herstellung langlebigerer Produkte führt zu einer Verzögerung des Ersatzzeitpunktes und verringert damit den Ersatzbedarf an Produkten. Je nach der produktspezifischen Ausgestaltung könnte diese Strategie zu einem Produktionsrückgang bei den Anbietern dieser Produkte oder bei bestimmten Zulieferern beitragen. Mit einer längeren Lebensdauer sinkt auch die Menge der innerhalb eines bestimmten Zeitraums zu entsorgenden Produkte.
- Die Auswirkungen einer Verlängerung der Produktnutzungsdauer durch Wartung, Instandhaltung, Modernisierung oder die Schaffung von Komponentenkreisläufen müssen ebenfalls als sehr produktspezifisch eingeschätzt werden. Denkbare Effekte wären eine verringerte Güterneuproduktion, an deren Stelle die Herstellung von auszutauschenden Komponenten, die Aufarbeitung abgenutzter oder veralteter Bauteile, aber auch produktbegleitende Dienstleistungen zur Wartung und Instandhaltung treten könnten. Möglicherweise würden dezentrale, facharbeiterintensive Werkstätten gegenüber der zentralen, automatisierten Fertigung an Bedeutung gewinnen (Meyer-Krahmer/Jochem, 1997). Auch hier

bestünde der Bedarf an einer Redistributionslogistik, die die auszutauschenden Komponenten für die Aufarbeitung zurückführt (Rinschede/Wehking, 1995).

- Die Nutzungsintensivierung von Produkten dürfte in den Fällen, in denen sie zur Erhöhung der Materialeffizienz beiträgt, ebenfalls zu einem Rückgang der Neuproduktion führen. Hingegen bestünde bei einer breiten Umsetzung dieser Strategie ein Bedarf an Dienstleistern, die die gemeinschaftliche Nutzung professionell organisieren.
- Mit der materialeffizienten Produktsubstitution sind Strukturverschiebungen direkt verbunden, die sehr von den konkreten Produktalternativen abhängen.
- Die oben angeführten Impulse wirken sich weiter auf die vorgelagerten Vorleistungsketten aus, so dass mit weiteren sektoralen Verschiebungen zu rechnen ist. Diese können jedoch wegen der jeweiligen spezifischen Bedingungen nicht a priori bestimmt werden, sondern bedürfen jeweils der fallspezifischen empirischen Analyse.
- Darüber hinaus können sich die Strukturverschiebungen auch auf die Hersteller von Investitionsgütern und das Baugewerbe auswirken, wobei die Wirkungsrichtung vom spezifischen Kapitalbedarf der gewinnenden und verlierenden Sektoren abhängt. Auch hier sind wiederum die jeweiligen Vorleistungssektoren betroffen.

Die Stoffstromanalyse kann eine Teilmenge dieser Wirkungen mit einem hohen Detailgrad erfassen, nämlich jene, die innerhalb der festgelegten Systemgrenzen auftreten. Als partialanalytisches Instrument ist sie jedoch nicht in der Lage, Auswirkungen auf den Rest der Volkswirtschaft einzubeziehen, die z.B. über Vorleistungsverflechtungen und die Veränderung des Kapitalstocks erfolgen. Dazu ist eher ein volkswirtschaftliches Input-Output-Modell geeignet, wenn es so angepasst wird, dass es in der Lage ist, technischen und intrasektoralen Wandel abzubilden. Die dazu vorhandenen Ansätze werden im folgenden Kapitel erörtert.

3 Der technische und intrasektorale Wandel in Input-Output-Modellen

Dieses Kapitel behandelt Ansätze zur Abbildung des technischen und intrasektoralen Wandels in Input-Output-Modellen. Im Anschluss an eine Erläuterung der für das weitere Verständnis notwendigen Grundlagen der Input-Output-Analyse wird dargestellt, welche Einflussfaktoren für technischen und intrasektoralen Wandel relevant sind und wie diese im Input-Output-Modellrahmen erfasst werden können. Bestehende Ansätze zur Berücksichtigung des technischen und intrasektoralen Wandels werden vorgestellt und hinsichtlich ihrer Eignung für die Modellierung von Materialeffizienz- bzw. Kreislaufwirtschaftsstrategien bewertet. Schließlich wird das Modell MIS vorgestellt, an das der in dieser Arbeit vorgestellte Kopplungsansatz anknüpft.

3.1 Grundlagen der Input-Output-Analyse

Die Input-Output-Analyse (IO-Analyse) wurde in den 1930er Jahren mit den Arbeiten von Wassily Leontief begründet. Inzwischen gibt es eine Vielzahl von einführenden Werken, von denen an dieser Stelle nur einige genannt seien: Leontief (1970), Holub/Schnabl (1994), Fleissner et al. (1993) oder Miller/Blair (1985). Üblicherweise wird in der Input-Output-Analyse zwischen den deskriptiven Input-Output-Tabellen und den analytisch eingesetzten Input-Output-Modellen unterschieden. Diese werden im Folgenden näher erläutert.

3.1.1 Input-Output-Tabellen

Datengrundlage der Input-Output-Analyse sind Input-Output-Tabellen, die die Güterströme[10] innerhalb einer Volkswirtschaft sowie zwischen ihr und dem Ausland quantitativ erfassen. Das Schema einer solchen Input-Output-Tabelle (IO-Tabelle) zeigt Abbildung 2. Sie ermöglicht eine systematische und vollständige Beschreibung der Lieferbeziehungen zwischen den Sektoren des produzierenden Bereichs sowie zwischen ihnen und dem Endnachfragebereich einer Volkswirtschaft. Jeder Wirtschaftssektor des produzierenden Bereichs wird mit seinen Input- und Outputbeziehungen in monetären Einheiten (z. B. Mio. DM) erfasst. Die Zeilen enthalten die Lieferungen der in den einzelnen Sektoren hergestellten Güter an die Abnehmersektoren, wobei bei den Abnehmern die Sektoren der so genannten Zwischennachfrage und der Endnachfrage unterschieden werden. Die Sektoren des produzie-

10 üblicherweise eines Jahres

renden Bereichs bilden die Zwischennachfrage, da sie Güter zur weiteren Verarbeitung nachfragen. Zur Endnachfrage gehören die Nachfrage der privaten Haushalte und des Staates, die Investitionsnachfrage sowie die Auslandsnachfrage (Exporte). Betrachtet man die Tabelle spaltenweise, so erkennt man den Inputbedarf der einzelnen Sektoren für die eigene Produktionstätigkeit. Dieser lässt sich in den Bedarf an Vorleistungen aus dem eigenen und den übrigen Sektoren sowie den Bedarf an primären Inputs unterteilen. Letztere umfassen die Komponenten der Bruttowertschöpfung der Sektoren und je nach Tabellentyp auch die Importvorleistungen. Definitionsgemäß ist die Zeilen- und Spaltensumme jedes Sektors identisch. Den Kern der Input-Output-Tabelle bildet die Verflechtungsmatrix, die die Güterverflechtung zwischen den Produktionssektoren abbildet.

Abbildung 2: Schema einer Input-Output-Tabelle

<table>
<tr><td colspan="2" rowspan="2"></td><td>Produzierender Bereich</td><td>Endnachfrage</td><td>Güteraufkommen</td></tr>
<tr><td>Sektoren 1 - 58</td><td>Bereiche 1 - 6</td><td></td></tr>
<tr><td>Produzierender Bereich</td><td>Sektoren 1 – 58</td><td>Verflechtungsmatrix:
Lieferungen von
Waren und Dienstleistungen
zwischen den Sektoren
(Zwischennachfrage)</td><td></td><td></td></tr>
<tr><td rowspan="4">Bruttowertschöpfung</td><td>Abschreibungen</td><td></td></tr>
<tr><td>Steuern - Subventionen</td><td></td></tr>
<tr><td>Unternehmenseinkommen</td><td></td></tr>
<tr><td>Arbeitseinkommen</td><td></td></tr>
<tr><td colspan="2">Einfuhr gleichartiger Güter</td><td></td></tr>
<tr><td colspan="2">Güteraufkommen</td><td></td></tr>
</table>

Quelle: Eigene Darstellung

Input-Output-Tabellen werden üblicherweise für nationale Bezugsräume erstellt. Sie können sich auch auf Regionen oder internationale Bezugsräume oder aber auf einzelne Sektoren oder Sektoraggregate beziehen.

Abgesehen von diesen grundlegenden Merkmalen gibt es konzeptionelle Aspekte, die für die Modellkopplung relevant sind. Hinsichtlich der Verbuchung der Importe werden vier Varianten unterschieden (Holub/Schnabl, 1994). Von besonderer empirischer Bedeutung sind zwei Varianten, die auch vom Statistischen Bundesamt für die Bundesrepublik Deutschland veröffentlicht werden. In der ersten Variante (Tabellenversion „Inländische Produktion“ der amtlichen IO-Tabellen) werden die importierten Güter in einer Summe zusammengefasst und, nach beziehenden Sektoren gegliedert, als Teil der primären Inputs geführt. In diesem Fall enthalten die sektoral aufgeschlüsselten Güterlieferungen in den Zeilen der Tabelle nur die im Inland hergestellten Güter. In der zweiten Variante (Tabellenversion „Inländische Produktion und Einfuhren“) werden die Importe in die Zeilen, die die Güterlieferungen enthalten, integriert und damit ebenfalls nach Herkunftssektoren aufgeschlüsselt. Damit erhöhen sie die Güteroutputs der Sektoren, so dass als Gegenbuchung unterhalb der Bruttowertschöpfung eine zusätzliche Zeile eingeführt wird, die die so genannten „Importe gleichartiger Güter“, d. h. Importe aufgeteilt nach Herkunftssektoren, enthält. Die Zeilen- und Spaltensummen geben bei dieser Variante nicht den inländischen Produktionswert eines Sektors, sondern das gesamte Güteraufkommen, einschließlich der importierten Güter, wieder.

Im Hinblick auf die Abgrenzung der IO-Sektoren wird zwischen institutionell gegliederten Marktverflechtungstabellen und funktional gegliederten Produktionsverflechtungstabellen unterschieden. Letztere eignen sich wegen ihrer höheren Güterhomogenität und einer stärkeren Ausrichtung an den tatsächlichen Vorleistungsverbräuchen[11] für die Untersuchung technikbezogener Fragestellungen. Allerdings müssen auch funktionale Tabellen z.T. auf der Basis institutionell gegliederter Primärstatistiken erstellt werden. Für die Überleitung in die funktionale Gliederung wird ein Überleitungsmodell eingesetzt, in denen eine Umgliederung betrieblicher Nebentätigkeiten zu den Sektoren erfolgt, in denen sie die Haupttätigkeit darstellen (zur Vorgehensweise vgl. Stahmer, 1979).

In funktionalen IO-Tabellen werden die Güterströme in der Regel zu Ab-Werk-Preisen bzw. bei Importen zu Ab-Zoll-Preisen bewertet. Daraus folgt unter anderem, dass inländische Handels- und Transportleistungen nicht im Wert der Güterbezüge enthalten sind, sondern als zusätzliche Vorleistungen der Abnehmersektoren ausgewiesen werden.

3.1.2 Input-Output-Modelle

Auf der Basis der rein deskriptiven Input-Output-Tabelle sind in der Vergangenheit eine ganze Reihe von Modellformulierungen entwickelt worden, die stärker analytischen Fragestellungen gewidmet sind, insbesondere der Analyse indirekter Verflechtungseffekte. Holub/Schnabl (1994) gliedern die Vielfalt der bestehenden Modellansätze mit den folgenden drei Begriffspaaren:

- Offene und geschlossene Modelle,

11 Z. B. schließen sie firmeninterne Güterströme, die nicht über den Markt laufen, ein.

- Mengenmodelle und Preismodelle sowie
- statische und dynamische Modelle.

Für die vorliegende Arbeit sind insbesondere Mengenmodelle in statischen und dynamischen Ausprägungen sowie das statische offene Preismodell relevant, auf die sich die weiteren Ausführungen konzentrieren. In Mengenmodellen bleiben Preisänderungen und deren Auswirkungen außer Betracht. Insbesondere die Preis-Mengen-Dynamik kann daher in den konventionellen IO-Modellen nicht einbezogen werden. Im Mittelpunkt des Interesses stehen reale, d. h. preisbereinigte Effekte. Dazu werden die Wertgrößen der Input-Output-Tabelle zu Mengengrößen uminterpretiert, indem die einer Geldeinheit entsprechende (fiktive) Outputmenge als Mengeneinheit eines Sektors definiert wird (Holub/Schnabl, 1994). Dadurch sind auch Modelle mit gemischten Einheiten möglich, wie sie z. B. zur Analyse energiebezogener Fragestellungen eingesetzt werden. Hierbei werden die Outputs der Energiesektoren in physischen Einheiten (z. B. Joule) erfasst, während die der übrigen Sektoren weiter in monetären Einheiten verbucht werden (Miller/Blair, 1985).

Das statische offene Mengenmodell

Das einfachste, von Leontief entwickelte IO-Modell wird als statisches offenes Mengenmodell bezeichnet. Die Grundgleichung dieses Modells erklärt die Abhängigkeit der sektoralen Outputs von der exogen vorgegebenen Endnachfrage. Betrachtet man die IO-Tabelle zeilenweise, so ergibt sich die Summe der Lieferungen (Outputs) eines Sektors aus den Lieferungen an die Sektoren der Zwischennachfrage und denjenigen an die Endnachfrage.

$$x_i = z_{i,j} + y_i \qquad (1)$$

mit	$i,j = 1,..,n$	Indizes der IO-Sektoren
	x_i:	Output von Sektor i
	$z_{i,j}$:	Güterlieferung von Sektor i an Sektor j
	$y_i = \sum_k y_{i,k}$	Güterlieferung von Sektor i an die Endnachfrage
		mit $k = 1,..,K$: Index der Endnachfragebereiche der IO-Tabelle

Die sektoralen Outputs x_i stellen je nach Tabellentyp Produktionswerte oder Güteraufkommen (einschließlich der Importe) dar. Der Inputkoeffizient $a_{i,j}$ eines Sektors j gibt den Bedarf an Vorleistungen aus dem Sektor i zur Produktion einer Mengeneinheit des eigenen Outputs wieder und wird wie folgt definiert:

$$a_{i,j} = \frac{z_{i,j}}{x_j} \tag{2}$$

mit $a_{i,j}$: Inputkoeffizient von Sektor j für Vorleistungen aus Sektor i

Mit der (n x n) - Matrix der Inputkoeffizienten $A = (a_{i,j})$, dem Endnachfragevektor $y = (y_i)$ und dem Outputvektor $x=(x_i)$ lässt sich die Grundgleichung des statischen offenen Mengenmodells in Matrixnotation schreiben:

$$Ax + y = x \tag{3}$$

Durch Auflösung von Gleichung (3) nach x erhält man

$$x = (I - A)^{-1} y \tag{4}$$

mit I: Einheitsmatrix

Mit dieser Grundgleichung wird ein analytisches Instrument bereitgestellt, das unter folgenden Annahmen den Zusammenhang zwischen Endnachfrage und Güteroutput bestimmt (Fleissner, 1993):

(1) Es wird angenommen, dass jeder Produktionsbereich ein homogenes Gut mit einer homogenen Technologie herstellt. Diese sehr vereinfachende Annahme ist auch dann erfüllt, wenn man akzeptiert, dass in einem Sektor verschiedene Güter und verschiedene Technologien zu deren Herstellung existieren, aber von einer Konstanz des Produkt- und des Prozess-Mix ausgeht.

(2) Die Grundannahme des Leontief-Modells lautet, dass ein proportionales Verhältnis zwischen den Inputs eines Sektors und dessen Output besteht. Unterstellt wird also eine linear-limitationale Produktionsfunktion, die Substitution zwischen den Inputs ausschließt. Mit dieser Annahme werden konstante Skalenerträge und die Unabhängigkeit der Vorleistungskoeffizienten vom Faktoreinsatz unterstellt.

(3) Weiterhin wird angenommen, dass die Endnachfrage y exogen vorgegeben ist (offenes Modell)). Rückkopplungen aus dem restlichen System auf die Endnachfrage werden also nicht modellendogen abgebildet.

Die Matrix $C = (I - A)^{-1}$ wird auch als Leontief-Inverse bezeichnet, deren Elemente $c_{i,j}$ angeben, um wie viele Einheiten der Output des Sektors i steigen muss, damit Sektor j eine zusätzliche Einheit für die Endnachfrage bereitstellen kann. Damit lassen sich die mit der Veränderung der Endnachfrage verbundenen direkten und auf vorgelagerten Produktionsstufen angestoßenen indirekten Produktionseffekte in der gesamten Volkswirtschaft ermitteln.

Das statische offene Preismodell

Das Preismodell der Input-Output-Analyse dient dazu, die Auswirkungen von Preisänderungen der Primären Inputs auf die Güterpreise zu analysieren (Pfaffenberger/Ströbele, 1995). Dabei wird von dem Prinzip der vollständigen Kostenüberwälzung und konstant bleibenden Mengenverhältnissen ausgegangen. Das Modell ist also nicht in der Lage, Mengenanpassungsreaktionen auf veränderte Preise einzubeziehen. Dementsprechend handelt es sich bei den errechneten Preisen auch nicht um Marktpreise, sondern um so genannte Schattenpreise oder Verrechnungspreise (Schumann, 1968; Quintanilla, 1981). Sie erlauben jedoch eine gewisse Orientierung über die zu erwartenden Preiseffekte.

Das Preismodell ist als Dual zum Mengenmodell formuliert. Es baut auf der Definitionsgleichung auf, wonach sich die Spaltensumme eines Produktionsbereichs als Summe der Vorleistungsinputs und der primären Inputs ergibt. Teilt man die Inputs in eine Mengen- und eine Preiskomponente, so lässt sich der Preis einer Gütergruppe wie folgt darstellen (Holub/Schnabl, 1994):

$$A' \cdot p + \langle w \rangle \cdot p_w = p \tag{5}$$
[12]

mit

A':	transponierte Inputkoeffizientenmatrix
p:	(n x 1)-Vektor der sektoralen Güterpreise
$\langle w \rangle$:	(n x n)-Diagonalmatrix der Wertschöpfungskoeffizienten
p_w:	(n x 1)-Vektor der Preise der Wertschöpfungsinputs

Analog zum Mengenmodell ergibt sich für den Preisvektor die folgende Beziehung:

$$p = (I - A')^{-1} \cdot \langle w \rangle \cdot p_w \tag{6}$$

Damit lassen sich die Preise der Gütergruppen als Funktion der Preise der Wertschöpfungsinputs beschreiben.

Dynamische Modelle

Eine erste in die Zukunft gerichtete Fragestellung für ein Input-Output-Modell könnte sein, welcher Güteroutput für die Deckung der Endnachfrage eines zukünftigen Jahres erforderlich ist. Da die Endnachfrage innerhalb des offenen Modells als exogen gegeben gilt, ist lediglich eine Hochrechnung der Endnachfrage *y(t)* auf das Jahr *t* erforderlich, wobei Strukturveränderungen, z.B. in den Gewichtungen zwi-

---

12 vereinfacht wird in dieser Gleichung die Wertschöpfung als einziger Primärer Input betrachtet

schen den Sektoren (bspw. Zunahme des Dienstleistungsanteils) sowie zwischen den Endnachfragebereichen einbezogen werden können. Mit der sicherlich stark vereinfachenden Annahme einer über den Projektionszeitraum konstanten Inputkoeffizientenmatrix und damit konstanter Technologie und Verflechtungsstruktur kann dann der im Projektionsjahr anfallende Güteroutput $x(t)$ errechnet werden.

$$x(t) = (I - A)^{-1} y(t) \tag{7}$$

Damit lässt sich auch der mit Verschiebungen innerhalb der Endnachfrage verbundene Strukturwandel verdeutlichen. Diese Vorgehensweise wird als komparativstatischer Ansatz bezeichnet, da der zeitliche Verlauf der Entwicklung im Modell nicht endogenisiert wird, sondern zwei verschiedene Entwicklungszustände, die durch unterschiedlich gewählte exogene Variable verursacht werden, miteinander verglichen werden.

Mit der Endogenisierung der Investitionsnachfrage wurde im Modell MIS (Makroökonomisches Informationssystem IKARUS) eine dynamische Komponente realisiert (Pfaffenberger/Ströbele, 1995). Die Investitionsnachfrage ist nicht mehr Teil der exogenen Endnachfrage, sondern wird mittels eines neu in das Modell eingeführten sektoralen Kapitalstocks errechnet. Die Veränderung des Kapitalstocks wird über Kapitalkoeffizienten an die Veränderung der Bruttowertschöpfung gekoppelt.

$$\kappa_{j,l}(t) = \frac{b_{j,l}(t)}{w_j(t)} \tag{8}$$

mit	$\kappa_{j,l}(t)$:	Kapitalkoeffizient von Sektor j bzgl. Investitionsart l (Ausrüstungen oder Bauten) zum Zeitpunkt t
	$b_{j,l}(t)$:	Anlagevermögen im Sektor j bzgl. Investitionsart l zum Zeitpunkt t
	$w_j(t)$:	Bruttowertschöpfung des Sektors j zum Zeitpunkt t

Der iterative Ablauf der Modellrechnungen ist dann wie folgt: Voraussetzung ist die Vorgabe der exogenen Endnachfrage (ohne Investitionsnachfrage) für das Projektionsjahr. Für die Investitionsnachfrage werden vorläufige Startwerte angenommen. Mit Hilfe von Gleichung (7) wird die zur Deckung dieser Nachfrage benötigte Güterproduktion und mit Gleichung (8) der dafür erforderliche sektorale Kapitalstock berechnet. Die Nettoinvestitionsnachfrage eines Sektors nach Investitionsart l im Projektionsjahr ergibt sich dann unter Annahme einer konstanten Wachstumsrate des Kapitalstocks über den Prognosezeitraum wie folgt:

$$Inv_{j,l}^{netto}(t) = \kappa_{j,l}(t) \cdot (1 - \frac{1}{1 + gw_j}) \cdot w_j(t) \tag{9}$$

mit gw_j: Wachstumsrate der Bruttowertschöpfung in Sektor j zwischen zwei Untersuchungsperioden

Die Ersatzinvestitionen werden näherungsweise unter Berücksichtigung der Anlagenlebensdauern, des Kapitalstockwachstums und der neuen Kapitalproduktivitäten wie folgt berechnet:

$$Inv_{j,l}^{Ersatz}(t) = \frac{\frac{b_{j,l}(t)}{n_l} + \frac{b_{j,l}(t)}{n_l \cdot (1+gw_j)^{n_l}}}{2} \cdot b_{j,l}(t) \quad (10)$$

mit $b_{j,l}(t) = \kappa_{j,l}(t) \cdot w_j(t)$

n_l: Anlagenlebensdauer von Investitionsgut l

Mit dieser Gleichung kann eine gegenüber dem Basisjahr veränderte Kapitalproduktivität des Jahres t berücksichtigt werden. Die gesamten Investitionen ergeben sich als Summe von Nettoinvestitionen und Ersatzinvestitionen.

Über Investitionsverflechtungstabellen wird für jede Investitionsart der Vektor der Investitionen nach investierenden Sektoren in einen Investitionsvektor nach liefernden Sektoren umgerechnet.

Mit der resultierenden Investitionsnachfrage wird ein neuer Modelllauf angestoßen, der zu neuen Werten für die sektorale Wertschöpfung, den Kapitalstock und die Investitionsnachfrage führt. Diese Abläufe werden wiederholt, bis die Veränderung der Ergebnisse zwischen zwei Iterationsläufen ein vorgegebenes Abbruchkriterium erfüllt.

Neben dem erläuterten Ansatz existieren auch weitere Ansätze für dynamische IO-Modelle, die stärker versuchen, die zeitliche Entwicklung der Sektoren modellendogen abzubilden. Diese Modellansätze weisen jedoch häufig Stabilitätsprobleme auf, die mit dem oben erläuterten Ansatz vermieden werden (für die weitere Erläuterung dieser Modellansätze vgl. z. B. Edler, 1990; Schumann, 1968; Leontief/Duchin, 1986 oder Duchin/Szyld, 1985). Außerdem gibt es die Gruppe der ökonometrischen, vollintegrierten IO-Modelle, z. B. der INFORUM-Gruppe (vgl. z. B. Almon, 1991; Meyer et al., 1999), die für die hier erörterte Modellkopplung aufgrund ihres hohen Endogenisierungsgrades und des hohen Anpassungsaufwands im Rahmen dieser Arbeit nicht in Frage kommen.

Verwendet man ein IO-Modell in der obigen Formulierung mit dem Ziel der Projektion der Wirtschaftsentwicklung, so sind zunächst sowohl die exogene Endnachfrage als auch die Verflechtungsmatrix im Projektionsjahr unbekannt. Eine Möglichkeit zur Projektion der Endnachfrage, je nach Modellformulierung mit oder ohne die Investitionsnachfrage, ist die Hochrechnung mit exogen festgelegten sektorspezifischen Wachstumsraten. Eine weitere Möglichkeit ist die Verknüpfung mit einem aggregierten gesamtwirtschaftlichen Modell, welches Vorgaben für die Entwicklung der Endnachfrage macht. Für die Verflechtungsmatrix kann man zunächst, wie häufig in der Literatur diskutiert, zeitliche Konstanz annehmen. Insbesondere für einen längeren Projektionszeitraum ist die damit verbundene Ausschaltung des technischen und intrasektoralen Wandels jedoch zu kritisieren. Die Frage der zeitlichen Konstanz von Inputkoeffizienten ist in der Literatur häufig untersucht worden (vgl. z. B. die zusammenfassenden Darstellungen in Holub/Schnabl, 1994 oder Richter, 1991). An die Stelle der Frage, ob die Inputkoeffizienten zeitlich variieren, ist dabei im Laufe der Zeit die Fragestellung getreten, welche Faktoren für die Variabilität der Koeffizienten verantwortlich sind und wie die hierzu gewonnenen Erkenntnisse für eine Verbesserung der Prognosequalität von IO-Modellen genutzt werden können.

Diese beiden Aspekte sind auch Gegenstand der nächsten beiden Abschnitte. Abschnitt 3.2 behandelt Determinanten der Veränderung von Inputkoeffizienten, während in Abschnitt 3.3 bestehende Ansätze zur Abbildung und Projektion dieser Veränderungen, die den technischen und strukturellen Wandel in einer Volkswirtschaft beschreiben, diskutiert werden.

3.2 Determinanten der Veränderung von Inputkoeffizienten in einem Input-Output-Modell

Da jeder Produktionsbereich in einer Input-Output-Tabelle durch seine Input- und Output-Struktur charakterisiert ist, manifestiert sich technischer und intrasektoraler Wandel durch die Veränderung dieser Strukturen. Der spezifische Kapitalbedarf wirkt sich über die Abschreibungen auf die Inputstrukturen aus. Die Nachfrageorientierung des Modells führt jede Veränderung der Outputverhältnisse eines Sektors auf Veränderungen der entsprechenden Inputverhältnisse der beziehenden Sektoren zurück. Daher kann die Abbildung des technischen und intrasektoralen Wandels auf die Veränderung von Inputkoeffizienten reduziert werden.

Auch wenn in der IO-Analyse idealtypisch von einer zeitlichen Konstanz der Inputkoeffizienten ausgegangen wird, haben empirische Analysen gezeigt, dass dies nicht der Fall ist (Richter, 1991; Rettig, 1985). Für die beobachtete Veränderung der Koeffizienten werden in der Literatur mehrere Ursachen angeführt. Grönberg (1980) unterscheidet zwischen unmittelbaren und mittelbaren Ursachen der Koeffizientenveränderung. Als wesentliche *unmittelbare Ursachen* lassen sich der Produkt-Mix und der Prozess-Mix identifizieren (vgl. auch Holub/Schnabl, 1994). Bei dem gegebenen Aggregationsniveau der verwendeten Input-Output-Tabellen kann immer davon ausgegangen werden, dass in einem Sektor mehr als ein Produkt hergestellt wird, dass sich ein Produktionsbereich also zu einem bestimmten Zeitpunkt durch einen charakteristischen Produkt-Mix auszeichnet. Kommt es hier im Zeitverlauf zu einer Veränderung der Anteile der einzelnen im Produkt-Mix enthaltenen Güter oder kommen völlig neue Güter hinzu und werden diese Güter mit unterschiedlichen Vorleistungskombinationen hergestellt, so führt dies auf der Ebene des Sektoraggregats zu einer Veränderung der Inputkoeffizienten, obwohl keine Veränderung der Produktionstechniken im engeren Sinn erfolgt ist. Als Beispiel sei hier die chemische Industrie genannt, die Produktbereiche mit deutlich überproportionalen Wachstumsraten (z.B. Pharmazeutika, Diagnostika und Kunststoffe) und Sparten mit unterproportionaler Entwicklung (z.B. Anorganika, Lösemittel) beinhaltet. Insofern ist der Produkt-Mix-Effekt, der mit der Heterogenität der IO-Sektoren zusammenhängt, ein reines Aggregationsphänomen. Bei reinen Ein-Produkt-Sektoren würde dieser Effekt nicht auftreten.

Der Begriff des Prozess-Mix ist darauf zurückzuführen, dass in den meisten Fällen für die Herstellung eines Produkts verschiedene Verfahren zur Verfügung stehen und zum Einsatz kommen. So können z. B. die meisten Werkstoffe (z. B. Metalle, Glas, Papier) sowohl auf der Basis von Primär- als auch von Sekundärrohstoffen hergestellt werden, mit z. T. völlig unterschiedlichen Vorleistungsinputs. Die Inputkoeffizienten eines IO-Sektors spiegeln daher keinen einzelnen Prozess, sondern eine Prozesskombination wider (Grönberg, 1980). Veränderungen der Anteile der einzelnen Prozesse an der Herstellung des Sektoroutput führen also zu veränderten Inputkoeffizienten, auch wenn die einzelnen Produktionstechniken unverändert bleiben. In heterogenen Sektoren können sich Produkt-Mix- und Prozess-Mix-Effekte so weit überlagern, dass die Identifizierung der Ursachen für die Veränderung der Inputkoeffizienten deutlich erschwert wird.

Als *mittelbare Ursachen* bezeichnet Grönberg vorwiegend ökonomische Einflussfaktoren, die auf die unmittelbaren Ursachen einwirken. Hierzu können

- Veränderungen der relativen Preise,
- der technische Fortschritt, auch in Form von organisatorischen Maßnahmen oder Lerneffekten,
- veränderte Kapazitätsauslastungen,
- Skalenerträge sowie
- allgemein Veränderungen der politischen oder weltwirtschaftlichen Rahmenbedingungen oder auch Angebotsrestriktionen bei Inputfaktoren

gezählt werden (Grönberg, 1980; Richter, 1991).

Dass Verschiebungen der *relativen Preise* zwischen einzelnen Vorleistungsgütern oder auch zwischen Vorleistungspreisen und dem Produktpreis eines Sektors zur Suche nach anderen optimalen Vorleistungskombinationen führen, ist nahe liegend.

Empirische Untersuchungen zeigen aber, dass dies häufig nur bei besonders wichtigen Vorleistungen der Fall ist, so z. B. in energieintensiven Sektoren aufgrund stark gestiegener Energiepreise in den siebziger Jahren (Richter, 1991). Nach Johansen, (1972)[13] spielen Preise „eine doppelte Rolle bei der Veränderung von Input-Output-Koeffizienten. Einerseits induzieren sie Substitutionen auf der Basis der kurzfristigen Produktionsfunktionen. Andererseits beeinflussen sie die Auswahl der neuen Technologie in der ex-ante Produktionsfunktion, d. h. wenn die Investitionsentscheidung getätigt wird".

Der *technische Fortschritt* kann nach Walter (1988) drei Formen annehmen,

- „die Anwendung neuer Produktionsverfahren,
- die Schaffung neuer oder qualitativ verbesserter Güter und
- die Entwicklung und Nutzbarmachung neuer Mittel und Wege zur besseren Befriedigung menschlicher Bedürfnisse."

Die Schaffung neuer oder verbesserter Güter führt direkt zur Veränderung des Produkt-Mix. Die Anwendung neuer Produktionsverfahren kann weiter auf die folgenden Faktoren zurückgeführt werden (Forssell, 1972; Richter, 1991):

- Änderungen in der Qualität von Inputs (faktorgebundener technischer Fortschritt),
- Lernprozesse und organisatorische Veränderungen, die zur Verbesserung der Effizienz bestehender Techniken und Abläufe führen, und
- die Erneuerung von Produktionsanlagen, auch als kapitalgebundener technischer Fortschritt bezeichnet.

Mit der zunehmenden Durchdringung neuer Techniken ist automatisch die Veränderung des Prozess-Mix und damit der Inputkoeffizienten verbunden.

Skalenerträge und Schwankungen der *Kapazitätsauslastung* können ebenfalls Veränderungen der Inputstruktur auslösen, da sich hierbei Inputs mit Fixkostencharaker nicht proportional mit der Produktion verändern. Zudem können Größendegressionseffekte die Rentabilität und damit die Diffusionsgeschwindigkeit alternativer Verfahren erhöhen und so zu einem veränderten Prozess-Mix führen.

Veränderungen des Produkt-Mix und des Prozess-Mix können auch durch *Veränderungen der Rahmenbedingungen*, innerhalb derer produziert wird, ausgelöst werden. Beispiele dafür sind Umweltauflagen, Subventionen, die internationale Konkurrenz oder auch Beschränkungen auf der Angebotsseite, die zu Anpassungsreaktionen der Betriebe führen.

---

13 zitiert in Richter (1991)

Es gibt also eine Reihe von Einflussfaktoren, die zu Veränderungen der Inputstrukturen führen und nur unterhalb der Sektorebene zu beobachten sind. Diese wirken in der Regel gleichzeitig und sind mittels ex-post-Analyse häufig nicht identifizierbar, was ihre Endogenisierung in Input-Output-Modellen erschwert. Die wesentlichen Parameter, nämlich Prozess-Mix und Produkt-Mix, sind wegen der sektoralen Besonderheiten von neuen Techniken, Märkten oder Lern- und Skaleneffekten als sehr sektorspezifisch zu betrachten und daher nur schwierig zu verallgemeinern. Zur Projektion der Veränderung von Inputkoeffizienten haben sich daher verschiedene Vorgehensweisen herausgebildet, die Gegenstand des folgenden Kapitels sind.

3.3 Bestehende Ansätze zur Abbildung und Projektion des technischen und strukturellen Wandels in Input-Output-Modellen

3.3.1 Formale und pragmatische Ansätze

Die ex-post-Analyse der bei der Veränderung von Inputkoeffizienten wirkenden Determinanten hat vor allem zum Ziel, Ansätze zur Projektion zukünftiger Koeffizientenveränderungen und damit zukünftiger Verflechtungsmatrizen zu finden. Die in einigen Untersuchungen vorgenommene Verwendung konstanter Verflechtungsmatrizen für Projektionszwecke kann höchstens als erste Schätzung dienen. Richter (1991) hat sich intensiv mit Methoden zur Prognose der Inputkoeffizienten in IO-Modellen befasst und unterteilt diese in formale und pragmatische Ansätze.

Formale Ansätze
Die formalen Ansätze versuchen, die Veränderungen der Inputkoeffizienten im IO-Modell zu endogenisieren. Die Werte der Inputkoeffizienten sind dann nicht mehr konstant, sondern abhängig von bestimmten Einflussfaktoren. Einige ältere Ansätze verwenden Vergangenheitstrends in verschiedenen Ausprägungen zur Schätzung zukünftiger Veränderungen (Sevaldson, 1970; Middlehoek, 1970). Je nach vorhandener Datenbasis, insbesondere bei ausreichend langen Zeitreihen von IO-Tabellen, kommen zum Teil recht komplexe Schätzfunktionen zum Einsatz. Zum einen liegen diese langen Reihen jedoch in vielen Ländern nicht vor, zum anderen bieten diese Ansätze keine inhaltliche Erklärung der erfolgten und prognostizierten Veränderungen und unterstellen, dass die für die Vergangenheit beobachteten Trends in gleicher Weise auch für die Zukunft gelten würden.

Inhaltlich greifbarer sind Ansätze, die den Preisen einen hohen Erklärungswert beimessen und infolgedessen mit preiselastischen Inputkoeffizienten arbeiten. Deren Preisabhängigkeiten werden in der Regel für eine Bezugsperiode ermittelt oder ökonometrisch geschätzt.

In einigen Modellen, die insbesondere den Zusammenhang zwischen der Wirtschaftsentwicklung und dem Energieverbrauch abbilden, werden die Energieinputkoeffizienten preisabhängig gestaltet. Im Modell MIS werden sie mit CES-Funktionen[14] modelliert, was zum einen eine energiepreisgetriebene Substitution zwischen verschiedenen Energieträgern erlaubt. Zum anderen wird, abhängig von den Energiepreisen, die Substitution zwischen Kapitaleinsatz und Energieverbrauch ermöglicht. Zu diesem Zweck werden die zukünftigen Energiepreise und Substitutionselastizitäten zwischen Kapitaleinsatz und Energieverbrauch sowie zwischen den einzelnen Energieträgern geschätzt (Pfaffenberger/Ströbele, 1995)

Zum Teil kommen auch Kombinationen von Trendfunktionen und Preisabhängigkeiten zum Einsatz (vgl. z. B. Almon, 1991; Meyer et al., 1999). Beide Methoden stellen eine gewisse Endogenisierung des technischen und intrasektoralen Wandels im IO-Modell dar. Darüber hinaus wurde auch in mehreren Arbeiten versucht, Koeffizientenveränderungen mit Ansätzen der Produktionstheorie zu bestimmen. Richter (1991) beschreibt verschiedene diesbezügliche Ansätze, kritisiert jedoch die Diskrepanz zwischen sehr detaillierten theoretischen Konzepten einerseits und der vergleichsweise aggregierten empirischen Durchführung aufgrund der unzureichenden Datenbasis andererseits.

Pragmatische Ansätze

In den pragmatischen Ansätzen wird das IO-Modell als Rahmen für die Durchführung von Simulationsrechnungen betrachtet, in den von außen auf der Basis von Annahmen und Erwartungen zur künftigen Entwicklung bestimmter Einflussfaktoren gezielt eingegriffen wird. Zu den pragmatischen Ansätzen zählt Richter (1991)

- die Nutzung von Expertenwissen und
- den Best-Practice-Ansatz.

Bereits Leontief hat auf die Möglichkeit verwiesen, Input-Output-Tabellen rein auf der Basis technischen Wissens zu erstellen (Leontief et al., 1986). Er betrachtete die Inputspalten der Sektoren als eine Art Kochrezept zur Herstellung der spezifischen Outputs. Tilanus (1968) hat auch beim Einsatz formaler Verfahren empfohlen, vorhandenes Wissen zu technologischen und anderen Entwicklungen in den einzelnen Wirtschaftszweigen einzubeziehen. Da Hinweise zu Charakteristika neuer Techniken häufig bereits einige Jahre vor deren Kommerzialisierung aus wissenschaftlichen Studien oder Demonstrations- bzw. Pilotanlagen verfügbar sind, bietet sich deren Nutzung für Projektionen an. Schwierig ist in diesen frühen Stadien häufig die Kostenprognose für die Verfahren im zukünftig großtechnischen Einsatz. Auch lassen sich bei kapitalgebundenem technischen Wandel Experteneinschätzungen zur Altersstruktur des Kapitalstocks in den betreffenden Sektoren und zum Verlauf der Diffusion neuer Techniken integrieren. Für fast noch bedeutsamer als die Prognose

[14] CES = Constant Elasticity of Substitution

von Inputstrukturen hält Richter angesichts der Aggregationsproblematik in den meisten IO-Modellen die Heranziehung von Expertenwissen zur voraussichtlichen Entwicklung des Produkt-Mix in den Sektoren. Für die Nutzung von Expertenwissen gibt es keine festen Regeln. Sie kann relativ frei erfolgen, solange die Konsistenz des verwendeten IO-Modells gewahrt bleibt.

Der "Best-Practice"-Ansatz geht davon aus, dass die Inputstruktur eines Sektors einen Durchschnitt der Inputstruktur fortschrittlicher und weniger fortschrittlicher Betriebe darstellt. Daraus wird abgeleitet, dass es bei Kenntnis oder Schätzbarkeit der Inputkoeffizienten der fortschrittlichen Betriebe möglich ist, durch Verschiebung des Gewichtsverhältnisses zu den weniger fortschrittlichen Betrieben die zukünftige Inputstruktur des Sektors abzuleiten. Dahinter steckt die Annahme eines kapitalgebundenen technischen Fortschritts, die Richter (1991) als zu monokausal kritisiert, da auch andere Bestimmungsgründe für technischen Fortschritt zu beachten seien (z.B. Lerneffekte, Synergieeffekte, technologiepolitische Einflüsse z.B. der Umwelt- und Energiepolitik; vgl. auch Abschnitt 3.2). Diese seien allerdings schwer zu modellieren. Häufig sind die Inputkoeffizienten der fortschrittlichen Betriebe allerdings nicht statistisch beobachtbar, so dass man hier auch auf die Einschätzung von Fachleuten angewiesen sein dürfte.

Diskussion

Gegenüber der Verwendung von IO-Modellen mit konstanten Inputkoeffizienten stellen die formalen Ansätze einen wichtigen Fortschritt bei der Einbeziehung des technischen und strukturellen Wandels dar. Abgesehen davon, dass die Datenlage für die Schätzung der verwendeten Gleichungen häufig unbefriedigend ist, haben formale Ansätze dort ihre Grenzen, wo Vergangenheitstrends und Preisabhängigkeiten als Einflussfaktoren nicht mehr ausreichend sind, z. B. wenn sich Strukturbrüche abzeichnen oder sich die Rahmenbedingungen z. B. durch die Umweltpolitik verändern. An der Verwendung von Vergangenheitstrends und Preisabhängigkeiten zur Bestimmung zukünftiger Inputstrukturen wird auch kritisiert, dass bei dieser Vorgehensweise insbesondere bei langen Projektionszeiträumen nicht gewährleistet ist, dass technisch plausible oder gar machbare Lösungen generiert werden oder physikalische Gesetzmäßigkeiten wie der erste und zweite thermodynamische Hauptsatz eingehalten werden (Ayres, 1995). Dies liegt darin begründet, dass die Inputkoeffizienten isoliert voneinander fortgeschrieben werden.

Die Stärke der pragmatischen Ansätze liegt in der Möglichkeit, vorhandenes Wissen zur voraussichtlichen technischen Entwicklung und bereits absehbare Strukturbrüche oder sich verändernde Rahmenbedingungen in einen szenariobasierten Simulationsansatz einzubeziehen. Die Auswirkungen unsicherer Parameter lassen sich durch Sensitivitätsanalysen ermitteln. Insgesamt sind die pragmatischen Ansätze im Vergleich zu den formalen Ansätzen mit höheren Freiheitsgraden, aber möglicherweise auch mit höheren Unsicherheiten verbunden. Während die formalen Ansätze eher bei der Projektion kompletter Verflechtungsmatrizen eingesetzt werden, werden pragmatische Ansätze überwiegend bei eingeschränkten Fragestellungen verwendet. Dies folgt auch aus der Tatsache, dass die Konstruktion vollständiger IO-Tabellen auf der Basis von detailliertem Expertenwissen einen äußerst hohen Aufwand erfordern würde.

Im Hinblick auf die Modellierung des Übergangs zu einer materialeffizienten Kreislaufwirtschaft bietet die Wahl eines pragmatischen Ansatzes deutliche Vorteile. Ein solcher Übergang kann als deutlicher Strukturbruch betrachtet werden, der durch Vergangenheitstrends und reine Preisabhängigkeiten nicht ausreichend zu erklären ist. Für die notwendige Veränderung des Verhaltens der maßgeblichen Akteure stellt zudem die Schaffung entsprechender politischer Rahmenbedingungen eine wichtige Voraussetzung dar. Darüber hinaus können die in Kapitel 2 bereits angesprochenen material-, produkt- und branchenspezifischen Besonderheiten besser berücksichtigt werden. Die Rolle dieser Besonderheiten spricht auch dafür, Materialeffizienz- und Kreislaufwirtschaftsstrategien zunächst für ein Teilsystem und nicht für die gesamte Volkswirtschaft zu betrachten.

3.3.2 Analyse bestehender pragmatischer Ansätze

In diesem Abschnitt werden einige Untersuchungen analysiert, die als stellvertretend für verschiedene pragmatische Ansätze angesehen werden können. Hierbei werden Arbeiten zu umwelt- und energiebezogenen Fragestellungen besonders berücksichtigt. Die Ansätze unterscheiden sich sowohl hinsichtlich des verwendeten IO-Modelltyps als auch hinsichtlich des Ansatzes zur Abbildung des technischen und intrasektoralen Wandels.

Edler (1990) untersucht die Beschäftigungswirkungen der Diffusion von Industrierobotern zwischen 1980 und 1995 mit einem um sektorale Beschäftigungskoeffizienten erweiterten dynamischen Input-Output-Modell nach Leontief/Szyld/Duchin (LSD). Er unterscheidet zwischen elf verschiedenen Einsatzgebieten für Roboter und modelliert deren Diffusion in den Kapitalstock der Anwendersektoren. Die neue Technik wird durch die Einführung eines neuen Sektors für die Herstellung von Robotern in der Vorleistungsmatrix, in zwei Kapitalkoeffizientenmatrizen für Erweiterungs- und Ersatzinvestitionen sowie in der Arbeitskoeffizientenmatrix in das Modell integriert. Aufgrund sektorspezifischer Annahmen zur Diffusionsgeschwindigkeit der Industrieroboter erfolgen in den Anwendersektoren Anpassungen bei betroffenen Vorleistungen, der Struktur des Kapitalstocks und den Arbeitskoeffizienten. Abgesehen von der explizit einbezogenen neuen Technik werden die IO-Matrizen auf dem Stand von 1984 eingefroren, spiegeln also keinen endogenen technischen und strukturellen Wandel wider. Mit dem Modell werden ein Referenzlauf ohne und eine alternative Modellrechnung mit Einführung der Industrieroboter durchgeführt. Aus dem Vergleich der beiden Modellrechnungen werden die Beschäftigungseffekte der Einführung von Industrierobotern abgeleitet. Die in die

Automatisierung investierenden Sektoren können dadurch Kosteneinsparungen realisieren, die potentiell nachfragesteigernd wirken. Edler analysiert diese Kompensationseffekte in zwei Variantenrechnungen, in denen er zum einen eine steigende Produktion in den automatisierenden Sektoren unterstellt und zum anderen steigende Unternehmereinkommen und Gewinne sowie Lohneinkommen, die zu einer steigenden Endnachfrage führen. Ähnliche fallbeispielorientierte Ansätze enthalten auch Leontief/Duchin (1986) und Duchin/Lange (1994).

Meade (1995) untersucht die gesamtwirtschaftlichen Auswirkungen der Einführung von Elektroautos in den USA zwischen 1998 und 2005 mit dem Modell INFORUM LIFT, einem dynamischen ökonometrischen und weitgehend geschlossenen Input-Output-Modell, das auch zur Generierung von Projektionen der Entwicklung der amerikanischen Volkswirtschaft verwendet wird. Ausgangspunkt der Berechnungen sind Annahmen zur Diffusion von Elektroautos, der damit verbundenen Veränderungen bei den Inputkoeffizienten der Fahrzeugherstellung, bei Kraftstoffkosten, Höhe und Struktur der Reparaturkosten sowie Investitionen in Tankstellen. Die gesamtwirtschaftlichen Effekte (z. B. BIP, Beschäftigung, Außenhandel) werden wiederum in einer Differenzbetrachtung zweier Szenarien ermittelt. Damit ähnelt das Vorgehen im Wesentlichen dem von Edler, auch wenn das verwendete IO-Modell ein anderes ist. Die wichtigsten mit der Einführung von Elektroautos verbundenen ökonomischen Impulse werden durch Experteneinschätzungen und fundierte Annahmen quantifiziert und durch Eingriffe von außen im Modell abgebildet. Das Modell INFORUM kombiniert damit formale und pragmatische Ansätze zur Modellierung des technischen und strukturellen Wandels. Einerseits sind die Inputkoeffizienten des Modells von Zeittrends und Preisen abhängig, andererseits kann das Modell durch exogene Eingriffe für Simulationsrechnungen verwendet werden.

Das theoretische Konzept zur Verbindung eines dynamischen IO-Modells nach Leontief/Duchin/Szyld mit einer Technologiedatenbank entwickelt Idenburg (1998). Die Entwicklung und empirische Umsetzung eines ähnlichen Ansatzes, der auf die besondere Situation der Elektrizitätswirtschaft zugeschnitten ist, leistet Vögele (2001). Im Ansatz von Idenburg beinhaltet das IO-Modell sowohl das Mengen- als auch das Preismodell. Zur Abbildung des technischen Wandels wird in der Technologiedatenbank für ausgewählte Sektoren jeweils ein Satz von bestehenden und künftig verfügbaren Technologien mit ihren Inputkoeffizienten und Kapitalkoeffizienten und damit ihren Kostenstrukturen abgelegt. Auf der Basis eines Kostenminimierungskalküls werden bei Investitionsentscheidungen der Sektoren die kostenminimalen Techniken ausgewählt und in das Input-Output-Modell integriert. Die Technikwahl lässt sich grundsätzlich auch durch Preisänderungen beeinflussen, die aus Veränderungen der Kosten für die im Preismodell exogenen primären Inputs resultieren können. So lassen sich z. B. die Folgen von Lohnerhöhungen oder Steuern auf die Technikwahl und in der Folge auf Umweltbelastungen abbilden, wenn das Modell um Umweltindikatoren erweitert wird. Ansonsten werden die Preise konstant gehalten. Mit diesem Konzept leistet Idenburg einen wichtigen Beitrag zur

Endogenisierung des technischen Fortschritts. Allerdings sind Kosten bzw. Preise aufgrund des Optimierungsansatzes die einzigen Einflussfaktoren auf die Technikwahl. Weiche Faktoren, wie z. B. Veränderungen von politischen Rahmenbedingungen oder von Konsumentenpräferenzen, die zu einem veränderten Produkt-Mix führen, lassen sich nicht abbilden. Der Datenbedarf dieses Modells ist als relativ hoch einzustufen, da für die betrachteten Sektoren die vollständige quantitative Beschreibung der zu einem bestimmten Zeitpunkt vorliegenden Technikalternativen erforderlich ist.

Leontief (1982) verwendet ein erweitertes Input-Output-Modell zur Projektion des Bedarfs an mineralischen Rohstoffen. Das Modell basiert auf einem komparativ-statischen Ansatz, bei dem die Endnachfrage in die Zukunft hochgerechnet wird (vgl. Abschnitt 3.1). Der Bereich der Gewinnung mineralischer Rohstoffe wird in 36 Subsektoren disaggregiert abgebildet. Er wird durch spezifische, auf physischen Einheiten basierende Koeffizienten, die die Nutzung der einzelnen mineralischen Rohstoffe in den Sektoren der Volkswirtschaft quantifizieren, an das Input-Output-Modell angehängt. Verschiedene Optionen zur Bereitstellung mineralischer Rohstoffe werden einbezogen, die Gewinnung aus Primärressourcen, der Anfall als Kuppelprodukt, Recyclingverfahren sowie Importe aus dem Ausland. In verschiedenen Szenarien wird der zur Deckung der zukünftigen Endnachfrage erforderliche Bedarf an mineralischen Rohstoffen ermittelt. Projektionsperioden sind dabei die Jahre 1990 und 2000. Die Szenarien unterscheiden sich durch Annahmen zum technischen und strukturellen Wandel, zum Gewicht von Recyclingverfahren und zur Importabhängigkeit. Die Modellierung des technischen Wandels erfolgt durch Veränderung der Inputkoeffizientenmatrix und vor allem der spezifischen sektoralen Verbräuche mineralischer Rohstoffe für die Projektionsjahre auf der Basis von Experteneinschätzungen. Damit lassen sich Substitutionen zwischen den Rohstoffen explizit einbeziehen. Mit diesem Modellansatz lassen sich allerdings die Auswirkungen eines veränderten Verbrauchs mineralischer Rohstoffe auf die übrige Volkswirtschaft nur sehr bedingt abbilden, da die Vorleistungen der Gewinnung mineralischer Rohstoffe nur unvollständig modelliert werden. Betrachtet man die Abbildung des Sektors „Gewinnung mineralischer Rohstoffe" als Submodell, so findet keine Rückkopplung zum ökonomischen IO-Modell statt. Dies mag bei der Modellierung eines Bereichs am Beginn der gesamtwirtschaftlichen Wertschöpfungskette vertretbar sein, bei anderen Sektoren könnte die Unterschätzung der Gesamteffekte stärker ausfallen.

Ayres (1995) stellt einen weitergehenden Ansatz zur Kopplung eines IO-Modells mit einem Prozesskettenmodell vor und führt vier Vorzüge gegenüber ungekoppelten IO-Modellen an. In Prozesskettenmodellen, die in physischen Einheiten aufgebaut sind, sei es möglich, für die Generierung zukünftiger Produktionsszenarien thermodynamische Gesetzmäßigkeiten und Beschränkungen, insbesondere den ersten und zweiten Satz der Thermodynamik, zu berücksichtigen. Außerdem würden Fehler aufgrund des Aggregationsniveaus der IO-Sektoren minimiert, Ko-Produkt-

und Ko-Input-Beziehungen könnten explizit einbezogen und auch nichtlineare Beziehungen, wie z. B. Rückkopplungen innerhalb des Subsystems, abgebildet werden. Ayres erläutert das Konzept am Beispiel der aus seiner Sicht besonders umweltbelastenden Rohstoff gewinnenden und verarbeitenden Sektoren, die aus der IO-Tabelle herausgelöst und in einem eigenen Prozesskettenmodell detailliert abgebildet werden. Das Verhältnis des Submodells zum IO-Modell sieht Ayres dabei analog zu dem eines IO-Modells zu einem gesamtwirtschaftlichen Modell, das die Komponenten der Endnachfrage bestimmt, selbst aber nicht von den Ergebnissen des IO-Modells beeinflusst wird. Entsprechend ist in Ayres' „Hybridmodell" keine Rückkopplung vom Prozesskettenmodell zum IO-Modell vorgesehen. Die Aufgabe des IO-Modells besteht darin, einen Outputvektor zu erzeugen, der den Gesamtbedarf an Gütern mit einem gewissen Verarbeitungsgrad in monetären Einheiten angibt. Im Prozesskettenmodell lässt sich dann errechnen, mit welchem Rohstoff- und Materialbedarf sowie Emissionen und Abfällen die Bereitstellung dieses Güterbündels verbunden ist. Welche Rückwirkungen die Veränderungen im Prozesskettenmodell auf die Struktur des IO-Modells haben, ist in dieser Arbeit nicht Gegenstand der Überlegungen.

James, Musgrove und Stocks (1986) realisieren eine derartige Rückkopplung in einem Modellsystem mit Fokus auf den Energieverbrauch. Sie koppeln ein komparativ-statisches IO-Modell mit einem dynamischen linearen Optimierungsmodell für den Energiebereich. Das IO-Modell ist untergliedert in Energie liefernde und andere Sektoren, wobei die Outputs der Energiesektoren in physischen Energieeinheiten (d. h. in Joule) und die Outputs der übrigen Sektoren in monetären Einheiten angegeben werden. Über Brückenmatrizen ist das IO-Modell mit einem Prozesskettenmodell verbunden, welches die Bereitstellung und den Einsatz von Energie technikorientiert mit den zugehörigen Kosten darstellt. Das Energiesubmodell erhält vom IO-Modell für ausgewählte Stichjahre zwischen 1980 und 2020 den Bedarf an Endenergie und optimiert unter der Zielfunktion der Kostenminimierung und verschiedenen Nebenbedingungen die Bereitstellung der benötigten Energie. Die Modellergebnisse werden dazu verwendet, die entsprechenden Koeffizienten im Energieteil des IO-Modells anzupassen, so dass mit dem IO-Modell die Auswirkungen des mit einem optimierten Energiesystem verbundenen technischen Wandels und von Energieträgersubstitution auf die sektorale Wirtschaftsstruktur analysiert werden können. Weitere Kopplungsansätze von Energieflussmodellen mit IO-Modellen (z.B. MARKAL/MEPA und IKARUS/MIS) sind in Grundmann (1999) dargestellt.

Die Verbindung eines mehrsektoralen ökonometrischen Gleichgewichtsmodells der finnischen Volkswirtschaft mit Satellitenmodellen, die ausgewählte Teilbereiche detailliert beschreiben, wurde mit dem Modell FMS3 (Finnish Long Term Model System) realisiert (Mäenpää, 1996; Mäenpää/Juutinen, 1997). Die Verflechtung der volkswirtschaftlichen Produktionsbereiche wird über ein Input-Output-Modell erfasst. Zusätzlich wurden Satellitenmodelle für die Bereiche Energieversorgung, Holz und Papier, Metalle, Natürliche Ressourcen, Abfallwirtschaft und Transporte aufgebaut, die eine eingehendere Betrachtung dieser Bereiche erlauben. Die Material- und Energieflüsse in diesen als Prozesskettenmodelle ausgelegten Satellitenmodellen sind in physischen Einheiten erfasst, was eine technikorientierte Analyse erleichtert. Die Interaktion zwischen Makromodell und Satellitenmodell ist wie folgt: Das Satellitenmodell erhält die Vorgabe eines Nachfragevektors aus dem Makromodell. Technische und strukturelle Veränderungen können nun innerhalb des Satellitenmodells simuliert und die Parameterveränderungen nach einer Monetarisierung zu konstanten Preisen ins Makromodell zurückgespielt werden. Die Satellitenmodelle sind dabei in einen iterativen Lösungsalgorithmus eingebunden. Querverbindungen zwischen den Satellitenmodellen, z. B. zwischen dem Forstmodell und dem Energiemodell, sind ebenfalls realisiert. Allerdings werden in den Satellitenmodellen im Wesentlichen die Hauptgüterströme, also z. B. im Holz- und Papiermodell die direkt auf dem Material Holz basierenden Stoffströme, abgebildet. Sonstige Vorleistungsinputs werden nur zum Teil einbezogen, so dass die Möglichkeiten zur Abbildung der technikbezogenen Veränderungen nur zum Teil ausgeschöpft werden. Darüber hinaus geht die genaue Kopplungsmethodik aus den verfügbaren Veröffentlichungen nicht hervor.

Tabelle 3 enthält einen vergleichenden Überblick über die erläuterten pragmatischen Ansätze zur Einbeziehung des technischen und strukturellen Wandels. Sie unterscheiden sich zunächst im Hinblick auf Zielsetzungen und verwendete IO-Modelltypen. Ein wichtiger Unterschied betrifft die Methode der Einbeziehung des technischen und strukturellen Wandels. Edler und Meade betrachten die Einführung neuer Technologien und greifen an einigen für den Untersuchungsgegenstand relevanten Stellen (d. h. ausgewählten Sektoren) in das Modell ein und verändern ausgewählte Modellparameter, wobei die Eingriffspunkte formal nicht miteinander verknüpft sind. Dabei erweitert Edler das IO-Modell um einen neuen Sektor, während bei Meade die bestehende Sektorstruktur unverändert bleibt. Idenburg bezieht den technischen Fortschritt in besonders umweltbelastenden Sektoren durch die explizite Abbildung der relevanten Technikalternativen und ein Kostenminimierungskalkül bei der Technikwahl ein. Allerdings bleiben wechselseitige Abhängigkeiten zwischen den detailliert abgebildeten Techniken unberücksichtigt. Leontief verwendet als Basis seines Modells eine IO-Tabelle, die um Sektoren erweitert wurde, die für die Fragestellung relevant sind. Die zusätzlichen Sektoren sind zum Teil (zur Abbildung von Kuppelproduktion) miteinander und ebenfalls stellenweise mit den übrigen Sektoren der Volkswirtschaft verknüpft. Die Abbildung des technischen und strukturellen Wandels konzentriert sich auf die Lieferungen der zusätzlichen Sektoren an die übrigen Sektoren. Eine weitergehende Rückkopplung der Veränderungen in den zusätzlichen Sektoren zum eigentlichen IO-Modell findet nicht statt, was sich jedoch aus der Zielsetzung der Arbeit erklären lässt.

Die übrigen Arbeiten verwenden eigene, den Untersuchungsbereich abbildende Submodelle, die auf der Methode der Prozesskettenanalyse (vgl. Kapitel 2) basieren und an bestimmten Stellen mit dem IO-Modell verknüpft sind. Die Abbildung des technischen und strukturellen Wandels erfolgt vorwiegend im Submodell und an den Schnittstellen zum IO-Modell. Die Ansätze unterscheiden sich jedoch hinsichtlich der Richtung der einbezogenen Wechselwirkungen. Während bei Ayres keine Rückkopplung vom Submodell zum IO-Modell vorgesehen ist, ist dies bei James, Musgrove und Stocks bzw. beim Modell FMS3 zumindest teilweise erfolgt.

Die Verwendung von Submodellen ist bei komplexen Fragestellungen von Vorteil, wenn Vernetzungen innerhalb eines vertieft betrachteten Teilsystems der Volkswirtschaft, die mit dem IO-Modell nicht abgebildet werden können, relevant sind. Damit können Güterströme unterhalb der Sektorebene eines IO-Modells und intrasektorale Veränderungen wie die Veränderung des Produkt-Mix oder des Prozess-Mix explizit in die Modellierung einbezogen werden. Darüber hinaus sind auch Güterströme zwischen Subaggregaten unterschiedlicher IO-Sektoren darstellbar. Außerdem lassen sich Aggregationsfehler vermeiden, die bei stark unterschiedlichen Input- und Output-Strukturen der Subsektoren auftreten würden.

Bei der vorliegenden Arbeit steht die Abbildung von Kreislaufwirtschafts- und Materialeffizienzstrategien innerhalb einer Wertschöpfungskette und deren sektorale Strukturwirkungen im Mittelpunkt. Da diese Strategien an verschiedenen Stellen einer Wertschöpfungskette eingreifen und ihre Wirkung entfalten können, reicht es nicht aus, bestehende und alternative Techniken isoliert zu betrachten. Vielmehr müssen die mit ihrer Realisierung verbundenen Veränderungen der Güterströme, aber auch des Technikeinsatzes integriert betrachtet und konsistent in Szenarien zusammengeführt werden. Daher wird auch für die vorliegende Arbeit der Ansatz der Kopplung mit einem Submodell gewählt. Dieses ermöglicht es, in seiner Auslegung als Stoffstrommodell (vgl. Kapitel 2)

- die relevanten Güter-, Stoffströme und Prozesse bzw. Aktivitäten in der erforderlichen Genauigkeit einzubeziehen, um z. B. Veränderungen des Prozess-Mix oder des Produkt-Mix abzubilden und
- die Auswirkungen von Strategien zur Erhöhung der Materialeffizienz und von Kreislaufwirtschaftsstrategien auf die gesamte Wertschöpfungskette und damit ganzheitlich zu erfassen.

Der Zweck des Stoffstrommodells besteht gewissermaßen darin, einen Rahmen für die konsistente Abbildung derartiger Veränderungen bereitzustellen, in dem wechselseitige Abhängigkeiten verschiedener Maßnahmen deutlich werden. In die Generierung der Szenarien können technologische und andere mikroanalytische Informationen wie z. B. technische Beschreibungen bestehender und innovativer Prozesse, Einschätzungen von Branchenexperten zur Diffusion innovativer Techniken oder auch Annahmen zur Entwicklung des Verbraucherverhaltens und politischer Rahmenbedingungen einfließen.

Tabelle 3: Vergleich ausgewählter pragmatischer Ansätze zur Einbeziehung des technischen und strukturellen Wandels in IO-Modellen

Quelle	Zielsetzung	IO-Modelltyp	Abbildung des technischen und strukturellen Wandels	Simulation / Optimierung	Bemerkungen
Edler (1990)	Auswirkungen einer neuen Technik auf Wirtschaftsstruktur und Beschäftigung	Dynamisch (LDS) [1], Mengenmodell	Einführung eines neuen Sektors/ Punktuelle Veränderung von Modellparametern	Simulation	
Meade (1995)	Gesamtwirtschaftliche Auswirkungen der Einführung von Elektroautos	Dynamisch (Inforum)	Punktuelle Veränderung von Modellparametern	Simulation	
Idenburg (1998)	Explizite Einbeziehung der Technikwahl in besonders umweltbelastenden Sektoren	Dynamisch (LDS), Mengen- und Preismodell	Kopplung mit Technikdatenbank	Optimierung	keine Einbeziehung „weicher" Faktoren bei der Technikwahl
Leontief (1982)	Projektion der Nachfrage nach mineralischen Rohstoffen mit technischem und strukturellem Wandel	Komparativ-statisch, Mengenmodell	Externe Sektoren angehängt	Simulation	Beschränkte Rückkopplung mit IO-Modell
Ayres (1995)	Detailliertere Projektion von Umweltbelastungen durch umweltintensive Bereiche	Komparativ-statisch, Mengenmodell	Kopplung mit Prozesskettenmodell	Simulation	Keine Rückkopplung mit IO-Modell
James et al. (1986)	Einbeziehung des technischen Wandels im Energiesektor und seiner Strukturwirkungen	Komparativ-statisch, Mengenmodell	Kopplung mit Prozesskettenmodell	Optimierung	Rückkopplung mit IO-Modell / keine Einbeziehung „weicher" Faktoren
Mäenpää (1996)	Einbeziehung des technischen Wandels in ausgewählten Teilbereichen der Volkswirtschaft	Mehrsektorales ökonometr. Gleichgewichtsmodell	Kopplung mit Prozesskettenmodellen	Simulation	Rückkopplung mit IO-Modell; iterative Rechenabläufe

Quelle: Eigene Darstellung

[1] LDS: dynamisches IO-Modell nach Leontief/Duchin/Szyld

Wie bei James et al. (1986) und dem Modell FMS3 erfolgt auch hier eine Kopplung, die die Abbildung wechselseitiger Abhängigkeiten zwischen IO-Modell und Submodell ermöglicht.

Da der in dieser Arbeit vorgestellte Kopplungsansatz an das Input-Output-Modell MIS anknüpft, werden dieses Modell sowie die Möglichkeiten zur Einbeziehung des technischen und strukturellen Wandels in MIS im nächsten Abschnitt erläutert.

3.4 Technischer und struktureller Wandel im Input-Output-Modell MIS

Das Modell MIS (Makroökonomisches Informationssystem Ikarus) ist ein dynamisches makroökonomisches Modell mit einem Input-Output-Modell als Kern. Es wurde im Rahmen des vom BMBF geförderten Forschungsvorhabens IKARUS von der Arbeitsgemeinschaft Energie- und Systemplanung (AGEP) an der Universität Oldenburg entwickelt. Die nachfolgende Beschreibung des Modells folgt Pfaffenberger/Ströbele (1995) und Pfaffenberger/Kemfert (1997).

Das Modell erstellt Projektionen der bundesdeutschen Input-Output-Tabelle für die Jahre 2005 und 2020. Dazu ist die exogene Vorgabe verschiedener Größen für die Projektionsjahre erforderlich (vgl. Abbildung 3). Unter anderem sind Vorgaben zum Wachstum und zur künftigen Güterstruktur der exogenen Endnachfragebereiche (Private Haushalte, Staat und Exporte) sowie zur Entwicklung der sektoralen Importanteile zu machen. Die Investitionsnachfrage wird modellendogen über einen sektoralen Kapitalstock bestimmt, der über sektorale Kapitalkoeffizienten an die Bruttowertschöpfung gekoppelt ist. Der dabei verwendete Algorithmus wurde in Abschnitt 3.1.2 erläutert. Für den Zeitraum zwischen den Stichjahren wird eine konstante Wachstumsrate angenommen.

Die sektorale Gliederung des Modells basiert auf den funktionalen Input-Output-Tabellen des Statistischen Bundesamtes, unterscheidet sich jedoch durch eine disaggregiertere Darstellung im Energieumwandlungs- und Verkehrsbereich und eine Aggregation der übrigen Sektoren. Insgesamt wird nach 30 Sektoren untergliedert:

- 8 Energieumwandlungssektoren,
- 8 Verkehrssektoren und
- 14 sonstige Sektoren,

wobei unter den sonstigen die energieintensiven Sektoren detaillierter abgebildet sind[15].

Abbildung 3: Struktur und exogener Datenbedarf von MIS

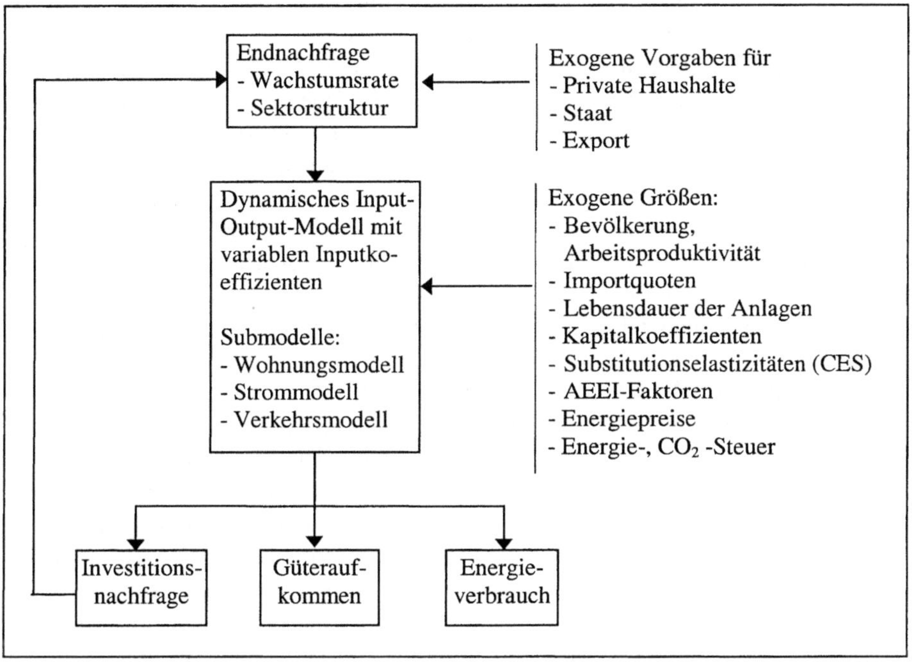

MIS ist in der Lage, technischen und strukturellen Wandel in den energierelevanten Bereichen der Volkswirtschaft einzubeziehen. Dies erfolgt durch eine Kombination von pragmatischen und formalen Ansätzen. Mittels Submodellen für die Wohnungs- und Raumwärmenachfrage, die Stromerzeugung und die Verkehrssektoren ist es möglich, für die entsprechenden IO-Sektoren die Inputkoeffizienten und teilweise die Nachfrage festzulegen. Die energiebezogenen Inputkoeffizienten der Nicht-Energiesektoren werden über geschachtelte CES-Produktionsfunktionen gesteuert, die Substitutionen zwischen Energie- und Kapitaleinsatz sowie zwischen den Energieträgern abhängig von den Energiepreisen zulassen. Die nicht energiebezogenen und nicht von den Submodellen betroffenen Inputkoeffizienten bleiben konstant. Veränderungen der Energiepreise können exogen vorgegeben werden und sind auch über Energie- oder CO_2–Steuern induzierbar. Auswirkungen dieser

15 In dieser Arbeit wurde eine angepasste Version von MIS verwendet, die in Abschnitt 5.2.1.2 beschrieben ist. Im Anhang (Tabelle A-1) ist eine Liste der Sektoren für die angepasste Version aufgeführt.

Preisimpulse auf die Sektorpreise werden mit dem Leontief-Preismodell unter der Annahme einer vollständigen Kostenüberwälzung berechnet und können wiederum Substitutionen im Rahmen der CES-Produktionsfunktionen auslösen. Darüber hinaus wird autonomer technischer Fortschritt, der zu Energieeinsparungen führt, mittels AEEI-Faktoren[16], die die energiebezogenen Inputkoeffizienten verändern, berücksichtigt. Diese Faktoren werden auf der Grundlage von Vergangenheitstrends sektorspezifisch festgelegt und können ebenfalls exogen verändert werden. Mit den beschriebenen Mechanismen generiert ein sogenannter Input-Output-Generator, der dem eigentlichen IO-Modell vorgeschaltet ist, für jedes Projektionsjahr eine neue Inputkoeffizientenmatrix, gegebenenfalls neue Kapitalkoeffizienten und weitere benötigte Parameter. Diese Parametersätze werden an das dynamische IO-Modell weitergereicht und dienen dort als Basis für die Modellrechnungen. Mit der neuen Leontief-Inversen und der exogen vorgegebenen Endnachfrage wird das sektorale Güteraufkommen berechnet. Da die Investitionsgüternachfrage einerseits als Bestandteil der Endnachfrage das Güteraufkommen beeinflusst, andererseits indirekt von ihm abhängt, sind iterative Lösungsschritte erforderlich (vgl. Abschnitt 3.1.2).

Innerhalb des IKARUS-Modellverbundes ist MIS über ein Soft-Link mit einem linearen Optimierungsmodell verbunden. Das Optimierungsmodell greift auf eine Datenbank zu, in der für Energie liefernde und die wichtigsten Energie nachfragenden Prozesse der Volkswirtschaft spezifische Energieverbräuche, Energieeinsparmaßnahmen bis zum Jahr 2020 und deren Kosten abgelegt sind. Auf dieser Datengrundlage sucht das Optimierungsmodell nach den kostenminimalen Technikkombinationen zur Deckung einer vorgegebenen Energienachfrage. Im IKARUS-Modellverbund erfüllt MIS zwei Aufgaben. Zum einen gibt es für die Zieljahre 2005 und 2020 die Energienachfrage bestimmenden Größen als Inputdaten für das Optimierungsmodell vor. Zum anderen wird es zur volkswirtschaftlichen Konsistenzprüfung der mit dem Optimierungsmodell erzielten Ergebnisse verwendet.

Im Fokus der Kopplung zwischen MIS und dem IKARUS-Optimierungsmodell befinden sich Maßnahmen im Bereich der Energieversorgung und –nutzung (Energieeffizienz- und Substitutionsmaßnahmen). Um die volkswirtschaftlichen, insbesondere strukturellen Auswirkungen von Maßnahmen zur Erhöhung der Materialeffizienz und von Kreislaufwirtschaftsmaßnahmen zu untersuchen, ist eine andere Modellkonzeption erforderlich, die in der Lage ist, sektorübergreifende Vernetzungen innerhalb von Wertschöpfungsketten abzubilden. Dies wird durch eine Kopplung mit einem technikbasierten Stoffstrommodell realisiert. Der gewählte Ansatz wird im folgenden Kapitel vorgestellt.

---

16 AEEI: Autonomous Energy Efficiency Improvement

4 Ein Ansatz zur Kopplung eines IO-Modells mit einem Stoffstrommodell

Aus der Analyse bestehender Ansätze (Kap. 3) kann abgeleitet werden, dass eine Kopplung zwischen einem IO-Modell und einem Stoffstrommodell zur Analyse der sektorstrukturellen Auswirkungen von Materialeffizienz- und Kreislaufwirtschaftsstrategien geeignet sein dürfte. Entsprechend der verschiedenen Modelltypen, die für IO-Modelle existieren, sind auch mehrere Ansätze zur Kopplung mit einem Stoffstrommodell denkbar. Damit die Erläuterung des Kopplungsansatzes nachvollziehbarer wird, erscheint es sinnvoll, einen bestimmten IO-Modelltyp als Basis für die weiteren Ausführungen auszuwählen. Da für die empirische Umsetzung des Kopplungsansatzes das dynamische IO-Modell MIS verwendet wurde, orientiert sich auch die Erläuterung der Methode an diesem Modell.

Das Kopplungskonzept konzentriert sich dabei auf zwei wesentliche Aspekte des MIS-Modells, das IO-Mengenmodell und die endogene Erklärung der Investitionen. Die Wechselwirkungen mit den übrigen in MIS enthaltenen Mechanismen, insbesondere den AEEI-und CES-Funktionen, aber auch den Möglichkeiten zur Veränderung von Inputkoeffizienten mit den verschiedenen Submodellen werden in dieser Arbeit ausgeklammert.

4.1 Grundidee der Modellkopplung

Bei der Kopplung von Modellen lassen sich zwei Kopplungsmechanismen unterscheiden, das Hard-Linking und das Soft-Linking (Grundmann, 1999). Beim Hard-Linking werden Modelle formal miteinander verbunden. Die Rechenabläufe werden integriert und die Lösung des gekoppelten Modells erfolgt simultan. Beim Soft-Linking erfolgt keine formale Verknüpfung. Die Modellrechnungen werden iterativ durchgeführt, wobei Ergebnisse eines Modells zur Anpassung von ausgewählten Größen des anderen Modells verwendet werden. Das Soft-Linking ist besonders dann sinnvoll, wenn an verschiedenen Stellen Datenanpassungen und Plausibilitätsüberlegungen zu den Zwischenergebnissen notwendig sind, bevor die Ergebnisse des einen Modells im anderen weiter verarbeitet werden können. In der Regel ist beim Soft-Linking auch die Transparenz der Ergebnisse größer.

In dem im Folgenden vorgestellten Modellkonzept sind die beiden Modelle per Soft-Link miteinander verbunden. Die Auslegung des Stoffstrommodells als Satellitenmodell zielt darauf ab, Simulationen zur Entwicklung eines vertieft betrachteten Ausschnitts der Volkswirtschaft in einem getrennten Modell durchzuführen und auf der Basis der erzielten Ergebnisse ausgewählte Parameter des IO-Modells anzupassen. Die Vorteile dieses Ansatzes liegen in den höheren Freiheitsgraden beim Aufbau des Stoffstrommodells sowie einem geringeren Aufwand zur Anpassung des IO-Modells.

Ein Stoffstrommodell deckt ein Teilsystem des in einem Input-Output-Modell abgebildeten volkswirtschaftlichen Güterkreislaufs ab. Es stellt die darin befindliche Struktur und Verflechtung ausgewählter Aktivitäten sowie deren Auswirkungen auf die Umwelt mit einem höheren Detaillierungsgrad dar. Der Betrachtungsrahmen geht über den eines konventionellen IO-Modells insofern hinaus, als auch die Bereiche der Produktnutzung, der Abfallentsorgung bzw. der Rückführung in die Produktion (Recycling) einbezogen werden. Jeder Prozess lässt sich dabei in der Regel einem funktional gegliederten IO-Sektor zuordnen[17] und deckt einen Teil seiner Aktivitäten ab. Das Konzept der Modellkopplung beinhaltet die wechselseitige Abhängigkeit der beiden Modelle. Die *Dynamik des gekoppelten Modells* geht dabei vom Input-Output-Modell aus, das den gesamtwirtschaftlichen Rahmen für die Entwicklung des im Stoffstrommodell betrachteten Teilsystems vorgibt. Aus der Basisprojektion des ungekoppelten IO-Modells, die die IO-Tabellen für die Projektionsjahre liefert, wird eine bestimmte, für das Stoffstrommodell exogene Nachfrage abgeleitet. Das Stoffstrommodell ist als statisches Simulationsmodell ausgelegt und dient dazu, in Simulationsrechnungen auszuloten, wie die vorgegebene Nachfrage in den Projektionsjahren unter Berücksichtigung der Materialeffizienz- und Kreislaufwirtschaftsstrategien gedeckt werden kann. Dazu werden verschiedene Annahmen z. B. zum technischen und strukturellen Wandel im Teilsystem, zu Veränderungen der Rahmenbedingungen oder des Akteursverhaltens getroffen. Die Ergebnisse der Simulationsrechnungen werden anschließend in das IO-Modell zurückgespielt und führen dort zur Veränderung ausgewählter Parameterwerte. Anschließend wird ein neuerlicher Modelllauf des IO-Modells in Gang gesetzt. Der Vergleich der Ergebnisse mit denen des Modelllaufs ohne Einkopplung des Stoffstrommodells gibt dann Aufschluss über die gesamtwirtschaftlichen sektoralen Struktureffekte, die durch die Veränderungen im Teilsystem angestoßen werden.

Die Modelle sind also über zwei Schnittstellen miteinander verbunden, die aus Sicht des Stoffstrommodells als Input- und Outputschnittstelle bezeichnet werden können. Sie verbinden beeinflussende und beeinflusste Größen der beiden Modelle.

MIS erlaubt die exogene Veränderung verschiedener Modellparameter für die Projektionsjahre, um technischen und strukturellen Wandel im Zeitverlauf abzubilden. Für die hier beschriebene Modellkopplung sind insbesondere die Inputkoeffizientenmatrix, die Koeffizienten der primären Inputs und die Kapitalkoeffizienten relevante Eingriffspunkte. Diese sollen die Veränderungen im Teilsystem möglichst konsistent aufnehmen. Hier sind zwei Vorgehensweisen denkbar.

---

[17] Ausnahmen v.a. bei Nutzungs- und Entsorgungsprozessen werden unten behandelt (vgl. Abschnitt 4.2.2).

Zum einen könnte man von Beginn an das IO-Modell so anpassen, dass die im Stoffstrommodell betrachteten Prozesse aus den zugehörigen IO-Sektoren herausgelöst und in eigenen Sektoren abgebildet werden. Vorteilhaft für die Konsistenz der Modellkopplung wäre dabei die modelltechnische Trennung der im Stoffstrommodell abgedeckten von den nicht abgedeckten Aktivitäten. Andererseits wäre dieser Ansatz mit einem hohen Aufwand bei der Anpassung des IO-Modells verbunden, da alle im Modell benötigten Daten nun auch für die Prozesse des Teilsystems zu generieren wären, auch solche, die nicht durch die Veränderungen im Teilsystem betroffen wären.

Die andere Möglichkeit der Modellkopplung liegt in der „gedanklichen“ Trennung der im Stoffstrommodell abgebildeten Prozesse (mit allen relevanten Parametern) von den nicht abgebildeten Aktivitäten. Bei der Zukunftsprojektion mit dem gekoppelten Modell werden die durch das Stoffstrommodell erklärten Aktivitäten und Transaktionen und die nicht erklärten Aktivitäten und Transaktionen dann unterschiedlich gehandhabt. Während letztere im Vergleich zur ungekoppelten Projektion unverändert bleiben, erfolgt die Projektion der erklärten Aktivitäten und Transaktionen auf der Basis der Ergebnisse des Stoffstrommodells (vgl. schematische Darstellung am Beispiel eines Sektors in Abbildung 4; die Breite eines Rechtecks stellt dabei das Aktivitätsniveau des Sektors dar).

Abbildung 4: Schema der ungekoppelten und gekoppelten Projektion

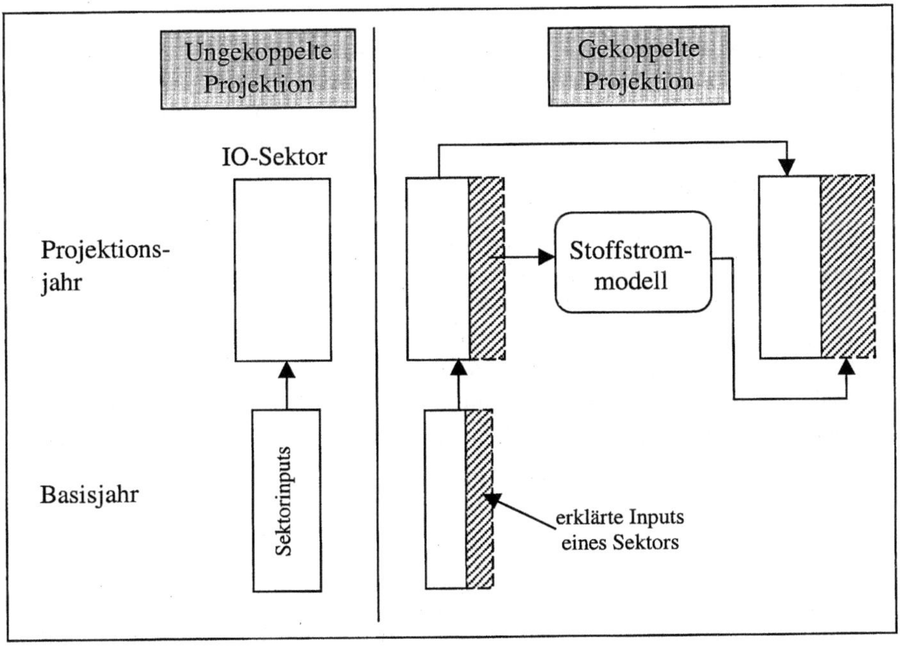

Quelle: Eigene Darstellung

Die zweite Vorgehensweise hat den Nachteil eines höheren Aggregationsniveaus des IO-Modells, jedoch den Vorteil des geringeren Anpassungsaufwands, da sich das Ausmaß der Datengenerierung auf die tatsächlich für die Kopplung relevanten Aspekte beschränkt. Neben dem Aspekt des Anpassungsaufwands ist der zweite Ansatz auch aus modelltechnischer Sicht interessant, da hier in stärkerem Maß Überlegungen zur Wahrung der Konsistenz bei der Kopplung der beiden Modelle eine Rolle spielen. Nach Abwägung der genannten Vor- und Nachteile wurde für die vorliegende Arbeit der zweite Ansatz gewählt.

4.2 Kopplungsrelevante Aspekte eines Stoffstrommodells

Die Ziele und Vorgehensweise bei einer Stoffstromanalyse wurden schon in Abschnitt 2.3 angesprochen. Eine detaillierte Darstellung der verschiedenen Modellkonzepte und Softwareinstrumente ist an dieser Stelle nicht erforderlich, da das Stoffstrommodell als eigenständiges Modell eingesetzt wird und die Modellkopplung daher unabhängig von der konkreten Auslegung des Stoffstrommodells erfolgen kann. Vielmehr beschränkt sich dieses Unterkapitel auf die kopplungsrelevanten Aspekte.

4.2.1 Kopplungsorientierte Darstellung eines Stoffstromsystems

Für die Übertragung der Ergebnisse von Simulationsrechnungen mit dem Stoffstrommodell in das Input-Output-Modell ist eine geeignete Darstellung zu finden. Hier bietet sich eine Matrixdarstellung an, die die Stoffströme eines Jahres (auch die IO-Tabellen beziehen sich in der Regel auf ein Jahr) konsistent erfasst. Die hier gewählte Darstellung der Stoffströme orientiert sich im Grundkonzept an Baccini/Bader (1996), wo die Verknüpfung der beteiligten Prozesse in einer Matrix abgebildet ist[18]. Jeder Prozess wird darin durch eine Zeile und eine Spalte abgebildet, wobei die Inputs eines Prozesses spaltenweise und die Outputs eines Prozesses zeilenweise aufgeführt sind. Baccini/Bader unterscheiden Stoffströme zwischen den innerhalb der Systemgrenzen befindlichen Prozessen oder Aktivitäten, Inputs von Bereichen außerhalb der Systemgrenzen und Outputs an Bereiche außerhalb der Systemgrenzen. Eine ähnliche Darstellungsweise findet sich auch in den frühen Überlegungen zum Aufbau umweltorientierter Input-Output-Modelle

---

[18] Das Konzept von Baccini/Bader zielt zudem auf die Konzentration von einzelnen Elementar- bzw. Indikatorstoffen in einem Stoffstrom zwischen zwei Prozessen, also z. B. auf die Konzentration von Chlor in einem PVC-Produkt. Wie bereits in Abschnitt 2.3 erläutert, wird diese Ebene in der vorliegenden Arbeit nicht betrachtet.

(Victor, 1972[19]) sowie von Input-Output-Tabellen in physischen Einheiten (Stahmer et al. 1997, Strassert, 2001), die auch die Wechselwirkungen zwischen dem ökonomischen und dem ökologischen System abbilden. Diese Arbeiten liefern auch für den Aufbau der Schnittstelle zwischen Stoffstrommodell und IO-Modell nützliche Einsichten.

Im Hinblick auf die spätere Kopplung mit einem IO-Modell sind weitere Unterscheidungen der Prozessinputs und –outputs nötig (vgl. Abbildung 5). Bei den Prozessinputs werden unterschieden:

- Inputs aus Prozessen innerhalb der Systemgrenzen (modellendogenen Prozessen),
- Güterinputs aus Produktionsbereichen außerhalb der Systemgrenzen, aber innerhalb des ökonomischen Systems (auch als Technosphäre bezeichnet), die hier als modellfremde Vorleistungsinputs bezeichnet werden sollen,
- unbearbeitete Inputs aus der Ökosphäre (z. B. Rohstoffe, Luft oder Wasser), die in Anlehnung an die ökonomischen Primärinputs der IO-Tabelle als ökologische Primärinputs bezeichnet werden sollen. Sie liegen außerhalb der Systemgrenzen.

Die Outputs der Prozesse umfassen

- den Hauptoutput, d. h. das gewünschte Prozesserzeugnis und
- unerwünschte Nebenprodukte in Form von Reststoffen (inkl. Luft- und Abwasseremissionen), die an Entsorgungsprozesse oder die verschiedenen Umweltmedien (Luft, Wasser, Boden) abgegeben werden. Hierbei können verschiedene Schadstoff- bzw. Reststoffgruppen (z. B. CO_2, SO_2, Abwasserinhaltsstoffe, energetisch nutzbare Abfälle, Sonderabfälle) unterschieden werden.

In gleicher Weise wie bei den Inputs wird auch bei den Outputs zwischen den Lieferungen an Prozesse innerhalb und Bereiche außerhalb der Systemgrenzen unterschieden. Die Outputs, die an Bereiche gehen, die außerhalb der Systemgrenzen des Stoffstrommodells, aber innerhalb des ökonomischen Systems (einschließlich des Auslands) liegen, werden als modellfremde Nachfrage nach Gütern des Stoffstrommodells bezeichnet. Ihr weiterer Weg im Produktlebenszyklus wird innerhalb des Stoffstrommodells nicht betrachtet. Der Systematik der IO-Tabelle folgend, kann bei der modellfremden Nachfrage weiter die Nachfrage durch Produktionsbereiche und durch Bereiche der Endnachfrage (einschließlich der Auslandsnachfrage) unterschieden werden. Um die spätere Kopplung mit dem IO-Modell zu vereinfachen, folgt die Gliederungssystematik der modellfremden Nachfrage der des IO-Modells.

---

19 Allerdings wählt Victor eine Darstellung mit Make- und Use-Matrizen, die nicht von funktional gegliederten Sektoren ausgeht und damit Mehr-Güter-Sektoren zulässt.

Abbildung 5: Schema einer Stoffstrommatrix

Inputs \ Outputs		Technosphäre: Modellendogene Prozesse $1,..,S$	Technosphäre: Modellfremde Nachfrage $1,..,n$	Technosphäre: Modellfremde Nachfrage $1,..,K$	Ökosphäre $1,..,E$	
Techno-sphäre	Prozess-erzeug-nisse $1,..,S$	Material- und Energieströme zwischen den modellendogenen Prozessen	Lieferungen an Produktionsbereiche außerhalb der Systemgrenzen	Lieferungen an Bereiche der Endnachfrage außerhalb der Systemgrenzen	Output an die Ökosphäre - Luftemissionen - Abwasser - Reststoffe - Abwärme	Summe materielle Prozess-outputs
	Modell-fremde-Vorl.-inp. $1,..,G$	Sonstige Material- und Energieinputs aus dem ökonomischen System		0		
Ökosphäre	Ökolo-gische Primär-inputs $1,..,U$	Materialinputs aus der Ökosphäre - Boden - Wasser - Luft				
		Einfuhr gleichartiger Erzeugnisse				
		Summe materielle Prozessinputs				

Anmerkung: zur Bedeutung der Symbole s.u.

Quelle: Eigene Darstellung

Die an die Umwelt abgegebenen, d. h. nicht weiter in Entsorgungsprozessen behandelten Emissionen und Reststoffe liegen ebenfalls außerhalb der Systemgrenzen.

Begriffe wie „Produkt" oder „Gut" für den Output eines Prozesses sind im Kontext der Stoffstromanalyse eher unüblich, da es sich bei den Prozessoutputs nicht immer um marktfähige Güter handeln muss. Sie sollen dennoch hier verwendet werden, um zwischen dem „nützlichen" Output eines Prozesses und dem gesamten Materialoutput, der auch die Reststoffe einbezieht, zu differenzieren. Es wird vereinfachend angenommen, dass in jedem Prozess bzw. jeder Aktivität genau ein Produkt bzw. eine Gruppe von homogenen Produkten hergestellt wird. Häufig wird hier eine Zusammenfassung realer Prozess- und Produkteinheiten unvermeidlich sein. Entscheidend für die Wahl des Aggregationsniveaus eines Prozesses ist, dass sich die Produktpalette und der Prozess-Mix dieser kleinsten im Stoffstrommodell betrachteten Einheit durch die zu analysierenden Maßnahmen nicht verändern. Das Problem der Kuppelproduktion wird üblicherweise ausgeklammert, indem unterstellt wird, dass sich die Inputs und Outputs eines Prozesses mit Kuppelproduktion in mehrere Prozesse mit jeweils eigenen Inputs und Outputs aufteilen lassen. Für die Aufteilung existieren verschiedene Allokationsmöglichkeiten, die problemspezifisch auszuwählen sind (vgl. Heijungs et al., 1992). Der Produktoutput jeder Aktivität ist also eindeutig bestimmt.

Hinsichtlich der Herkunft der Prozessinputs wird nicht zwischen inländischen und importierten Inputs unterschieden. Dies bietet sich einerseits an, da technische Prozessbeschreibungen, die eine wichtige Datenquelle darstellen, zwar Hinweise auf die benötigten Inputs liefern, aber nicht unbedingt auf deren regionale Herkunft. Andererseits ist diese Vorgehensweise auch mit der des verwendeten Input-Output-Modells MIS kompatibel. Ähnlich wie in MIS wird als Teil der Inputs eine Position eingeführt, die die Importe gleichartiger Produkte enthält. Diese sind damit konsistenterweise sowohl Bestandteil der Inputs als auch der Outputs der betrachteten Prozesse. Die im Ausland benötigten Vorleistungen zur Herstellung von Importgütern sind jedoch im Modell nicht berücksichtigt.

In der beschriebenen Matrixdarstellung kann es z.T. zur Verwendung verschiedener Einheiten in einer Zeile kommen, z. B. bei einem Energiesektor, dessen Output in Joule und dessen Reststoffe in Tonnen erfasst werden. Für die Übertragung der Ergebnisse des Stoffstrommodells in das IO-Modell stellt dies jedoch kein Problem dar. Eine alternative Darstellungsweise wäre die Verwendung verschiedener miteinander gekoppelter Matrixebenen, von denen jede Einträge in jeweils einer Einheit enthielte. Angesichts des höheren Darstellungsaufwands wird hier jedoch auf diese Art der Darstellung verzichtet.

Die Auswahl und Abgrenzung der einzubeziehenden Prozesse folgt in erster Linie aus dem Untersuchungsgegenstand und der Struktur des betrachteten Systems. Grundsätzlich sollten beim Aufbau des Stoffstrommodells auch solche Prozesse berücksichtigt werden, die erst in einer späteren Periode des untersuchten Zeitraums verfügbar sein werden, sofern sich die benötigten Daten abschätzen lassen.

Im Hinblick auf die Kopplung mit dem IO-Modell erscheint es sinnvoll, bei den im Stoffstrommodell abgebildeten Aktivitäten zwischen Produktions-, Nutzungs- und Entsorgungsprozessen zu unterscheiden.

Produktionsprozesse schließen Prozesse zur Gewinnung und Umwandlung von Rohstoffen und Verarbeitungsprozesse bis zur Herstellung von Endprodukten ein. Bei einem weiten Produktbegriff lassen sich hier auch Transporte und die Erstellung von anderen Dienstleistungen zuordnen, wobei letztere für die Betrachtung in Stoffstrommodellen wegen der geringeren Umweltrelevanz in der Regel vernachlässigt werden.

Nutzungsaktivitäten sind nicht mit einer Leistungserstellung verbunden und beinhalten daher keine klassische Umwandlung von Inputs in Outputs. Im engeren Sinn nehmen sie Endprodukte auf, die nicht mehr weiter verarbeitet werden und in die Nutzungsphase gelangen. Bei der Nutzung können jedoch Reststoffe als Outputs entstehen. Vor allem stellt das Produkt am Ende seiner Nutzungsphase selbst einen Reststoff dar, der zu entsorgen ist.

Des Weiteren sollen modelltechnisch auch solche Prozesse zu den Nutzungsaktivitäten gezählt werden, deren weitere Verarbeitung von Produkten aus anderen Prozessen im Rahmen des Modells nicht detailliert abgebildet wird, wo die Entsorgung der Produkte nach Ablauf der Nutzungsphase jedoch wieder in die Betrachtung einbezogen wird (vgl. Abbildung 6 zur Illustration). Sie stellen also vereinfachend eine Art „Speicherprozess“ für diese Erzeugnisse dar. Ein Beispiel zur Erläuterung: Die Gruppe der so genannten „technischen und Spezialpapiere“ umfasst eine Vielzahl von Papiersorten (z. B. Zigarettenpapiere, Filterpapiere), die in ganz verschiedenen Industriesektoren weiterverarbeitet werden. Da diese Gruppe zum einen mengenmäßig nicht sehr bedeutsam ist, zum anderen eine detaillierte Einbeziehung der Verarbeitungswege mit einem unverhältnismäßig hohen Aufwand verbunden wäre, können die weiteren Schritte der Verarbeitung und Nutzung zu einem „Speicherprozess“ zusammengefasst werden, aus dem die gespeicherten Mengen nach der Nutzung in die Entsorgung gelangen.

Um die Komplexität des Stoffstrommodells zu reduzieren, können gleichartige Nutzungsprozesse bei verschiedenen Akteuren gegebenenfalls im Stoffstrommodell zusammengefasst werden.

Abbildung 6: Ein Nutzungsprozess als „Speicherprozess"

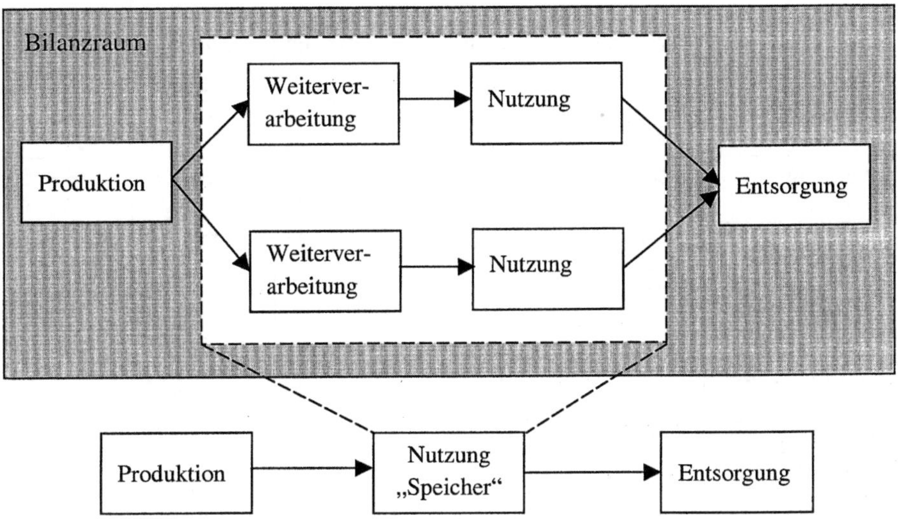

Quelle: Eigene Darstellung

Entsorgungsprozesse umfassen die Erfassung, Verwertung und Beseitigung von gebrauchten Produkten oder Produktionsrückständen. Dementsprechend erhalten sie die zu entsorgenden Reststoffe sowohl von Produktions- als auch von Nutzungsprozessen. Der Output von Entsorgungsprozessen beinhaltet zum einen aufbereitete Reststoffe, die wieder in die Produktion gelangen und zum anderen eigene Reststoffe, die an andere Entsorgungsprozesse oder die Umwelt abgegeben werden.

Mit der getroffenen Unterscheidung lässt sich die in Abbildung 5 dargestellte Stoffstromtabelle weiter untergliedern (vgl. Abbildung 7). Es lassen sich 24 Teilmatrizen unterscheiden, deren Bedeutung und Besonderheiten im Hinblick auf die Kopplung mit dem IO-Modell nachfolgend erläutert werden. Insbesondere sind zunächst einige Einschränkungen zu grundsätzlich denkbaren Transaktionen zu machen.

Abbildung 7: Differenzierte Darstellung einer Stoffstrommatrix

Inputs \ Outputs	Produktion	Nutzung	Entsorgung	Modell-fremde Nachfrage	Outputs an die Öko-sphäre
Produktion	F_1	F_2	F_3	F_4	F_5
Nutzung	(F_6)	(F_7)	F_8	(F_9)	F_{10}
Entsorgung	F_{11}	(F_{12})	F_{13}	F_{14}	F_{15}
Modellfremde Vorl.-inputs	F_{16}	F_{17}	F_{18}	0	
Ökologische Primärinputs	F_{19}	(F_{20})	F_{21}		
Einfuhr gleichartiger Erzgn.	F_{22}	(F_{23})	F_{24}		

( ): enthält Matrizen, die (vorerst) keine Werte enthalten bzw. mit Nullen gefüllt sind

Quelle: Eigene Darstellung

F_1: enthält Transaktionen zwischen Produktionsprozessen.

F_2: enthält die Güterlieferungen der Produktionsprozesse an die Nutzungsprozesse.

F_3: enthält Stoffströme von Produktionsprozessen an Entsorgungsprozesse. Einschränkend wird angenommen, dass dies nur die Abgabe von flüssigen und festen Reststoffen aus der Produktion beinhaltet (z. B. an Verwertungsprozesse, Mülldeponien oder Kläranlagen). Güterlieferungen der Produktionsprozesse an die Entsorgungsprozesse, die diese als Vorleistungsinputs für ihre Aktivität benötigen, könnten hier auch verbucht werden. Um Abfälle und Produkte nicht zu vermengen, wird dies hier jedoch ausgeschlossen. Vorleistungsinputs in Entsorgungsprozesse werden – auch wenn sie von einem im Stoffstrommodell abgebildeten Produktionsprozess stammen - stattdessen als modellfremder Vorleistungsinput behandelt.

F_4: enthält die Lieferungen der Produktionsprozesse an Abnehmer außerhalb der Systemgrenzen (modellfremde Nachfrage). Dies könnte auch die Abgabe von Produktionsabfällen an Entsorgungsprozesse außerhalb der Systemgrenzen oder auch den Export von Produktionsabfällen beinhalten. Diese Fälle werden jedoch vorerst ausgeschlossen. Die Stoffströme dieser Teilmatrix beziehen sich also nur auf die Güteroutputs der Produktionsprozesse.

F_5: enthält die Emissionen der Produktionsbereiche an die natürliche Umwelt, die nicht weiter behandelt werden.

F_6: Hier könnte die Rückführung von gebrauchten Produkten ohne weiteren Aufbereitungsschritt in einen Produktionsprozess verbucht werden. Dies wird jedoch vorerst ausgeschlossen.

F_7: enthält die Weitergabe von Produkten zwischen zwei Nutzungsprozessen, z. B den Verkauf gebrauchter Produkte zwischen Privatpersonen. Derartige Nutzungskaskaden ohne Aufbereitungsschritt können allerdings auch zu einem Nutzungsprozess zusammengefasst werden. Aus Gründen der Vereinfachung des Modells wird daher auch dieser Fall vorerst ausgeschlossen.

F_8: enthält die Abgabe gebrauchter Produkte sowie weiterer Reststoffe aus der Nutzung der betrachteten Produkte an Entsorgungsprozesse.

F_9: enthält die Abgabe genutzter Produkte an Bereiche außerhalb der Systemgrenzen, entweder zur weiteren Nutzung oder zur Entsorgung. Vorerst wird davon ausgegangen, dass eine direkte Zweitnutzung ohne vorherige Aufbereitung nicht erfolgt und die relevanten Entsorgungsprozesse Teil der Stoffstrommodells sind. Daher wird dieser Fall nicht weiter betrachtet.

F_{10}: enthält Emissionen aus der Nutzung an die natürliche Umwelt, die nicht weiter behandelt werden; diese können auch aus der Nutzung komplementärer Inputs (vgl. Teilmatrix F_{17}) stammen.

F_{11}: enthält die Rückführung aufbereiteter Reststoffe (z. B. Sekundärrohstoffe oder aufgearbeitete Produktkomponenten) an Produktionsprozesse.

F_{12}: enthält die direkte Abgabe von aufbereiteten Reststoffen an Nutzungsprozesse ohne weiteren Produktionsschritt. Falls dieser Fall vorkommt, ist es möglich, den Entsorgungsprozess gedanklich in einen Entsorgungs- und einen Produktionsprozess aufzuteilen. Daher wird dieser Fall nicht weiter betrachtet.

F_{13}: ähnlich wie bei F_3 enthält diese Teilmatrix die Abgabe der bei der Entsorgung anfallenden Reststoffe an Entsorgungsprozesse. Die ebenfalls hier zu verbuchende Abgabe von Aufbereitungsprodukten als Vorleistungsinput an Entsorgungsprozesse wird vorerst ausgeschlossen, um Produkte und Abfälle nicht zu vermengen.

F_{14}: enthält die Lieferung von aufbereiteten Reststoffen an Bereiche außerhalb der Systemgrenzen (modellfremde Nachfrage). Wie bei F_4 wird hier die Abgabe von Reststoffen aus der Entsorgung an Entsorgungsprozesse außerhalb der Systemgrenzen vorerst ausgeschlossen.

F_{15}: enthält die Emissionen der Entsorgungsprozesse an die natürliche Umwelt, die nicht weiter behandelt werden. Bei der Entsorgungsaktivität Deponie kann diese Teilmatrix z. B. die endgültige „Abgabe“ abgelagerter Abfälle an eine Kategorie „Boden“ enthalten.

F_{16}: enthält die Vorleistungsinputs der Produktionsprozesse, die aus Produktionsbereichen außerhalb der Systemgrenzen des Stoffstrommodells stammen.

F_{17}: Hier können Stoffströme verbucht werden, die komplementär zur Nutzung der im Stoffstrommodell betrachteten Güter verbraucht werden und aus modellfremden Produktionsbereichen stammen, wie z. B. Benzin und Ersatzteile während der Pkw-Nutzung.

F_{18}: enthält die Vorleistungsinputs der Entsorgungsprozesse, die aus Produktionsaktivitäten sowohl innerhalb als auch außerhalb der Systemgrenzen des Stoffstrommodells stammen (vgl. Anmerkung zu F_3).

F_{19}/F_{21}: enthält den Bedarf der Produktions- und Entsorgungsprozesse an unbearbeiteten Inputs aus der Natur, wie z. B. Primärrohstoffe oder Wasser.

F_{20}: für die Nutzungsprozesse wird zunächst davon ausgegangen, dass diese keine Inputs direkt aus der Natur verwenden. Denkbar wäre dies schon, wenn man beispielsweise an die Nutzung der Sonnenenergie in Solarkollektoren denkt. Ein solcher Prozess ließe sich allerdings auch funktional als Produktionsprozess definieren.

F_{22}/F_{24}: enthält die Einfuhr gleichartiger Güter, d. h. derjenigen Güter, die auch von dem betreffenden Produktions-, bzw. Entsorgungsprozess hergestellt werden. Bei einem Verwertungsprozess können dies beispielsweise die aufbereiteten Sekundärrohstoffe sein.

F_{23}: für Nutzungsprozesse kommen Importe nicht in Betracht.

Zur formalen Beschreibung der oben erläuterten Stoffstromtabelle und der weiteren Kopplungsschritte seien folgende Symbole definiert:

$q, q', r, s = 1,...,S$	Indizes für modellendogene Prozesse bzw. Aktivitäten, dabei q und q' für Entsorgungsprozesse
$g = 1,...,G$	Index für Prozesse innerhalb des ökonomischen Systems, die im Modell nicht abgebildet sind
$u = 1,...,U$	Index für ökologische Inputs (z. B. unbearbeitete Rohstoffe)
$m = 1,...,n+K$	Index für Bereiche der modellfremden Nachfrage: Bereiche außerhalb des Bilanzraums, aber innerhalb des ökonomischen Systems, an die Prozessprodukte fließen. Die Gliederung der Bereiche entspricht derjenigen des IO-Modells.
$e = 1,...,E$	Indizes für Emissionen, Reststoffe etc.
$f_{r,s}$	Abgabe des Produkts von Prozess r an Prozess s in physischen Einheiten (z. B. kg, MJ)
$f_{g,s}$	modellfremder ökonomischer Vorleistungsinput g in Prozess s in physischen Einheiten

$f_{u,s}$	ökologischer Primärinput in Prozess s in physischen Einheiten
$f_{s,m}$	Lieferung des Prozesses s an den Bereich der modellfremden Nachfrage m
$f_{s,e}$	Output von Rest- oder Schadstoff e aus Prozess s
$f_{s,Ex}$	Lieferung des Prozesses s an die Auslandsnachfrage (Exporte) als Teil der Endnachfrage
$f_{s,\mathrm{Im}}$	gleichartige Importe der in Prozess s hergestellten Güter in physischen Einheiten
$f_{s,Inl}$	Inländischer Produkt- oder Güteroutput von Prozess s in physischen Einheiten; nicht enthalten ist die Abgabe von Reststoffen an Entsorgungsprozesse
$f_s = f_{s,Inl} + f_{s,\mathrm{Im}}$	Gesamtes Aufkommen der in Prozess s hergestellten Güter
$f_{s,IV} = f_s - f_{s,Ex}$	Inländische Verwendung der in Prozess s hergestellten Güter

Der Produkt-Output eines Prozesses *s* ergibt sich als Summe der Outputs an alle übrigen Prozesse *r* abzüglich der Reststoffabgaben an Entsorgungsprozesse zuzüglich der Lieferung an die modellfremde Nachfrage *m*: [20]

$$f_s = \sum_r f_{s,r} - \sum_q f_{s,q} + \sum_m f_{s,m} \tag{11}$$

mit $f_{s,q}$: Reststoffabgabe von Prozess s an Entsorgungsprozess q

Für jeden in einem Stoffstrommodell abgebildeten Prozess gilt das Gesetz der Massenerhaltung, d. h. die Summe der materiellen Inputs entspricht der Summe der materiellen Outputs. Diese Formulierung vernachlässigt zunächst die Möglichkeit der Lagerbildung in einem Prozess[21]. Sieht man von den gleichartigen Importen ab, so gilt für Prozess s[22]:

$$\sum_r f_{r,s} + \sum_g f_{g,s} + \sum_u f_{u,s} = f_{s,inl} + \sum_e f_{s,e} + \sum_q f_{s,q} \tag{12}$$

20 Diese Formulierung gilt für Prozesse mit einem materiellen Erzeugnis. Bei anderen Prozessen (mit einer nicht massebezogenen Einheit) ist f_s gleich der Summe der Outputs, die keine Reststoffe darstellen.

21 Der Aufbau und Abbau eines Lagers könnte als eigener Prozess im Modell oder analog zur IO-Tabelle durch einen Sektor „Vorratsveränderung" innerhalb der modellfremden Nachfrage abgebildet werden.

22 Auch diese Formulierung bezieht nur Inputs und Outputs mit einer massebezogenen Einheit ein.

Je nach Datenlage kann der Aufwand zur vollständigen Erhebung aller Prozessinputs und –outputs sehr hoch werden. Gleichung (12) kann dann auch für die Überprüfung der Plausibilität der Prozessdaten und die Abschätzung der Größenordnung fehlender Daten nützlich sein (vgl. auch Ayres, 1995).

4.2.2 Zur Kompatibilität von Stoffstrommodell und IO-Modell

Trotz formaler Ähnlichkeiten zwischen dem Stoffstrommodell und dem ökonomischen IO-Modell gibt es zwei wichtige Aspekte, die sie unterscheiden, nämlich das Aktivitätskonzept und die verwendeten Einheiten. Vor der Modellkopplung ist es daher notwendig, hinsichtlich dieser beiden Aspekte eine Kompatibilität der Ergebnisse des Stoffstrommodells mit dem IO-Modell zu schaffen.

4.2.2.1 Unterschiedliche Aktivitätskonzepte und die Folgen für die Modellkopplung

Damit eine Aktivität des Stoffstrommodells einem IO-Sektor zugeordnet werden kann, müssen die Aktivitätskonzepte der beiden Modelle miteinander kompatibel sein. Es gibt jedoch einige Unterschiede, die sich auf die Monetarisierung der physischen Stoffströme und die darauf folgende Zuordnung zu IO-Sektoren auswirken.

Der erste Unterschied betrifft die Aktivitätsdefinition in beiden Modellen. Auch wenn in funktionalen IO-Modellen von homogenen Sektoren mit homogenen Güteroutputs ausgegangen wird, so führt die empirische Notwendigkeit der Aggregation doch dazu, dass die Sektoren verschiedene Aktivitäten mit ihren spezifischen Inputs und Outputs zusammenfassen. Grundsätzlich stellen also IO-Sektoren Mengen verschiedener Basisaktivitäten dar, die zum Teil mit Aktivitäten eines Stoffstrommodells korrespondieren können. In einem Stoffstrommodell kann jeder durch seine physischen Inputs und Outputs abgrenzbare Prozessschritt als „unit process" abgebildet werden. Für die Auswahl sind vorwiegend technische Überlegungen ausschlaggebend und des Weiteren die Relevanz des Prozessschrittes für das zu analysierende System.

Demgegenüber gilt nicht jeder technisch identifizierbare Prozess als Basisaktivität eines zugehörigen IO-Sektors. Entscheidend dafür ist die rein statistische Festlegung, ob das Erzeugnis des Verarbeitungsschritts ein Bestandteil der Produktpalette des Sektors ist. Diese Festlegung beruht damit in der Regel auf der amtlichen Produktionsstatistik, die sich vor allem an den auf dem Markt gehandelten Gütern orientiert. Damit trägt ein Erzeugnis, das diese Bedingung nicht erfüllt, nicht zum Produktionswert des zugehörigen IO-Sektors bei, auch wenn der entsprechende Verarbeitungsschritt real in diesem Sektor stattfindet. Bei der Monetarisierung ist dieses Erzeugnis mit einem Preis von Null zu bewerten. Die Inputs dieses Prozesses, zumindest die statistisch erfassten, werden hingegen zu den Inputs des IO-Sektors gezählt. Ein Beispiel für ein solches Erzeugnis ist Altpapierstoff, ein Faserstoff aus Altpapier, der in einem abgrenzbaren technischen Verfahren, für das auch verschiedene Verfahrensalternativen existieren, hergestellt wird. In der amtlichen Statistik taucht dieses Erzeugnis jedoch nicht auf, da es ganz überwiegend direkt zu Papier weiterverarbeitet und nicht auf dem Markt gehandelt wird.

Ein weiterer Unterschied im Aktivitätskonzept betrifft die Entsorgungsprozesse. Im Stoffstrommodell können Entsorgungsprozesse als der Produktion oder Nutzung nachgelagert abgebildet werden. Darüber hinaus ist auch der Stoffkreislauf von der Produktion über die Produktnutzung und das Recycling zurück in die Produktion abbildbar. In den konventionellen IO-Modellen ist dies nicht möglich. Transaktionen im Entsorgungsbereich werden nur zum Teil in einer IO-Tabelle erfasst. Entscheidend ist dabei, ob ein Reststoff von einem Produktionsbereich oder von den Haushalten abgegeben wird und ob mit der Reststoffabgabe Kosten oder Erlöse verbunden sind. Die folgende Fallunterscheidung kann dabei getroffen werden (vgl. Abbildung 8 zur Illustration):

Fall 1: Der Reststoff wird von einem Produktionsbereich zur Entsorgung abgegeben

Fall 1.1: Der Preis für den Reststoff ist positiv
In diesem Fall gilt die Abgabe des Reststoffs als normale Transaktion, wenn der Reststoff als Produkt statistisch erfasst und in der Produktpalette des abgebenden Sektors enthalten ist (Fall 1.1.a). Die Transaktion wird als Vorleistung des abgebenden Sektors an den Entsorgungsbereich verbucht. Falls der Reststoff nicht zur Produktion des abgebenden Sektors zählt, wird die Transaktion in der IO-Tabelle nicht verbucht (Fall 1.1.b).
Beispiel: Die Abgabe hochwertiger Papierabfälle (positiver Preis) durch Druckereien an den Altpapierhandel wird nicht verbucht, da Papierabfälle nicht zur Produktpalette der Druckereien gehören

Fall 1.2: Mit der Entsorgung sind für den abgebenden Sektor Kosten verbunden („negativer Preis")
In diesem Fall gilt die Entsorgung als Dienstleistung, die vom Entsorgungsbereich für den abgebenden Sektor erbracht wird. Dementsprechend taucht sie in der IO-Tabelle als Vorleistung des Entsorgungsbereichs für den Produktionsbereich auf.
Beispiel: gewöhnlichen kostenpflichtige Abfallabgabe

Fall 2: Der Reststoff wird von den Haushalten zur Entsorgung abgegeben

Fall 2.1: Der Preis für den Reststoff ist positiv
Güterlieferungen von den Haushalten an Produktionsbereiche werden in der IO-Tabelle nicht aufgeführt. Da auch die Abgabe eines Reststoffs mit positivem Preis als Vorleistung der Haushalte an den Entsorgungs-

sektor aufzufassen wäre, wird diese Transaktion in der IO-Tabelle nicht verbucht.
Beispiel: Verkauf eines ausgedienten Pkw an einen Schrotthändler (theoretisches Beispiel)

Fall 2.2: Mit der Entsorgung sind für die abgebenden Haushalte Kosten verbunden (negativer Preis)
Analog zu Fall 1.2 gilt die Entsorgungsaktivität als Vorleistung des Entsorgungssektors für die Haushalte und wird als solche in der IO-Tabelle verbucht.
Beispiel: gewöhnliche Entsorgung von Haushaltsabfällen

Diese Fallunterscheidung ist bei der Monetarisierung und der Zuordnung von Entsorgungsprozessen zu Sektoren der IO-Tabelle zu berücksichtigen. Wie im Rahmen der vorliegenden Arbeit mit dieser Problematik verfahren wurde, wird unten erläutert.

Hinsichtlich der Zuordnung von Prozessen zu IO-Sektoren wird es die Regel sein, dass *einer* oder mehrere Prozesse *einem* Sektor zugeordnet werden können (z.B. Zuordnung verschiedene Prozesse zur Herstellung chemischer Grundstoffe zur Chemischen Industrie). Es sind allerdings auch Fälle vorstellbar, bei denen *ein* Prozess *mehreren* Sektoren zuzuordnen ist. Damit verwandt ist auch das Problem der Haupt- und Nebenaktivitäten. Dabei sollte wiederum zwischen Produktions-, Nutzungs- und Entsorgungsprozessen unterschieden werden.

Produktionsprozesse lassen sich in der Regel wegen der funktionalen Gliederung der IO-Tabelle eindeutig einem IO-Sektor zuordnen. Abweichungen von dieser Regel sind dann möglich, wenn Verarbeitungsschritte in mehreren IO-Sektoren in gleicher oder ähnlicher Weise stattfinden und daher aus Gründen der Übersichtlichkeit im Stoffstrommodell zusammengefasst werden. In diesem Fall ist ein Prozess mehreren IO-Sektoren zuzuordnen. Dies kann auch bei mangelnder Umsetzung des funktionalen Gliederungsprinzips in der zugrunde liegenden IO-Tabelle nötig werden. Ein Beispiel dafür ist der Prozess der Verarbeitung von Verpackungspapier zu Verpackungen, der überwiegend, jedoch nicht ausschließlich, in dem Sektor „Papierverarbeitung" stattfindet (vgl. Grefermann, 1986). Zum Teil erfolgt dieser Verarbeitungsschritt direkt in den verpackenden Sektoren vor dem Befüllen der Verpackung, also z. B. bei Nahrungsmittel- oder Kosmetikherstellern. Diese Hersteller geben die Verpackungsproduktion jedoch nicht unbedingt für die Produktionsstatistik an, da sie nach dem Schwerpunktprinzip als Nebentätigkeit betrachtet wird. Damit erfolgt bei der Erstellung der IO-Tabelle auch keine Umgliederung der sektorfremden Verpackungsproduktion zum Sektor „Papierverarbeitung", dem sie aus funktionaler Sicht zuzuordnen wäre. In diesem Fall gibt es einen IO-Sektor, dem ein Prozess als Hauptaktivität zuzuordnen wäre. In den übrigen Sektoren stellt er eine Nebenaktivität dar und wird statistisch nicht bei der Bestimmung des Sektoroutputs berücksichtigt.

Abbildung 8: Erfassung von Entsorgungsaktivitäten in konventionellen IO-Tabellen

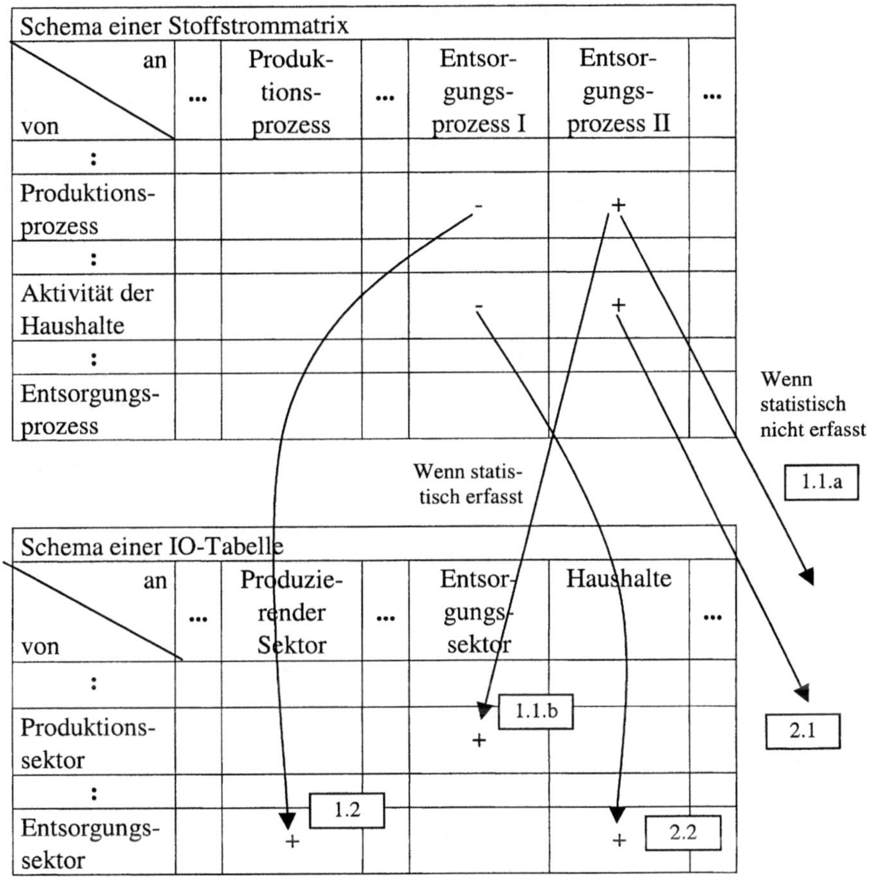

Quelle: Eigene Darstellung

Nutzungsprozesse im oben beschriebenen weiteren Sinn können u.U. ebenfalls mehreren Sektoren zuzuordnen sein, die im IO-Modell sowohl im Bereich der Zwischennachfrage als auch der Endnachfrage liegen können.

Auch bei Entsorgungsprozessen kann die Aufteilung eines Prozesses auf mehrere IO-Sektoren erforderlich sein. In der Sektorgliederung der amtlichen IO-Tabellen für Deutschland ist der Entsorgungsbereich nämlich bisher noch nicht funktional gegliedert[23], sondern wird je nach Trägerschaft (privat, öffentlich oder gemeinnützig) den Sektoren „Großhandel/Rückgewinnung", „Sonstige marktbestimmte Dienstleistungen", den Gebietskörperschaften oder dem Sektor „Private Organisationen ohne Erwerbszweck" zugeordnet. Ein Entsorgungsprozess wie z. B. die Sammlung von Altpapier oder Alttextilien kann damit verschiedenen IO-Sektoren zugeordnet werden.

Generell tragen Prozesse als Hauptaktivität zum Produktionswert eines IO-Sektors bei, als Nebentätigkeit nur, wenn das Produkt der Nebentätigkeit für die amtliche Statistik gemeldet wird. Für die Zuordnung eines Prozesses zu einem IO-Sektor kommt es dann noch darauf an, inwieweit die Nebentätigkeit eines Sektors bei der Überleitung von institutionellen zu funktionalen Tabellen erfasst und umgeordnet wird.

Für die Zuordnung ist daher die Einbeziehung von Informationen zur Vorgehensweise bei der Erstellung der zugrunde liegenden IO-Tabelle unbedingt erforderlich. IO-Tabellen sind immer statistische Konstrukte, deren Erstellung immer auch Kompromisse mit den zur Verfügung stehenden Datengrundlagen beinhalten und die den Idealanforderungen daher nicht immer entsprechen können. Diese Kompromisse mögen für gesamtwirtschaftliche Analysen tragbar erscheinen, können im ungünstigen Fall aber gerade das im Stoffstrommodell betrachtete System betreffen und dort zu Verzerrungen führen. Gegebenenfalls ist es erforderlich, die IO-Tabelle auf der Basis der detaillierteren Daten anzupassen.

4.2.2.2 Die Monetarisierung der physischen Stoffströme

Aufbau einer Preismatrix

Die Monetarisierung der physischen Stoffströme erfolgt durch die Bewertung mit Preisen. Um die Kompatibilität mit dem IO-Modell zu wahren, muss die preisliche Bewertung die unterschiedlichen Aktivitätskonzepte in technisch orientierten Stoffstrommodellen und in Input-Output-Modellen berücksichtigen.

Des Weiteren ist die Art der physischen Stoffströme bei der Monetarisierung zu berücksichtigen. Hinsichtlich der preislichen Bewertung sind für die Stoffströme drei Fälle unterscheidbar: Preise > 0, Preise = 0 und „Preise < 0". Die Erzeugnisse von Produktionsprozessen haben mit den oben erläuterten Einschränkungen in der Regel einen positiven Preis.

Wie oben erwähnt können Reststoffe, die an Entsorgungsprozesse abgegeben werden, sowohl mit einem positiven als auch einem negativen Preis bewertet werden, je

---

[23] Dies gilt für die vor 2001 veröffentlichten IO-Tabellen. In den kürzlich erschienen IO-Tabellen nach der neuen Systematik gibt es einen eigenen Entsorgungssektor.

nachdem, ob mit der Abgabe Erlöse zu erzielen oder aber Kosten verbunden sind. Dies kann von verschiedenen Faktoren abhängen, wie z. B. dem ökonomischen Wert der Abfallart, Ort, Menge und Qualität des Abfallaufkommens oder den Erfassungs- und Aufbereitungskosten.

Da es sich bei Nutzungsprozessen definitionsgemäß nicht um Produktionsaktivitäten handelt, wird ihr Output mit Null bewertet, es sei denn, es handelt sich um die Abgabe eines Reststoffs an einen Entsorgungsprozess. Für den Output von Reststoffen und Emissionen an die Umwelt wird ebenfalls ein Preis von Null festgelegt. Modellfremde ökonomische Inputs werden mit ihren jeweiligen Marktpreisen bewertet, während der Preis für ökologische Primärinputs mit Null festgelegt wird. Der Fall, dass die Gewinnung von Rohstoffen mit Steuern oder Abgaben (z. B. Konzessionsabgaben) verbunden ist, wird in dieser Arbeit ausgeklammert.

Analog zur Bewertung in IO-Tabellen sind die monetär bewertbaren Prozesserzeugnisse und Vorleistungsinputs mit Ab-Werk-Preisen zu bewerten, bzw. die importierten Güter mit Ab-Zoll-Preisen.

Im Hinblick auf den späteren Abgleich mit dem IO-Modell wird es häufig sinnvoll sein, zwischen verschiedenen Preisen für exportierte Güter, im Inland produzierte und abgesetzte Güter sowie importierte gleichartige Güter zu unterscheiden, da die entsprechenden monetären Werte auch für die korrespondierenden Sektoren des IO-Modells angegeben werden und mit den Werten des Stoffstrommodells in Deckung zu bringen sind[24].

Sei $p_{r,Inl}$ der Preis für die Menge des im Inland produzierten und abgesetzten Guts r sowie $p_{r,Ex}$ und $p_{r,\mathrm{Im}}$ die entsprechenden Export- und Importpreise. Für die Inlandsverwendung des Guts r wird ein einheitlicher Preis $p_{r,IV}$ unterstellt, der sich wie folgt errechnet:

$$p_{r,IV} = \frac{(f_{r,Inl} - f_{r,Ex}) * p_{r,Inl} + f_{r,\mathrm{Im}} * p_{r,\mathrm{Im}}}{f_{r,Inl} - f_{r,Ex} + f_{r,\mathrm{Im}}} \tag{13}$$

Sei p_g der Preis für den modellfremden Vorleistungsinput g, und $p_e = p_u = 0$ die Preise für Emissionen in die natürliche Umwelt sowie für ökologische Primärinputs. Analog zur Matrix der physischen Stoffströme kann nun eine Preismatrix P der Dimension (S+G+U+1) x (S+n+K+E) definiert werden, die die zu den einzelnen Stoffströmen passenden Preise enthält. In dieser Preismatrix werden Produktionsprozesse mit r, Nutzungsprozesse mit s und Entsorgungsprozesse mit q bzw. q‘ be-

24 Diese empirische Notwendigkeit steht in einem gewissen Widerspruch zur Annahme, dass die Güter eines Sektors homogen sind.

zeichnet. Abbildung 9 enthält eine schematische Darstellung der Preismatrix mit den in den einzelnen Teilmatrizen enthaltenen Preise.

Abbildung 9: Preismatrix zur Monetarisierung der physischen Stoffströme

	Produktion	Nutzung	Entsorgung	Modellfremde Nachfrage	Exporte	Abgabe an die Ökosphäre
Produktion	$p_r^{IA}>0$	$p_r^{IA}>0$	$p_{r,q'}$ $\geq 0 / < 0$	$p_r^{IA}>0$	$p_r^{Ex}>0$	0
Nutzung	0	0	$p_{s,q'}$ $\geq 0 / < 0$	0	0	0
Entsorgung	$p_q^{IA}>0$	0	$p_{q,q'}$ $\geq 0 / < 0$	$p_q^{IA}>0$	$p_q^{Ex}>0$	0
Modellfremde Vorl.-inputs	$p_g>0$	$p_g>0$	$p_g>0$			
Ökologische Primärinputs	0	0	0	0		
Einfuhr gleichartiger Erzgn.	$p_r^{Im}>0$	0	$p_q^{Im}>0$			

Quelle: Eigene Darstellung

Monetarisierung der physischen Stoffströme

Grundsätzlich könnte nun die Monetarisierung der physischen Stoffströme durch elementweise Multiplikation der Matrix der physischen Stoffströme mit der Preismatrix erfolgen. Ein Problem stellt jedoch noch die Abgabe von Reststoffen an Entsorgungssektoren dar. Deren Preise können fallweise positiv oder negativ sein. Zudem wird die Erfassung dieser Transaktionen in der IO-Tabelle je nach abgebendem Prozess verschieden gehandhabt. Um die Monetarisierung möglichst nach dem Aktivitätskonzept der IO-Rechnung auszurichten, sind noch einige Zwischenschritte nötig. Dabei müssen die Reststofftransaktionen mit positiven und die mit negativen Preisen unterschiedlich gehandhabt werden. Nach obiger Fallunterscheidung wird eine Transaktion mit positivem Preis nur dann verbucht, wenn der Reststoff aus einem Prozess stammt, der einem produzierenden Sektor der IO-Tabelle zuzuordnen ist. Darüber hinaus muss der abgegebene Reststoff zur Produktpalette dieses Sektors in der IO-Tabelle gehören. Dann wird die Transaktion als Vorleistung des Produktionsprozesses für den Entsorgungsprozess verbucht. Eine Transaktion mit negativem Preis wird hingegen als Dienstleistung des Entsorgungsprozesses für den abgebenden Prozess verbucht und trägt zum monetären Output des Entsorgungsprozesses bei. Die folgende Vorgehensweise, bei der positive von negativen Entsorgungstransaktionen getrennt werden, dient zur Berücksichtigung dieser unterschiedlichen Verbuchungsweise bei der Monetarisierung.

Zunächst wird eine Matrix Π_1 benötigt, die die gleiche Dimension (S+G+U+1) x (S+n+K+E) hat wie die Preismatrix. In dieser Matrix haben alle Matrixelemente, die in der Preismatrix einen Wert ≥ 0 haben, zunächst den Wert 1. Matrixelemente, die Reststoffabgaben mit positivem Wert von Nutzungsprozessen in Haushalten an Entsorgungsprozesse zuzuordnen sind, werden allerdings auf 0 gesetzt. Die übrigen Matrixelemente haben ebenfalls den Wert 0. Es wird eine weitere Matrix Π_2 mit der Dimension (S x S) definiert, in der diejenigen Matrixelemente den Wert –1 haben, die in den ersten S Zeilen und Spalten der Preismatrix einen Wert < 0 einnehmen. Alle weiteren Matrixelemente erhalten wiederum den Wert 0. Zwei weitere Hilfsmatrizen H_1 und H_2 werden benötigt. H_1 hat die Dimension S x (S+G+U+1). Die ersten S diagonal untereinander liegenden Matrixelemente haben den Wert 1, alle übrigen den Wert 0. H_2 hat die Dimension (S+n+K+E) x S. Auch in dieser Matrix haben die ersten S diagonal untereinander liegenden Elemente den Wert 1 und alle übrigen den Wert 0. Dann lässt sich mit der folgenden Matrixoperation aus der physischen Stoffstrommatrix F eine (S, S)-Matrix F_S extrahieren, die die ersten S Zeilen und Spalten aus F enthält.

$$F_S = H_1 \cdot F \cdot H_2 \tag{14}$$

Analog wird aus der Preismatrix P die Teilmatrix P_S extrahiert:

$$P_S = H_1 \cdot P \cdot H_2 \tag{15}$$

Die folgende Matrixoperation bewirkt die Monetarisierung der negativ bewerteten Stoffströme an die Entsorgungsprozesse und ihre Umordnung zu positiv bewerteten Vorleistungen der Entsorgungsprozesse an die Reststoff abgebenden Prozesse.

$$H_3 = (F_S \otimes P_S \otimes \Pi_2)^T \tag{16}$$

mit $\otimes$: definiert als Operator, der die elementweise Multiplikation zweier Matrizen gleicher Dimension angibt

$(...)^T$: gibt die transponierte Matrix an

Mit der folgenden Matrixoperation wird aus H_3 wieder eine Matrix von der Dimension der Stoffstrommatrix, in der die Elemente außerhalb der Teilmatrix H_3 mit Nullen aufgefüllt werden:

$$H_4 = H_1^T \cdot H_3 \cdot H_2^T \tag{17}$$

Die Matrix der Stoffströme in monetären Einheiten V ist dann die Summe zweier Komponenten, nämlich einer Matrix mit den positiv bewerteten Stoffströmen und der Matrix H_4, die die negativ bewerteten und umgeordneten Entsorgungstransaktionen enthält.

$$V = (F \otimes P \otimes \Pi_1) + H_4 \tag{18}$$

Für die Ermittlung der Outputwerte der im Stoffstrommodell abgebildeten Prozesse in monetären Einheiten wird zunächst wieder mit Hilfe der Matrix H_1 eine Teilmatrix V_1 der Dimension S x (S+n+K+E) extrahiert, die die Güterlieferungen der modellendogenen Prozesse enthält:

$$V_1 = H_1 \cdot V \tag{19}$$

Der Outputvektor der Prozesse ergibt sich dann aus der Multiplikation der Matrix V_1 mit einem Summationsvektor h_5 der Dimension (S+n+K+E) x 1, dessen Elemente alle den Wert 1 haben:

$$v = (v_r) = V_1 \cdot h_5 \tag{20}$$

Der monetäre Output der Prozesse ergibt sich also nicht einfach aus der Bewertung des physischen Güteroutputs mit Preisen, sondern wird als neue Summe über alle monetär bewerteten Outputs gebildet. Damit wird die für Entsorgungsprozesse geltende Besonderheit berücksichtigt, dass sich ihr Output einerseits aus Erträgen für aufbereitete Sekundärrohstoffe und andererseits den Erträgen aus Entsorgungsdienstleistungen für die Reststoff abgebenden Prozesse zusammensetzt.

v_r gibt das Aufkommen der Güter von Prozess r wieder, inklusive der gleichartigen Importe. Die Inlandsproduktion ergibt sich dann als

$$v_{r,Inl} = v_r - v_{r,\mathrm{Im}} \qquad \text{mit } v_{r,\mathrm{Im}} = f_{r,\mathrm{Im}} \cdot p_{r,\mathrm{Im}} \tag{21}$$

Eliminierung der Prozesse mit monetär nicht bewertbaren Erzeugnissen

In Abschnitt 4.2.2.1 wurde erläutert, dass nicht alle Prozesse des Stoffstrommodells ein monetär bewertbares Produkt im Sinne des IO-Modells herstellen müssen. Für den späteren Abgleich mit dem IO-Modell können jedoch nur die Prozesse mit monetär bewertbarem Output berücksichtigt werden. Daher ist ein Zwischenschritt notwendig, durch den die Inputs und Outputs (Reststoffe) von Prozessen ohne monetär bewertbaren Output in geeigneter Weise auf andere Prozesse mit monetär bewertbarem Output verteilt werden. Ausgenommen seien dabei die Nutzungsprozesse.

Sei S* die Zahl der Prozesse mit monetär bewertbarem Output (S* < S). Dann wird eine Zuordnungsmatrix Γ_S der Dimension (S x S*) definiert, deren Elemente $\gamma_{r,s*}$ Werte zwischen Null und Eins annehmen, die angeben, zu welchem Anteil ein Prozess r = 1,.., S einem Prozess s* = 1,.., S* zugeordnet werden soll. Jede Zeilensumme dieser Matrix ergibt den Wert Eins. Seien

V_{TA}	die Teilmatrix der monetär bewerteten Stoffströme (Transaktionen) zwischen den modellendogenen Prozessen aus V mit der Dimension S x S,
V_{MN}	die Teilmatrix der Güterlieferungen an die modellfremde Nachfrage aus V mit der Dimension S x (N + k),
V_{MI}	die Teilmatrix der modellfremden Inputs für die modellendogenen Prozesse aus V mit der Dimension G x S,
$V_{ÖPI}$	die Teilmatrix der ökologischen Primärinputs für die modellendogenen Prozesse aus V mit der Dimension U x S sowie
v_{Im}^T	der Vektor der gleichartigen Importe aus V mit der Dimension 1 x S.

Dann werden mit den folgenden Operationen die Inputs und Outputs der Prozesse ohne monetär bewerteten Output auf die übrigen Prozesse aufgeteilt. Die neuen Teilmatrizen ergeben sich als:

$$V_{TA}^* = \Gamma_S^T \cdot V_{TA} \cdot \Gamma_S \qquad (22)$$

$$V_{MN}^* = \Gamma_S^T \cdot V_{MN} \qquad (23)$$

$$V_{MI}^* = V_{MI} \cdot \Gamma_S \qquad (24)$$

Der neue Vektor der gleichartigen Importe wird wie folgt berechnet:

$$v_{\mathrm{Im}}^{*\,T} = v_{\mathrm{Im}}^{\;T} \cdot \Gamma_S \qquad (25)$$

Die Berechnung der Outputwerte der modellendogenen Prozesse erfolgt analog zu den Gleichungen (20) und (21).

Ermittlung der im Stoffstrommodell unberücksichtigten Inputs und des Kapitalbedarfs

Mit der Monetarisierung der physischen Stoffströme ist die Beschreibung der Inputstrukturen der modellendogenen Prozesse noch nicht vollständig. Es fehlen die nicht im Stoffstrommodell behandelten Vorleistungen wie z. B. Dienstleistungen, die hier in Abgrenzung zu den modellfremden Inputs als sonstige Vorleistungsinputs bezeichnet werden sollen, und die Komponenten der Wertschöpfung, also z. B. Abschreibungen, Arbeitseinkommen oder Unternehmenseinkommen. Der Wert der fehlenden Inputs ergibt sich aus der Differenz zwischen Güteroutput eines Prozesses und der Summe seiner im Stoffstrommodell erfassten Inputs. Um auch die im Stoffstrommodell nicht abgebildeten Inputs aus den Inputs des zugehörigen IO-Sektors „gedanklich" herauszulösen, muss an dieser Stelle eine Zurechnung der fehlenden Inputs zu den einzelnen Prozessen des Stoffstrommodells erfolgen. Um die spätere Übertragung zu erleichtern, orientiert sich die Klassifikation der Inputs an der des IO-Modells. In der Regel sind die sonstigen ökonomischen Inputs nur schwer prozessscharf zu ermitteln, sonst könnten sie als technisch bestimmte modellfremde Inputs in das Stoffstrommodell aufgenommen werden. Eine pauschale Zuordnung kann sich daher an den Verhältnissen des zugehörigen IO-Sektors orientieren. Die Zuordnung der Wertschöpfungskomponenten dürfte auf der Basis technischer oder betriebswirtschaftlicher Daten eher schwierig sein, so dass sich auch hier eine Orientierung an den durchschnittlichen Sektorverhältnissen anbietet, so lange keine besseren prozessspezifischen Daten (z. B. zum Arbeitseinsatz) verfügbar sind.

Damit erhält die monetäre Stoffstrommatrix V* zwei weitere Reihen von Teilmatrizen, die unter der Reihe der Teilmatrizen der modellfremden Vorleistungsinputs angeordnet werden. Die resultierende Matrix V* hat dann die in Abbildung 10 dargestellte Struktur. Für die modellendogenen Prozesse gilt nun auch in monetären Einheiten, dass die Summe der Inputs der Summe der Outputs entspricht.

Die einzelnen Symbole haben dabei die folgende Bedeutung:

$v_{r*,s*}$	Input von Prozesserzeugnis r* in Prozess s* in monetären Einheiten
$v_{q*,s*}$	Input von Entsorgungsprozess q* an Prozess s* in monetären Einheiten
$v_{g,s*}$	ökonomischer Input g in Prozess s* in monetären Einheiten
$v_{i,s*}$	Bedarf an sonstigen ökonomischen Inputs aus Sektor i, i = 1,..,n
$v_{h,s*}$	Bedarf an Wertschöpfungskomponente h: h = 1,..,H in Prozess s* in monetären Einheiten
$v_{s*,\mathrm{Im}}$	gleichartige Importe des in Prozess s* hergestellten Produkts in monetären Einheiten
$v_{r*,Ex}$ bzw. $v_{q*,Ex}$	Güterexporte von Prozess r* bzw. q* in monetären Einheiten
$v_{r*,e}$ bzw. $v_{q*,e}$	Lieferung des Prozesses r* bzw. q* an die modellfremde Nachfrage in monetären Einheiten

Abbildung 10: Struktur der Stoffstrommatrix in monetären Einheiten

	Produktion	Nutzung	Entsorgung	Modellfremde Nachfrage	Exporte	Abgabe an die Ökosphäre
Produktion	$v_{r*,s*}$	$v_{r*,s*}$	0	$v_{r*,m}$	$v_{r*,Ex}$	0
Nutzung	0	0	0	0	0	0
Entsorgung	$v_{q*,s*}$	$v_{q*,s*}$	$v_{q*,q'*}$	$v_{q*,m}$	$v_{q*,Ex}$	0
Modellfremde Vorl.-inputs	$v_{g,s*}$	$v_{g,s*}$	$v_{g,q*}$			
Sonstige Vorl.-inputs	$v_{i,s*}$		$v_{i,q*}$			
Wertschöpfungskomponenten	$v_{h,s*}$	0	$v_{h,q*}$		0	
Ökologische Primärinputs	0	0	0			
Einfuhr gleichartiger Erzgn.	v_{s*}^{Im}	0	v_{q*}^{Im}			

Quelle: Eigene Darstellung

Veränderungen der Höhe des Kapitaleinsatzes können ebenfalls einbezogen werden. Dazu ist für jeden Prozess der Kapitalbedarf an Bauten und Ausrüstungen zu ermitteln. Prinzipiell könnte auch die in MIS abbildbare Veränderung der Lieferstruktur von Neuinvestitionen berücksichtigt werden. Allerdings ist die Ermittlung der prozessspezifischen Zusammensetzung des Kapitalstocks üblicherweise mit einem sehr hohen Aufwand verbunden. Dieser Effekt wird im Weiteren daher ausgeklammert. Folgendes Symbol wird damit noch eingeführt:

d_l: Vektor des Kapitalstocks der Prozesse an Investitionsgut l in monetären Einheiten

Mit der so ermittelten monetären Stoffstrommatrix und den Angaben zum Kapitalstock der Prozesse sind die Voraussetzungen für die Kopplung mit dem IO-Modell erfüllt.

4.3 Die Kopplung der Modelle

4.3.1 Festlegung der Modellschnittstellen

Da sich die beiden Modelle wechselseitig beeinflussen, werden sie durch zwei Schnittstellen miteinander verbunden. Mit der Definition der Schnittstellen wird festgelegt, welche Größen der beiden Modelle miteinander verknüpft werden und wie sie voneinander abhängen. Hinsichtlich der Richtung der Abhängigkeiten kann aus der Sicht des Stoffstrommodells zwischen Variablen der Input-Schnittstelle und denen der Output-Schnittstelle unterschieden werden.

Wie bereits erwähnt, geht die Dynamik des gekoppelten Modells vom IO-Modell aus. Das bedeutet, dass die Aktivitätsniveaus ausgewählter Variablen des Stoffstrommodells im Projektionsjahr durch Größen des IO-Modells bestimmt werden. Die *Inputschnittstelle* enthält diese abhängigen Variablen und die sie beeinflussenden IO-Variablen. Auf der Seite des Stoffstrommodells kommen hierfür zunächst die Lieferungen der modellendogenen Prozesse an die modellfremde Nachfrage in Betracht (vgl. Abschnitt 4.2.1), deren Aktivitätsniveaus exogen vorgegeben werden müssen. Die modellfremde Nachfrage reicht jedoch als Treiber für das Stoffstromsystem, in dem komplette Stoffkreisläufe modelliert werden, in der Regel nicht aus. Dies unterscheidet Stoffstrommodelle von anderen Submodellen, die die Bereitstellung einer bestimmten exogenen Nachfrage und die dazu benötigten vorgelagerten Prozessketten abbilden, die der Nachfrage nachgelagerten Prozesse jedoch nicht einbeziehen (z.B. Energieflussmodelle).

Daher sind zusätzlich Prozesse auszuwählen, die für das betrachtete Subsystem „charakteristisch" sind, deren Outputwerte für die Projektionsjahre vom IO-Modell vorgegeben werden, und die damit eine Brückenfunktion zwischen Stoffstrommodell und IO-Modell einnehmen. Die Produkte der ausgewählten Prozesse sollten eine gewisse zentrale Funktion im betrachteten Stoffstromsystem einnehmen und dieses zusammen mit der modellfremden Nachfrage ausreichend bestimmen. Sie werden daher im Weiteren als „charakteristische Produkte" bezeichnet und die modellinterne Nachfrage nach diesen Produkten (ohne Lieferungen an die modellfremde Nachfrage) als „charakteristische Nachfrage". Aus Konsistenzgründen ist es erforderlich, dass diese Produkte voneinander unabhängig sind, damit sich Veränderungen innerhalb des Stoffstrommodells nicht direkt auf die Werte dieser Ausgangsvariablen auswirken. Beispielsweise sollten keine Vorleistungsbeziehungen zwischen den ausgewählten Produkten bestehen. Die Abbildung funktionaler Abhängigkeiten innerhalb des betrachteten Systems sollte Bestandteil des Stoffstrommodells sein. Die „charakteristische Nachfrage" bildet zusammen mit dem gewählten Teil der „modellfremden Nachfrage" die komplette „modellexogene Nachfrage" (vgl. Abbildung 11). Ihre Rolle ist weitgehend vergleichbar mit der der Endnachfrage im Input-Output-Modell. Damit wird das betrachtete Subsystem in den gesamtwirtschaftlichen Zusammenhang eingebettet.

Abbildung 11: Festlegung der modellexogenen Nachfrage

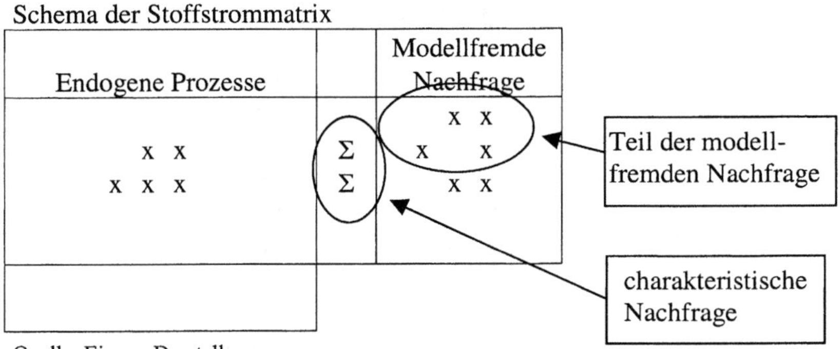

Quelle: Eigene Darstellung

Die Auswahl der charakteristischen Produkte und der sie bestimmenden IO-Größen kann nicht generell vorgegeben werden. Sie richtet sich nach dem Untersuchungsgegenstand, den strukturellen Eigenschaften des betrachteten Systems und seiner Einbettung in die Volkswirtschaft. Sie kann Produkte aus einem oder mehreren IO-Sektoren betreffen. Die IO-Größen, an deren Entwicklung die künftige Entwicklung der charakteristischen Produkte gekoppelt ist, können relativ frei gewählt werden, sofern ein sinnvoller Zusammenhang gegeben ist. So können sowohl einzelne Transaktionen zwischen Sektoren als auch Sektoroutputs geeignet sein. In der folgenden Tabelle werden einige Beispiele für verschiedene Untersuchungsgegenstände aufgeführt. Das Beispiel der Getränkeverpackungen zeigt dabei, dass die Wahl der IO-Variablen nicht immer nach der Sektorzugehörigkeit der charakteristischen Produkte getroffen werden muss, auch wenn dies in der Regel naheliegend ist.

In der *Outputschnittstelle* ist festzulegen, welche IO-Größen durch Größen des Stoffstrommodells beeinflusst werden sollen. Es müssen nicht alle Größen des Stoffstrommodells auch zur Bestimmung von IO-Größen verwendet werden. Dies kann sich auf eine für die Analyse der Fragestellung sinnvolle Auswahl beschränken.

Tabelle 4: Beispiele für die Wahl der charakteristischen Nachfrage und der bestimmenden IO-Variablen

Untersuchungsgegenstand	charakteristische Nachfrage	bestimmende IO-Variable
Kunststoffe im Bausektor	Verwendung verschiedener Kunststoffprodukte im inländischen Bausektor	Güterlieferung von Sektor „Kunststoffverarbeitung" an Sektor „Baugewerbe"
Getränkeverpackungen	Modellinterne Nachfrage nach Glas- und Kunststoffflaschen, Dosen und Tetrapack-Behältern	Alternative I: Lieferungen der Sektoren „Glasindustrie", „Kunststoffverarbeitung", „Papierverarbeitung" und „Eisen-, Blech-, Metallwaren" an den Sektor „Getränkeherstellung" Alternative II: Güterlieferung der Getränkeindustrie an die Privaten Haushalte
Kraftfahrzeuge	modellinterne Nachfrage nach Kraftfahrzeugen	Inländisches Güteraufkommen an Kraftfahrzeugen

Quelle: Eigene Darstellung

4.3.2 Der Abgleich der Modelle für das Basisjahr

Nach der Festlegung der Modellschnittstellen erfolgt für das Basisjahr ein Abgleich zwischen Stoffstrommodell und IO-Modell, um das Ausmaß der Abdeckung zwischen beiden zu bestimmen. Dazu ist die gedankliche Herauslösung der Inputs und Outputs der im Stoffstrommodell enthaltenen Prozesse aus denen der zugehörigen IO-Sektoren erforderlich.

Für das Basisjahr ist zu ermitteln, zu welchen Anteilen die Größen des IO-Modells durch Größen des Stoffstrommodells abgedeckt bzw. erklärt werden und zu welchen Anteilen sie vom Stoffstrommodell unbeeinflusst bleiben. Die Abdeckungsanteile werden getrennt für die Transaktionsmatrix der IO-Tabelle, die Endnachfragematrix, die Matrix der Wertschöpfungskomponenten, die gleichartigen Importe, den Output der Sektoren sowie den sektoralen Kapitalstock bestimmt. Dazu ist zunächst die monetäre Stoffstrommatrix in die Sektorgliederung des IO-Modells umzurechnen.

Umrechnung der Stoffstrommatrix in die Sektorgliederung des IO-Modells
Aus der monetären Stoffstrommatrix werden verschiedene Teilmatrizen und Vektoren benötigt, die nach dem Muster von Gleichung (14) aus V* extrahiert werden können:

- die Matrix V_{TA}^{*} mit der Dimension S* x S* enthält die Transaktionen zwischen den modellendogenen Prozessen,
- die (S*, n + K)-Matrix V_{MN}^{*} enthält die Outputflüsse der Prozesse an die Bereiche der modellfremden Nachfrage,
- die (G, S*)-Matrix V_{MI}^{*} gibt den Bedarf der Prozesse an modellfremden ökonomischen Inputs wieder,
- die (n, S*)-Matrix V_{SI}^{*} enthält den Bedarf der Prozesse an sonstigen Vorleistungsinputs,
- die (H, S*)-Matrix V_{WS}^{*} enthält den Bedarf der Prozesse an den einzelnen Wertschöpfungsinputs,
- der (1, S*)-Vektor v_{Im}^{*} umfasst die Importe.

Eigentlich wäre für diese und die folgenden Matrizen der Zeitbezug noch mit anzugeben, z. B. $V_{TA}^{*}(t_0)$, für das Basisjahr t_0. Aus Gründen der Leserlichkeit sei an dieser Stelle noch darauf verzichtet. Der Zeitbezug der Gleichungen wird später bei der Darstellung der Projektionsmethodik explizit wieder aufgegriffen. Wenn nicht anders angegeben, beziehen sich die folgenden Gleichungen auf das Basisjahr t_0.

Vor der Umrechnung in die Gliederungssystematik des IO-Modells ist ein Zwischenschritt erforderlich, dessen Ergebnisse später für die Projektion der Matrizen V_{SI} und V_{WS} benötigt werden. Die sonstigen Inputs und die Bestandteile der Wertschöpfung werden ja nicht direkt durch das Stoffstrommodell erklärt, sondern proportional zur inländischen Güterproduktion der Prozesse bestimmt. Dazu werden noch die folgenden Koeffizientenmatrizen definiert:

Für die sonstigen Vorleistungsinputs:

$$VK_{SI}^{*} = V_{SI}^{*} \cdot < v_{Inl}^{*} >^{-1} \qquad (26)$$

mit VK_{SI}^{*}: Koeffizientenmatrix, die den spezifischen Bedarf der Prozesse an sonstigen Inputs, bezogen auf die Inlandsproduktion, enthält,

$< v_{Inl}^* >$: Diagonalmatrix, die die Werte des Vektors der inländischen Güterproduktion der modellendogenen Prozesse auf der Hauptdiagonalen enthält, mit $v_{Inl}^* = v^* - v_{\text{Im}}^*$

Für die Wertschöpfung gilt:

$$VK_{WS}^* = V_{WS}^* \cdot (< v_{Inl}^* >)^{-1} \tag{27}$$

mit VK_{WS}^*: Koeffizientenmatrix, die den spezifischen Input der Prozesse an Wertschöpfungskomponenten, bezogen auf die Inlandsproduktion, enthält

Für die Umrechnung der monetären Stoffstrommatrix in die IO-Gliederungssystematik seien Zuordnungsmatrizen definiert, die die Zuordnung der modellendogenen Prozesse, der Bereiche der modellfremden Nachfrage und der modellfremden Inputs zu den Sektoren der IO-Tabelle enthalten. Für die sonstigen Vorleistungsinputs und die Wertschöpfungskomponenten, die ja bereits der Sektorgliederung des IO-Modells folgen, werden keine Zuordnungsmatrizen benötigt.

Sei Γ_1 eine (S*, n)-Matrix, die die Zuordnungsmatrix der S* im Stoffstrommodell abgebildeten Prozesse zu den n Produktionsbereichen darstellt. Jedes Matrixelement $\gamma_{r,i}$ mit $0 \leq \gamma_{r,i} \leq 1$ gibt den Anteil an, mit dem das Erzeugnis von Prozess r dem IO-Sektor i zuzuordnen ist. Damit kann ein Prozess auch mehreren IO-Sektoren zugeordnet werden. Die Zeilensumme jeder Zeile darf jedoch maximal Eins betragen. Mit der Zuordnungsmatrix wird gleichzeitig festgelegt, welche Größen des Stoffstrommodells als Teil der Outputschnittstelle zur Beeinflussung von Größen des IO-Modells beitragen. Besteht die zu einem Bereich des Stoffstrommodells gehörende Zeile nur aus Nullen, so werden die diesen Bereich betreffenden Veränderungen nicht in das IO-Modell überführt.

Seien analog die folgenden Zuordnungsmatrizen definiert:

Γ_2, eine (n+K , n)-Matrix für die Zuordnung der n+K Bereiche der modellfremden Nachfrage zu den n Sektoren der Zwischennachfrage,

Γ_3, eine (S*, k)-Matrix für die Zuordnung der modellendogenen Prozesse zu den k Sektoren der Endnachfrage,

Γ_4, eine (n+K, k)-Matrix für die Zuordnung der n+K Bereiche der modellfremden Nachfrage zu den k Sektoren der Endnachfrage,

Γ_5: eine (G x n)-Matrix für die Zuordnung der modellfremden Inputs zu den n IO-Sektoren.

Die Transaktionsmatrix in der Sektorgliederung des IO-Modells V_Z^{IO} ergibt sich dann nach der folgenden Gleichung aus den Matrizen der Prozess-Transaktionen, der modellfremden Nachfrage, der modellfremden Inputs und der sonstigen ökonomischen Inputs:

$$V_Z^{IO} = (v_{i,j}^{IO}) = \Gamma_1^T \cdot V_{TA}^* \cdot \Gamma_1 + \Gamma_1^T \cdot V_{MN}^* \cdot \Gamma_2 + \Gamma_5^T \cdot V_{MI}^* \cdot \Gamma_1 + V_{SI}^* \cdot \Gamma_1 \tag{28}$$

Die Endnachfragematrix ergibt sich als:

$$V_Y^{IO} = (v_{i,k}^{IO}) = \Gamma_1^T \cdot V_{TA}^* \cdot \Gamma_2 + \Gamma_1^T \cdot V_{MN}^* \cdot \Gamma_4 \tag{29}$$

Die Wertschöpfungsmatrix wird wie folgt berechnet:

$$V_{WS}^{IO} = (v_{h,i}^{IO}) = V_{WS}^* \cdot \Gamma_1 \tag{30}$$

Der Vektor der Güteroutputs:

$$v^{IO} = (v_i^{IO}) = \Gamma_1^T \cdot v^* \tag{31}$$

und der Vektor der gleichartigen Importe:

$$v_{\text{Im}}^{IO} = (v_{i,\text{Im}}^{IO}) = \Gamma_1^T \cdot v_{\text{Im}}^* \tag{32}$$

Eine analoge Vorgehensweise ergibt sich auch für den Kapitaleinsatz der Prozesse.

Für den Vektor des Kapitalbedarfs an Investitionsart l (Ausrüstungen bzw. Bauten):

$$d_l^{IO} = (d_{i,l}^{IO}) = \Gamma_1^T \cdot d_l^* \tag{33}$$

Ermittlung der Abdeckung zwischen Stoffstrommodell und IO-Modell
Nun können die Matrizen und Vektoren der Anteile, mit denen IO-Modellgrößen durch Größen des Stoffstrommodells abgedeckt werden, wie folgt berechnet werden:

Für die Transaktionen des IO-Modells gilt:

$$\Lambda_Z = (\lambda_{i,j}) \quad mit\ \lambda_{i,j} = \begin{cases} \dfrac{v_{i,j}^{IO}}{z_{i,j}} & falls\ z_{i,j} \neq 0 \\ 0 & sonst \end{cases} \tag{34}$$

Für die Endnachfrage ergibt sich analog:

$$\Lambda_{EN} = (\lambda_{i,k}) \quad mit\ \lambda_{i,k} = \begin{cases} \dfrac{v_{i,k}}{y_{i,k}} & falls\ y_{i,k} \neq 0 \\ 0 & sonst \end{cases} \tag{35}$$

Die Ermittlung der Anteile für die Komponenten der Wertschöpfung erfolgt analog:

$$\Lambda_{WS} = (\lambda_{h,i}) \quad mit\ \lambda_{h,i} = \begin{cases} \dfrac{v_{h,i}^{IO}}{w_{h,i}} & falls\ w_{h,i} \neq 0 \\ 0 & sonst \end{cases} \tag{36}$$

mit: $w_{h,i}$: Wert der Wertschöpfungskomponente h in Sektor i im Basisjahr t_0

Der Vektor der Anteile, mit denen die Güteraufkommen der IO-Tabelle durch Outputwerte der Stoffstrommatrix abgedeckt werden, errechnet sich als:

$$\lambda_{GA} = (\lambda_i) \quad mit\ \lambda_i = \begin{cases} \dfrac{v_i^{IO}}{x_i} & falls\ x_i \neq 0 \\ 0 & sonst \end{cases} \tag{37}$$

Für die Importe gleichartiger Güter gilt:

$$\lambda_{\mathrm{Im}} = (\lambda_i^{\mathrm{Im}}) \quad mit\ \lambda_i^{\mathrm{Im}} = \begin{cases} \dfrac{v_{i,\mathrm{Im}}^{IO}}{x_{i,\mathrm{Im}}} & falls\ x_{i,\mathrm{Im}} \neq 0 \\ 0 & sonst \end{cases} \tag{38}$$

mit: $x_{i,Im}$: Importe gleichartiger Güter in Sektor i

Für die Kapitalbedarfsvektoren ergibt sich:

$$\lambda_{d,l} = (\lambda_{i,l}^d) \quad mit\ \lambda_{i,l}^d = \begin{cases} \dfrac{d_{i,l}^{IO}}{b_{i,l}} & falls\ b_{i,l} \neq 0 \\ 0 & sonst \end{cases} \tag{39}$$

mit: $b_l = (b_{i,l})$: Vektor des Kapitalstocks der IO-Sektoren an Investitionsart l

4.4 Ablauf der Modellierung mit dem gekoppelten Modell

Mit der Schnittstellendefinition und dem Abgleich der Modelle sind die Voraussetzungen für die Modellrechnungen mit dem gekoppelten Modell geschaffen. Ein Modelllauf umfasst nun die folgenden Schritte:

- einen Basislauf mit dem ungekoppelten IO-Modell,
- die Ermittlung der modellexogenen Nachfrage für das Stoffstrommodell,
- die Durchführung von Simulationsrechnungen mit dem Stoffstrommodell,
- die Übersetzung der Simulationsergebnisse ins IO-Modell sowie weitere Anpassungen im IO-Modell und
- die Modellrechnung mit dem angepassten IO-Modell.

Die einzelnen Schritte werden im Weiteren am Beispiel der Kopplung mit dem Modell MIS erläutert. Abbildung 12 verdeutlicht dazu das Ineinandergreifen der beiden Modelle.

4.4.1 Basislauf mit dem ungekoppelten IO-Modell

Zunächst erfolgt der Basislauf mit dem IO-Modell ohne Einkopplung des Stoffstrommodells zur Ermittlung der für das Stoffstrommodell anzusetzenden modellexogenen Nachfrage für jedes Projektionsjahr. Außerdem dienen die Ergebnisse der Basisprojektion dem späteren Vergleich mit den Ergebnissen des gekoppelten Modells. Für die Basisprojektion sind die in Abschnitt 3.4 genannten exogenen Inputs in das Modell MIS zu spezifizieren, darunter besonders die folgenden:

- Wachstumsraten der Exogenen Endnachfrage durch Private Haushalte, Staat und Ausfuhren zwischen Basis- und Projektionsjahr, aufgeteilt nach Liefersektoren,
- Importquoten der einzelnen Sektoren in den Projektionsjahren,
- gegebenenfalls die sektoralen Kapitalkoeffizienten, falls Veränderungen gegenüber dem Basisjahr angenommen werden.

Dort wo Lieferungen an die Endnachfrage auch oder zum Teil durch das Stoffstrommodell abgedeckt werden, ist es sinnvoll, bereits für das Basisszenario Informationen der Mikroebene, wie z. B. produktspezifische Abschätzungen zu Nachfrageentwicklungen oder Marktpotentialen für die Annahmen zur künftigen Entwicklung dieser Endnachfrage heranzuziehen (Nachfrageszenarien).

Abbildung 12: Schema zur Kopplung des Input-Output-Modells MIS mit einem Stoffstrommodell

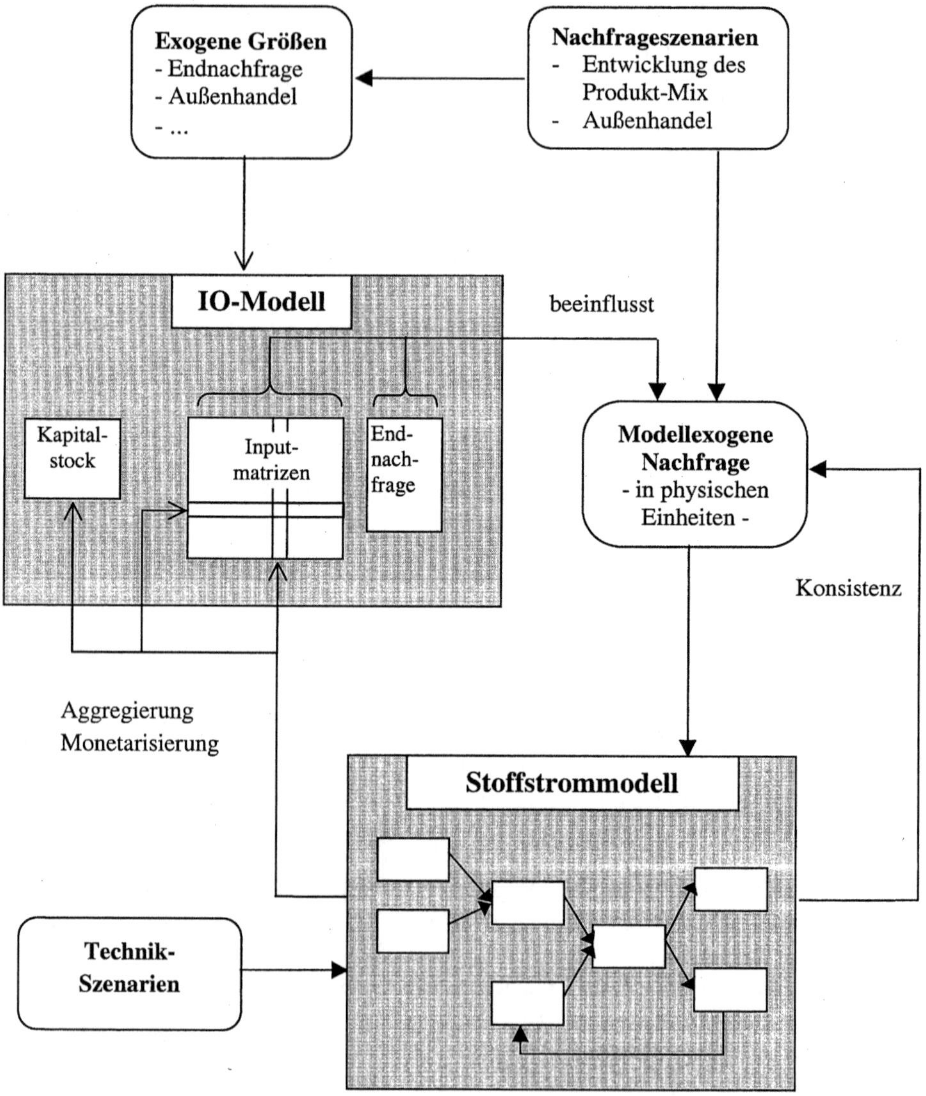

Quelle: Eigene Darstellung

4.4.2 Ermittlung der modellexogenen Nachfrage

Die Basisprojektion liefert u.a. IO-Tabellen für jedes betrachtete Projektionsjahr. Aus diesen Ergebnissen werden Vorgaben für die im Stoffstrommodell anzusetzende modellexogene Nachfrage abgeleitet, wobei die monetären Werte des IO-Modells in geeigneter Weise zu disaggregieren und in physische Mengeneinheiten zu überführen sind.

Für die modellfremde Nachfrage als dem einen Teil der modellexogenen Nachfrage wird angenommen, dass die einzelnen Werte von der Entwicklung der Werte der zugehörigen IO-Größen abhängen.

Seien I_i die Menge der Aktivitäten in Sektor i und I_k die Menge der Aktivitäten im Endnachfragebereich k. Dann gilt für die modellfremde Nachfrage in monetären Einheiten im Projektionsjahr t_1:

$$v_{s,m}(t_1) = v_{s,m}(t_0) \cdot \frac{z_{i,j}(t_1)}{z_{i,j}(t_0)} \qquad \forall s \in I_i, m \in I_j \qquad \text{mit } i,j = \text{IO-Sektoren der Zwischennachfrage} \qquad (40)$$

$$v_{s,m}(t_1) = v_{s,m}(t_0) \cdot \frac{y_{i,k}(t_1)}{y_{i,k}(t_0)} \qquad \forall s \in I_i, m \in I_k \qquad \text{mit } k = \text{Sektoren der Endnachfrage} \qquad (41)$$

Sei die modellinterne Nachfrage nach den charakteristischen Produkten $\hat{s}$ in monetären Einheiten mit $\hat{v}_s$ bezeichnet und die zugehörige(n) bestimmende(n) IO-Variable(n) mit $\hat{x}_i$, so gilt für das Basisjahr die Beziehung

$$\sum_{\hat{s} \in I_i} \hat{v}_s(t_0) = \hat{\alpha}_i \cdot \hat{x}_i(t_0) \qquad \forall i = 1,..,n : \hat{s} \in I_i \qquad (42)$$

mit $0 < \hat{\alpha}_i \leq 1$: Anteil der Abdeckung von Output $\hat{x}_i$ durch die zugehörige charakteristische Nachfrage

Nimmt man die gleiche Beziehung auch für das Projektionsjahr an, so wird unterstellt, dass die Nachfrage nach allen charakteristischen Produkten jeweils mit der durchschnittlichen Rate des zugehörigen IO-Sektors wächst. Es werden also implizit konstante Verhältnisse bei der Nutzung dieser Produkte über den Projektionszeitraum unterstellt. Realistischer ist die Annahme unterschiedlicher produktspezifischer Wachstumsraten, die eine Veränderung des Produkt-Mix im Zeitablauf widerspiegeln. Die Zielsetzung, auch Strategien zur effizienteren Materialnutzung zu untersuchen, erfordert zudem gerade die Möglichkeit der Einbeziehung veränderter Nutzungsverhältnisse.

Für die Projektion der Nachfrage nach den charakteristischen Produkten sowie der modellfremden Nachfrage dienen also die Vorgabewerte aus dem Basislauf des IO-Modells nur als Orientierungsrahmen, der das Niveau der Nachfrage bei unveränderten Nutzungsverhältnissen anzeigt. Da das Stoffstrommodell und das IO-Modell über einen Soft-Link gekoppelt sind, kann der Modellanwender an dieser Stelle korrigierend eingreifen. Annahmen zu zukünftigen Veränderungen des Produkt-Mix oder der Produktnutzung, die z. B. auf Marktprognosen oder andere produktspezifische Informationen zurückgreifen, können zur Anpassung dieser Vorgabewerte führen. Bei der Rückübertragung in das IO-Modell ist dann die Anpassung der Inputkoeffizienten der Sektoren, die die charakteristischen Produkte abnehmen, notwendig. Diese wird in Abschnitt 4.4.5 näher erläutert.

Vor der Verwendung im Stoffstrommodell ist noch die Umrechnung der charakteristischen Nachfrage in physische Mengeneinheiten erforderlich, bei der die Preise auf Produktebene als konstant angenommen werden, um Preiseffekte auszublenden.

4.4.3 Simulation von Materialeffizienz- und Kreislaufwirtschaftsstrategien mit dem Stoffstrommodell

Mit dem Stoffstrommodell erfolgen nun Simulationsrechnungen dazu, wie die modellexogene Nachfrage gedeckt wird. Dazu bestehen in der Regel verschiedene Optionen im Hinblick auf die Technikwahl und die strukturelle Arbeitsteilung in der betrachteten Wertschöpfungskette. Auch ist die Entwicklung der Rahmenbedingungen und des Verhaltens der beteiligten Akteure mit Unsicherheiten behaftet, so dass es sinnvoll sein kann, verschiedene Szenarien zu betrachten. In die Überlegungen zu künftigen Entwicklungspfaden des betrachteten Subsystems können dabei Annahmen zu Veränderungen bestehender und der Diffusion neuer Technologien sowie Veränderungen der Prozessverflechtungen (z. B. Substitutionen zwischen der Produktion von Primär- und Sekundärwerkstoffen) ebenso eingehen wie solche zur Entwicklung des Produktnutzungsverhaltens (Veränderung des Produkt-Mix) oder Veränderungen der Rahmenbedingungen. Hierbei steht die Realisierung von Materialeffizienz- und Kreislaufwirtschaftskonzepten im Vordergrund.

Das Ergebnis der Simulationsrechnungen ist ein neuer Entwicklungszustand des betrachteten Stoffstromsystems und seiner Interaktionen mit der Umwelt (z. B. Rohstoff- und Energieverbrauch, Emissionen) im Projektionsjahr, der sich in einer neuen Stoffstrommatrix in physischen Einheiten niederschlägt.

4.4.4 Übertragung der Simulationsergebnisse in das IO-Modell

Als Ergebnis des Modelllaufs stehen eine neue Stoffstrommatrix für das Projektionsjahr und die neuen Variablenwerte des Stoffstrommodells fest. Auf der Basis dieser Ergebnisse sollen ausgewählte Werte der vom ungekoppelten IO-Modell für das Projektionsjahr berechneten IO-Tabelle angepasst werden, um den technischen und strukturellen Wandel innerhalb des im Stoffstrommodell abgebildeten Teilsystems aufzunehmen. Die neuen Projektionswerte der Variablen des IO-Modells ergeben sich aus den alten Projektionswerten vor der Einkopplung des Stoffstrommodells und den Ergebnissen des Stoffstrommodells für das Projektionsjahr. Dabei sind letztere wiederum zu monetarisieren und in die Gliederungssystematik des IO-Modells zu überführen.

Die Monetarisierung der physischen Stoffströme erfolgt durch Multiplikation mit Güterpreisen des Basisjahres. Durch die Verschiebung der einzelnen Mengenkomponenten kann sich der durchschnittliche Outputpreis eines IO-Sektors verändern. Dies ist im Rahmen des IO-Modells als Qualitätsveränderung zu interpretieren und daher im Mengenmodell mit auszuweisen (Holub/Schnabl, 1994). Die Monetarisierung erfolgt nach der in Abschnitt 4.2.2.2 dargestellten Vorgehensweise, einschließlich der Umordnung der Entsorgungstransaktionen (Gleichungen (14) bis (20)) und der Eliminierung der Prozesse mit monetär nicht bewertbarem Output (Gleichungen (22) bis (25)). Auf eine Besonderheit ist allerdings hinzuweisen: Als Folge der im Stoffstrommodell simulierten Maßnahmen können sich sowohl die Verflechtungen zwischen den Entsorgungsprozessen und den anderen betrachteten Aktivitäten als auch die preisliche Bewertung der abzugebenden Reststoffe verändern. Für diesen Fall sind dann die für die Umrechungen benötigten Hilfsmatrizen anzupassen, insbesondere die Matrizen H_1 und H_2, die angeben, *welche* Entsorgungstransaktionen *wie* in die monetäre Stoffstrommatrix überführt werden.

Als Ergebnis der Monetarisierung liegen die folgenden Matrizen und Vektoren in monetären Einheiten vor:

- die neue Transaktionsmatrix für das Projektionsjahr t_1 $V_{TA}^{*}(t_1)$,
- die neue Matrix der modellfremden Nachfrage $V_{MN}^{*}(t_1)$,
- die Matrix der modellfremden Inputs $V_{MI}^{*}(t_1)$ und
- die Vektoren für den Güteroutput $v^{*}(t_1)$ und die gleichartigen Importe $v_{\mathrm{Im}}^{*}(t_1)$

Die nicht aus dem Stoffstrommodell erklärten sonstigen Vorleistungsinputs und Wertschöpfungskomponenten werden durch Multiplikation der Inlandsproduktion der Prozesse im Projektionsjahr mit den entsprechenden Koeffizientenmatrizen berechnet.

Für die sonstigen Inputs gilt damit:

$$V_{SI}^{*}(t_1) = VK_{SI}^{*} \cdot < v_{Inl}^{*}(t_1) > \qquad (43)$$

und für die Wertschöpfung:

$$V_{WS}^{*}(t_1) = VK_{WS}^{*} \cdot < v_{Inl}^{*}(t_1) > \qquad (44)$$

Der Kapitalbedarf der Prozesse wird ebenfalls proportional zur Inlandsproduktion der Prozesse berechnet, wobei gegebenenfalls Veränderungen des spezifischen Kapitalbedarfs gegenüber dem Basisjahr zu berücksichtigen sind.

Mit diesen Matrizen und Vektoren kann nun die Überführung in die Gliederungssystematik des IO-Modells erfolgen. Diese erfolgt analog zu den Gleichungen (26) bis (33).

Die neue Matrix $V_Z^{IO}(t_1)$ erhält man beispielsweise mit der folgenden, aus Gleichung (28) abgeleiteten Formel:

$$V_Z^{IO}(t_1) = \Gamma_1^T \cdot V_{TA}^{*}(t_1) \cdot \Gamma_1 + \Gamma_1^T \cdot V_{MN}^{*}(t_1) \cdot \Gamma_2 + \Gamma_5^T \cdot V_{MI}^{*}(t_1) \cdot \Gamma_1 + V_{SI}^{*}(t_1) \cdot \Gamma_1 \qquad (45)$$

Analog werden die weiteren Matrizen $V_Y^{IO}(t_1)$, $V_{WS}^{IO}(t_1)$, die Vektoren $v^{IO}(t_1)$ und $v_{\mathrm{Im}}^{IO}(t_1)$ sowie für die Erklärung des Kapitaleinsatzes die Vektoren $d_l^{IO}(t_1)$ berechnet.

Bei der Konstruktion der neuen IO-Tabelle ist die grundlegende Annahme, dass sich die vom Stoffstrommodell nicht betroffenen Sektoren und Teilsektoren entsprechend den Resultaten der ungekoppelten Basisprojektion entwickeln. Die Entwicklung der durch das Stoffstrommodell abgedeckten Bereiche hingegen beruht auf den Ergebnissen der Simulationen mit dem Stoffstrommodell.

Sei E_Z eine (n x n)-Matrix, deren Elemente alle den Wert 1 haben, dann setzt sich die neue Transaktionsmatrix der IO-Tabelle wie folgt zusammen:

$$Z(t_1)^{neu} = (E_Z - \Lambda_Z) \otimes Z(t_1)^{alt} + V_Z^{IO}(t_1) \qquad (46)$$

mit	$Z(t_1)^{alt}$:	Transaktionsmatrix der IO-Tabelle zum Zeitpunkt t_1 aus dem Basislauf des ungekoppelten IO-Modells
	$Z(t_1)^{neu}$:	neue Transaktionsmatrix der IO-Tabelle zum Zeitpunkt t_1 als Ergebnis der Modellkopplung

Mit E_Y als zu E_Z analoger (n x k)-Matrix ergibt sich die neue Endnachfragematrix als:

$$Y(t_1)^{neu} = (E_Y - \Lambda_Y) \otimes Y(t_1)^{alt} + V_Y^{IO}(t_1) \qquad (47)$$

Mit E_{WS} als zu E_Z analoger (H x n)-Matrix gilt für die neue Wertschöpfungsmatrix:

$$W(t_1)^{neu} = (E_{WS} - \Lambda_{WS}) \otimes W(t_1)^{alt} + V_{WS}^{IO}(t_1) \tag{48}$$

Der angepasste Outputvektor wird mit e als Vektor der Dimension (n x 1), dessen Elemente alle den Wert 1 haben, wie folgt berechnet:

$$x(t_1)^{neu} = (e - \lambda_{GA}) \otimes x(t_1)^{alt} + v^{IO}(t_1) \tag{49}$$

Der neue Vektor der gleichartigen Importe ergibt sich als:

$$x_{\mathrm{Im}}(t_1)^{neu} = (e - \lambda_{\mathrm{Im}}) \otimes x_{\mathrm{Im}}(t_1)^{alt} + v_{\mathrm{Im}}^{IO}(t_1) \tag{50}$$

Der Kapitalbedarf der Sektoren in t_1 entspricht der Summe des Kapitalbedarfs der vom Stoffstrommodell unberührten (Teil-)Sektoren und des Kapitalbedarfs der im Stoffstrommodell abgedeckten Aktivitäten. Die erste Komponente wird dabei als Produkt der Wertschöpfung der (Teil-)Sektoren und den entsprechenden im IO-Modell verwendeten Kapitalkoeffizienten gebildet.

Für den Bedarf an Kapitalvermögen der Investitionsart l gilt:

$$b_l(t_1)^{neu} = (< w^*(t_1) > \cdot \kappa_l(t_1)) + d_l^{IO}(t_1) \tag{51}$$

mit $w^*(t_1) = e_H((E_{WS} - \Lambda_{WS}) \otimes W(t_1)^{alt})$: (52)

Vektor der Bruttowertschöpfung der vom Stoffstrommodell unberührten (Teil-)sektoren aus dem ungekoppelten Modelllauf, der durch Multiplikation mit einem (1 x H)-Summationsvektor e_H aus der Matrix der Wertschöpfungskomponenten berechnet wird

4.4.5 Weitere Anpassungserfordernisse im IO-Modell

In diesem Schritt können zum einen weitere Anpassungen der IO-Tabelle vorgenommen werden, um solche Auswirkungen der betrachteten Strategien abzubilden, die im Stoffstrommodell nicht oder schwieriger abzubilden sind (z. B. Verteilung veränderter Outputs auf Abnehmersektoren).

Zum anderen ist es notwendig, die sich ergebenden Veränderungen möglichst konsistent im IO-Modell abzubilden. Die Ergebnisse des Stoffstrommodells führen zu

Veränderungen der Größen ausgewählter IO-Sektoren in der IO-Tabelle des Projektionsjahres. Davon können grundsätzlich der Output eines Sektors (d.h. die Güterlieferungen und das Güteraufkommen), seine Inputs, d. h. die Vorleistungsinputs, die Wertschöpfungskomponenten und die gleichartigen Importe, oder der Kapitalbedarf betroffen sein. Nun stellt sich die Frage, wie die Variablen und Parameter des IO-Modells angepasst werden können, um diese Veränderungen konsistent aufzunehmen. Die anzupassenden Variablen und Parameter, die einen Sektor im IO-Modell abbilden, sind in der hier betrachteten Modellkopplung die Lieferungen an die Endnachfrage, die Inputkoeffizienten (Vorleistungen und primäre Inputs) und die Kapitalkoeffizienten für Ausrüstungen und Bauten. Es ist nicht möglich, die Outputs der Sektoren direkt anzupassen, da sie sich erst mit der Lösung des Mengenmodells aus den übrigen Variablen und Parametern ergeben. Veränderte Güterlieferungen an andere Sektoren der Zwischennachfrage sind deswegen durch Anpassung der Inputkoeffizienten der Abnehmersektoren abzubilden.

Insgesamt ergeben sich in ausgewählten Sektoren des IO-Modells durch die Einbeziehung der Ergebnisse des Stoffstrommodells Veränderungen der Kostenstrukturen. Diese haben im gesamtwirtschaftlichen Zusammenhang weitere Folgewirkungen. Führen beispielsweise die betrachteten Materialeffizienz- und Kreislaufwirtschaftsstrategien zur Senkung der Kosten in einem ausgewählten Sektor, so sind verschiedene Anpassungsreaktionen denkbar, wobei hier von intrasektoralen Wettbewerbs- und Verdrängungseffekten abstrahiert wird.

Einerseits können die Sektoren aufgrund des Wettbewerbsdrucks gezwungen sein, die von ihnen realisierten Kosteneinsparungen an die Abnehmer ihrer Güter in Form von Preissenkungen weiterzugeben. Setzt sich dieser Preissenkungsmechanismus weiter durch die Volkswirtschaft fort, so sinken letztendlich die Güterpreise für die Endnachfrage, was dort einem steigenden verfügbaren Einkommen entspricht. In welchem Umfang dieser in einer zusätzlichen Güternachfrage resultiert und welche Sektoren davon profitieren, ist von vielen Einflussfaktoren abhängig. Je nach Preiselastizität der Nachfrage kann daraus eine Mehrnachfrage nach den preisgünstigeren Produkten („Rebound-Effekt"), der anderweitige Einsatz der eingesparten Mittel oder verstärktes Sparen resultieren, wobei hier u.a. Einkommenselastizitäten, marginale Konsum- und Sparquoten eine Rolle spielen. Verändern sich die Preise von Exportgütern, sind zudem auch außenwirtschaftliche Effekte denkbar.

Andererseits ist möglicherweise in einzelnen Sektoren vorstellbar, dass Kosteneinsparungen nicht als Preissenkungen weitergegeben werden müssen, sondern von den Unternehmen einbehalten werden. Denkbar ist dieser Mechanismus in Märkten mit unvollkommener Konkurrenz oder dort, wo Unternehmen Pioniergewinne realisieren können (Edler, 1990; Carter, 1990). Die Unternehmen können diese Überschüsse entweder einbehalten und z. B. für eine Ausweitung der Investitionen nutzen oder an die Mitarbeiter und Eigentümer als Einkommenszuwächse bzw. Gewinne ausschütten. Nach Abzug von Steuern und Sozialabgaben führt dies zu einem höheren verfügbaren Einkommen und abhängig von den oben genannten Einflussfaktoren zur einer höheren Endnachfrage. Die Nutzung für Investitionen wäre als Erhöhung der Kapitalkoeffizienten oder der Nachfrage abzubilden, je nachdem, ob Rationalisierungsinvestitionen getätigt werden oder die Produktionskapazität ausgeweitet wird. Die zusätzlichen Staatseinnahmen können zur Verringerung der Staatsverschuldung oder für zusätzliche Ausgaben genutzt werden. Zudem können Wechselwirkungen mit dem Finanzmarkt mit weiteren Auswirkungen auf das Verhalten der Wirtschaftsakteure relevant werden.

Ähnliche Überlegungen sind auch bei Kosteneinsparungen für die Bereiche der exogenen Endnachfrage, z. B. die privaten Haushalte oder die Auslandsnachfrage, anzustellen. Hier stellt sich insbesondere die Frage, wie die eingesparten Finanzmittel wieder verausgabt werden.

In der Realität wird es vermutlich zu einem Ineinandergreifen der verschiedenen Wirkungsmechanismen kommen. Diese können im Rahmen eines Input-Output-Modells nur eingeschränkt oder mit sehr hohem Aufwand modellendogen abgebildet werden. In einigen Modellen werden Preis-Mengen-Zusammenhänge durch den Einsatz des Preismodells und preisabhängige Inputkoeffizienten abgebildet, z. B. in den Modellen MIS für die Energiesektoren und Panta Rhei (Meyer et al., 1999). Für die vorliegende Fragestellung wären jedoch Preiselastizitäten für alle betroffenen Sektoren des IO-Modells zu schätzen, was den Rahmen dieser Arbeit sprengen würde. Carter (1990) stellt einen interessanten Ansatz vor, der bei der Analyse der Folgeeffekte von Innovationen zwischen Sektoren unterscheidet, die Kostensenkungen aufgrund ihres Wettbewerbsumfelds als Preissenkungen weitergeben müssen und solchen, die damit eine erhöhte Wertschöpfung erzielen können. Diese Methode ist jedoch bisher empirisch noch nicht umgesetzt worden, da die benötigten Daten nur schwierig zu gewinnen sind. Häufig wird in Input-Output-Analysen versucht, die Auswirkungen von Veränderungen der Kostenstrukturen mittels nachgelagerter Simulationsrechnungen grob abzuschätzen, wobei in der Regel verschiedene vereinfachende Annahmen getroffen werden. So wird teilweise eine pauschale Steigerung der Endnachfrage in Höhe der Kosteneinsparungen unterstellt (z. B. Sullivan et al., 1997).

Das Problem der Erfassung von Auswirkungen veränderter Kostenstrukturen ist in IO-Modellen bisher nicht befriedigend lösbar. Da dieses grundlegende Problem auch nicht im Mittelpunkt der vorliegenden Arbeit steht, soll lediglich eine vereinfachende Abschätzung der Effekte vorgenommen werden. Die Folgeeffekte von Veränderungen der Kostenstrukturen werden zunächst ausgeblendet, indem für jeden Sektor eine Ausgleichsvariable eingeführt wird, die die Kostenveränderungen ausgleicht (Residualwert). Innerhalb der IO-Tabelle wird sie als zusätzliche Zeile unterhalb der Bruttowertschöpfung eingeführt und kann modelltechnisch als Bestandteil der primären Inputs betrachtet werden. Damit bleibt das Ausmaß der direkten Kostenstruktureffekte transparent. Mit zusätzlichen Simulationsrechnungen erfolgt dann eine Abschätzung der Folgewirkungen. Die im empirischen Teil dieser Arbeit gewählte Vorgehensweise ist in Kapitel 6.2.3.1 erläutert.

4.4.6 Modellrechnung

Mit den angepassten Matrizen und Vektoren werden eine neue Inputkoeffizientenmatrix und Leontief-Inverse sowie gegebenenfalls neue Kapitalkoeffizienten berechnet. Mit den angepassten Matrizen wird ein neuerlicher IO-Modelllauf gestartet. Durch den Vergleich der neu ermittelten sektoralen Güteraufkommen mit den im Basislauf ohne Einkopplung des Stoffstrommodells ermittelten Werten lassen sich die sektoralen Struktureffekte der untersuchten Kreislaufwirtschafts- und Materialeffizienzstrategien identifizieren.

Durch die Veränderung der Inputkoeffizientenmatrix auf der Basis der Ergebnisse des Stoffstrommodells kann es wegen der intersektoralen Verflechtungen dazu kommen, dass die IO-Größen, die die modellexogene Nachfrage des Stoffstrommodells steuern, selbst verändert werden. Dies kann eine erneute Simulationsrechnung mit dem Stoffstrommodell erforderlich machen, die wiederum zu Anpassungen des IO-Modells führt usw.. Es sind also gegebenenfalls iterative Modellläufe von IO-Modell und Stoffstrommodell nach dem Muster der oben erläuterten Schritte notwendig, bis eine ausreichende Konvergenz der Ergebnisse erreicht ist.

4.5 Diskussion des gewählten Modellansatzes

Eine Hypothese der vorliegenden Arbeit ist, dass die weitreichende Umsetzung von Kreislaufwirtschafts- und Materialeffizienzstrategien wegen der damit verbundenen Veränderung ganzer Wertschöpfungsketten zu stärkeren Impulsen auf den sektoralen Strukturwandel in der Volkswirtschaft führen wird, als Maßnahmen, die an einzelnen Techniken ansetzen. Als Grundmodell zur Untersuchung dieses Strukturwandels wird ein dynamisches IO-Modell gewählt. Es wird mit einem Stoffstrommodell gekoppelt, um technische und intrasektorale Veränderungen abzubilden, die in einem detailliert betrachteten Teilsystem der Volkswirtschaft erfolgen. Diese Vorgehensweise erlaubt eine fallspezifische und problemadäquate Betrachtung der Auswirkungen von Maßnahmen zur Erhöhung der Materialeffizienz und beinhaltet gleichzeitig die gesamtwirtschaftliche Perspektive.

Das gewählte Soft-Linking der beiden Modellbausteine bietet Freiheitsgrade bei der Gestaltung des Stoffstrommodells. Die bestehenden Wechselwirkungen und Abhängigkeiten zwischen den betrachteten Aktivitäten können adäquat abgebildet werden, unabhängig von den eingeschränkten Aktivitäts- und Güterkonzepten des IO-Modells. Dies gilt beispielsweise für die Einbeziehung der Nutzungsphase von

Produkten sowie von Stoffströmen ohne ökonomischen Wert, die eine vollständige Verfolgung der Stoffströme von der Produktion über die Produktnutzung zurück in die Produktion ermöglicht. Die sich zwischen IO-Modell und Stoffstrommodell unterscheidenden Aktivitäts- und Güterkonzepte sowie die Verwendung unterschiedlicher Einheiten machen es andererseits erforderlich, dass die Ergebnisse des Stoffstrommodells vor der Anpassung der betroffenen Parameter in die Logik des IO-Modells „übersetzt" werden müssen.

Mit der Verwendung eines IO-Modells als Grundmodell gelten grundsätzlich die für diesen Modelltyp bestehenden Einschränkungen. Besonders hervorzuheben sind

- die linear-limitationalen Produktionsfunktionen, die mit konstanten Inputkoeffizienten verbunden sind. Im gekoppelten Modell gilt dies nur für die Bereiche, die nicht von der Modellkopplung mit dem Stoffstrommodell beeinflusst werden.
- die fehlende endogene Erklärung eines Teils der Endnachfrage, wobei im IO-Modell MIS die Investitionen nicht Teil der exogenen Endnachfrage sind,
- die fehlende Einbeziehung von Preis-Mengen-Abhängigkeiten,
- die fehlende endogene Abbildung von Preis-, Kosten- und Wettbewerbseffekten, von gesamtwirtschaftlichen Kreislaufeffekten (z. B. Einkommens- und Umverteilungseffekte) oder Außenhandelseffekten.

Diese Einschränkungen werden in Input-Output-Analysen in Kauf genommen, um Aussagen zu sektoralen Struktureffekten auf einem niedrigen Aggregationsniveau machen zu können. In gewissem Umfang ist es möglich, die genannten Einschränkungen durch Simulationsrechnungen abzufedern.

Teil II: Empirische Anwendung des Kopplungsansatzes

Im zweiten Teil dieser Arbeit wird der entwickelte Kopplungsansatz an einem Fallbeispiel empirisch erprobt. Als Fallbeispiel wurde die Wertschöpfungskette „Papier" gewählt. Papier ist als Basismaterial einer modernen Industrie- und Informationsgesellschaft allgegenwärtig, und der Papierverbrauch weist weiterhin hohe Wachstumsraten auf. 1999 wurden in Deutschland mit gut 17,6 Mio. Tonnen über 80 % mehr Papier verbraucht als im Jahr 1980 (VdP, 2000). Damit liegt die Wachstumsrate über der des Bruttoinlandsprodukts, das im gleichen Zeitraum real um 60 % stieg. Als Grundstoffindustrie gehört die Papierindustrie mit einem Endenergieverbrauch von 175 PJ im Jahr 1999 zu den energieintensiven Branchen (VdP, 2000). Neben den energiebedingten Luftemissionen sind weitere Umweltprobleme die Gewässerbelastung und der hohe Wasserbedarf. Hier konnten in den vergangenen Jahren jedoch deutliche Verbesserungen erzielt werden (EK, 2000). Auf der Abfallseite ist Altpapier für einen bedeutsamen Anteil am Aufkommen von Siedlungsabfällen verantwortlich.

Altpapier wird heute schon zu einem hohen Anteil getrennt gesammelt und dem Recycling zugeführt. Der Altpapiereinsatz in der Papierproduktion trägt damit bereits zu Energieeinsparungen bei. Auch wenn das Potential zur weiteren Steigerung der Recyclingquoten vorhanden ist, erscheint es fraglich, ob es ohne zusätzliche politische Maßnahmen ausgeschöpft wird. Die Papiersorten mit hohen Wachstumsraten sind durch niedrige Altpapieranteile gekennzeichnet. Darüber hinaus ist der Absatz von Recyclingpapieren bereits in einigen Bereichen rückläufig (FR, 2001). Angesichts des hohen und weiter steigenden Papierverbrauchs und stagnierender Recyclingquoten stellt sich die Frage nach den Potentialen von Materialeffizienzstrategien zur Verringerung des Papierverbrauchs sowie nach Möglichkeiten der weitergehenden Schließung von Stoffkreisläufen. Gleichzeitig ist zu fragen, wie die Umsetzung dieser Strategien und Maßnahmen über die Papierkette hinaus auf die übrige Volkswirtschaft ausstrahlen würde.

Zur Untersuchung dieser Fragestellung wurde ein disaggregiertes und technikbasiertes Stoffstrommodell für die Wertschöpfungskette „Papier" aufgebaut und mit dem IO-Modell MIS gekoppelt. In Szenarien wurden verschiedene Strategien zur Erhöhung der Materialeffizienz in der Papierkette analysiert. Im folgenden Kapitel werden der Aufbau des Stoffstrommodells und die Kopplung mit dem IO-Modell nach der im vorigen Kapitel erläuterten Vorgehensweise beschrieben. Kapitel 6 geht auf die Modellrechnungen mit dem gekoppelten Modellsystem ein, beschreibt die betrachteten Szenarien und die Ergebnisse der Modellrechnungen.

5 Kopplung des IO-Modells MIS mit einem Stoffstrommodell der Wertschöpfungskette „Papier“

5.1 Aufbau eines Stoffstrommodells der Wertschöpfungskette „Papier”

5.1.1 Überlegungen zum Zuschnitt des Stoffstrommodells

Untersuchungsziel

Ziel des Stoffstrommodells ist die technikbasierte Simulation der zukünftigen Entwicklung der Wertschöpfungskette „Papier“ bis zum Jahr 2020 mit 1995 als Basisjahr und 2005 als weiterem Stichjahr. Dabei sollen Veränderungen der wichtigsten Einflußfaktoren wie der technische Wandel, Veränderungen des Produkt-Mix und des Akteursverhalten oder gesetzlicher Rahmenbedingungen berücksichtigt werden. Insbesondere sollen Maßnahmen zur Erhöhung der Materialeffizienz und zur weitgehenden Kreislaufführung von Stoffen abgebildet werden. Die Zielgrößen, anhand derer die Auswirkungen der verschiedenen Maßnahmen untersucht werden, sind das Aufkommen der beteiligten Stoffe (vor allem derjeniger mit einem Marktwert, d.h. ökonomischer Güter) und der Energieverbrauch. Diese stellen auch die Schnittstellen zum Input-Output-Modell dar.

Übersicht über die Wertschöpfungskette „Papier“

Die Wertschöpfungskette „Papier“, die im Weiteren auch als Papierkette bezeichnet wird, umfasst alle wirtschaftlichen Aktivitäten, die mit der Herstellung von Papier und Papierprodukten, ihrer Nutzung und Entsorgung (einschließlich des Papierrecyclings) verbunden sind.

Papier ist ein Material, dass sich sehr vielseitig einsetzen lässt, so z. B. als Trägermedium für Information und Kommunikation, als Verpackungsmaterial, im hygienischen Bereich oder als Einsatzmaterial zur industriellen Weiterverarbeitung in verschiedenen Branchen. Diese verschiedenen Papiersorten sind durch unterschiedliche Materialeigenschaften gekennzeichnet, z. B. hinsichtlich der Oberflächeneigenschaften, der Festigkeit oder optischer Eigenschaften. Um diese spezifischen Materialeigenschaften zu erreichen, unterscheiden sich die Verarbeitungsprozesse und vor allem die stoffliche Zusammensetzung der Papiersorten. Für die Herstellung von Papier werden verschiedene Faserstoffe benötigt. Jede Papiersorte hat hierbei eine eigene charakteristische Stoffzusammensetzung. Unter den Faserstoffen lassen sich zunächst primäre und sekundäre Faserstoffe unterscheiden. Primäre Faserstoffe werden aus Holz hergestellt, während zur Herstellung der sekundären Faserstoffe Altpapier eingesetzt wird.

Papier wird nur zu einem geringen Anteil direkt verbraucht. Für die meisten Nutzungsbereiche ist eine Weiterverarbeitung erforderlich, wobei Druckereien und Verlage sowie die Betriebe des papierverarbeitenden Gewerbes dominieren. In geringeren Mengen wird Papier aber auch in anderen industriellen Branchen eingesetzt. Die Distribution der Papierprodukte zu den Nutzern erfolgt über jeweils unterschiedliche Transport-, Groß- und Einzelhandelsaktivitäten. Die Nutzungsphase ist bei den meisten Papierprodukten von kurzer Dauer. Abgesehen von den längerlebigen Produkten fällt der Rest nach kurzer Zeit als Abfall an, der entweder als Altpapier erfasst wird oder über den Hausmüll bzw. das Abwasser entsorgt wird. Das erfasste Altpapier wird erneut zur Papierherstellung verwendet, exportiert oder in geringen Mengen in Kompostieranlagen verwertet.

Die Wertschöpfungskette „Papier" umfasst damit im Wesentlichen die folgenden Aktivitäten:

- die Gewinnung und Bereitstellung von Holz in der Forstwirtschaft und der Holzindustrie,
- die Produktion von primären Faserstoffen,
- die Papierproduktion,
- die Herstellung und Distribution von Papierprodukten,
- die Nutzung von Papierprodukten,
- das Altpapierrecycling, d.h. die Erfassung von und der Handel mit Altpapier sowie die Aufbereitung von Altpapier zu einem Faserstoff sowie
- die Beseitigung von Altpapier.

Systemgrenzen

In Analogie zum verwendeten IO-Modell werden nur die inländischen Aktivitäten einbezogen. Vor- und nachgelagerte Prozesse, die im Ausland stattfinden, werden nicht betrachtet, wohl aber Importe und Exporte auf der Ebene der einzelnen Prozesse. Im Modell werden die wichtigsten Prozesse und Aktivitäten mit ihren Inputs und Outputs abgebildet. Um das Modell möglichst einfach zu halten, wurden Inputs und Outputs nur eingeschränkt einbezogen. Nicht berücksichtigt wurden Stoffe, die von den untersuchten Strategien nicht betroffen sind oder nach einer Kopplung keinen Einfluss auf die Güterströme im Input-Output-Modell haben. So wurden z. B. Luft- und Abwasseremissionen nicht betrachtet[24]. Unter den Reststoffen wurden nur solche einbezogen, die potentiell als Energieträger einsetzbar sind und dadurch fossile Energieträger ersetzen können. Der Wasserverbrauch wurde trotz seiner großen mengenmäßigen Bedeutung in der Papierindustrie nicht berücksichtigt, da ein wesentlicher Anteil durch eigene Brunnen bezogen wird und damit als Vorleistung in der IO-Tabelle nicht auftaucht.

---

24 Wollte man eine ökologische Bewertung der betrachteten Maßnahmen durchführen, müßte man diese natürlich berücksichtigen. Hier steht jedoch die Kopplung mit dem IO-Modell im Vordergrund.

Neben den Anforderungen, die aus dem Kopplungsansatz herrühren, determinieren die zur Verfügung stehenden bzw. mit vertretbarem Aufwand zu gewinnenden Daten die Struktur des Stoffstrommodells. Ebenfalls nicht einbezogen wurden daher mengenmässig vernachlässigbare Inputs sowie immaterielle Vorleistungen, d.h. Dienstleistungen, die durch die modellierten Kreislaufwirtschafts- und Materialeffizienzstrategien nicht berührt werden. Transportvorleistungen wurden wegen ihrer Umweltrelevanz dort, wo es mit vertretbarem Aufwand möglich war, einbezogen. Wegen mangelnder Datenverfügbarkeit konnten beispielsweise die Transporte der Papierprodukte zu den Nutzern nicht berücksichtigt werden.

Zur Modellstruktur

Da im gekoppelten Modellsystem das IO-Modell die dynamische Komponente darstellt, wird das Stoffstrommodell statisch ausgelegt. Das Stoffstromsystem wird in Analogie zum IO-Modell für das Basisjahr 1995 sowie die weiteren Untersuchungsjahre 2005 und 2020 erstellt. Es gibt keine funktionalen Verknüpfungen zwischen Variablen verschiedener Untersuchungszeiträume. Weitere Anforderungen an die Modellstruktur ergeben sich aus der Modellkopplung. So sollte bei der Wahl der betrachteten Produkte und Prozesse auch die für die Modellkopplung vorzunehmende Zuordnung zu den Sektoren des IO-Modells beachtet werden. Insbesondere die Bestandteile der Schnittstelle zum IO-Modell sollten eindeutig identifizierbar sein.

Verwendete Datenquellen

Für den Aufbau des Stoffstroms wurden im Wesentlichen drei Typen von Datenquellen verwendet, die sich vor allem durch ihr Aggregationsniveau unterscheiden:

- statistische Quellen,
- prozessbezogene, technische Fachliteratur und
- Marktanalysen.

Eine wichtige Quelle war die recht ausführliche Verbandsstatistik des Verbandes Deutscher Papierfabriken (VDP). Verwendet wurden Daten für den Holzverbrauch, die Herstellung von Primär- und Sekundärfaserstoffen, Papier nach sechs verschiedenen Papiersorten sowie die Einsatzquoten von Altpapier zur Herstellung dieser Papiersorten. Für die Herstellung von Papierprodukten existieren ähnliche Zahlen in den Statistiken der entsprechenden Verbände. Die Verbandsstatistiken decken jedoch nicht die vollständige Produktion ab, da sowohl Verpackungen als auch Druckereiprodukte auch in anderen Sektoren hergestellt werden, ohne dass die Produktionsmengen in der amtlichen Statistik auftauchen (Beispiele: Verpackungsproduktion bei Nahrungsmittelherstellern oder Herstellung von Druckerzeugnissen in sog. Hausdruckereien von Unternehmen aus anderen Branchen). Für Informationen zum Außenhandel mit Rohstoffen, Vorprodukten und Produkten wurden ebenfalls Verbandsstatistiken und die Außenhandelsstatistik des Statistischen Bundesamtes herangezogen.

Zur Generierung spezifischer Prozessinputs und –outputs, die gleichzeitig der Vernetzung der Prozesse dienen, wurden folgende Datenquellen verwendet (die im einzelnen in Kapitel 5.1.2 aufgeführt sind):

- Stoffstromanalysen,
- Ökobilanzen,
- Untersuchungen zu Altpapieraufkommen und –einsatz in der Papierherstellung
- Verfahrensbeschreibungen in der papiertechnischen Fachliteratur sowie
- Marktanalysen.

Eine wichtige Quelle für energiebezogene Daten war die Technologiedatenbank IKARUS, in der für die energieintensiven Produktionsprozesse u.a. der Papierindustrie Daten zum derzeitigen und künftigen spezifischen Energiebedarf auf Einzeltechnikebene abgelegt sind (FIZ o.J.). Fehlende Daten wurden durch plausible Annahmen auf der Basis von Experteneinschätzungen ergänzt.

Harmonisierung und Abgleich technischer und I/O-Daten
Ein wesentlicher und zeitaufwendiger Arbeitsschritt bestand in der Harmonisierung der Daten aus der Vielzahl eher technikorientierter Datenquellen mit den statistischen Daten. Diese unterscheiden sich häufig hinsichtlich des Bezugszeitraums, der Repräsentativität und der benötigten Vollständigkeit der Daten. Dies gilt vor allem für prozessbezogene Daten aus Literaturquellen oder Ökobilanzen. Hinzu kommt, dass zu einem bestimmten Zeitpunkt unterschiedliche Verfahren zur Herstellung eines Stoffs bestehen können und selbst bei identischen Verfahren an verschiedenen Standorten ein unterschiedlicher Stand der Technik gegeben ist. Bei abweichenden Daten ist somit einerseits die Generierung von für die Bezugszeit und den Bezugsraum repräsentativen Daten erforderlich. Andererseits ist es notwendig, mit der Summe der prozessbezogenen Angaben die statistischen Vorgaben zu treffen, damit ein konsistentes Bild von den vorhandenen Stoffströmen erreicht wird. Die Verwendung statistischer Daten, die auf Erhebungen bei den wirtschaftlichen Akteuren beruhen, hat den Vorteil einer hohen Repräsentativität. Andererseits kann die Interpretation statistischer Daten dadurch erschwert werden, dass sie häufig in institutioneller Gliederung vorliegen. In institutionell gegliederten Statistiken werden einzelne Betriebe nach dem Schwerpunktprinzip zu Wirtschaftszweigen zusammengefasst,. Dies führt dazu, dass auch branchenfremde Tätigkeiten in die Erhebungen mit einbezogen werden, wodurch die Heterogenität der Wirtschaftszweige steigt. Demgegenüber versuchen die Stoffstromanalyse und die IO-Analyse, möglichst homogene, funktional abgegrenzte Aktivitäten zu betrachten. Insgesamt gesehen gehören die an der Papierkette beteiligten Branchen im Vergleich zu anderen Produktionsbereichen eher zu den gut dokumentierten Branchen.

EDV-technische Implementierung des Stoffstrommodells
Das Stoffstrommodell wurde mit der Software Umberto aufgebaut, einer kommerziellen Software, die gemeinsam vom Institut für Umweltinformatik (Ifu) in Hamburg und dem Institut für Energie- und Umweltforschung (Ifeu) in Heidelberg für verschiedene Fragestellungen aus dem Feld der Stoffstromanalyse entwickelt wurde (vgl. z. B. Schmidt/Schorb, 1995). Mit dieser Software wird ein Stoffstromsystem als Petri-Netz dargestellt (vgl. Kapitel 2.3). Es enthält u.a. eine graphische Benutzeroberfläche für den Aufbau eines Stoffstrommodells. Beispielhaft sind graphische Übersichten über Teile des Stoffstrommodells der Papierkette im Anhang abgebildet (vgl. Abbildungen A-1 und A-2).

5.1.2 Die Prozesse der Papierkette im Stoffstrommodell

5.1.2.1 Übersicht

Abbildung 13 enthält einen vereinfachten Überblick über die Struktur des Stoffstrommodells und die darin abgebildeten Prozesse. In den folgenden Abschnitten werden die Prozesse mit ihren jeweiligen Inputs und Outputs näher erläutert. In zeitlicher Hinsicht beziehen sich die Angaben auf das Basisjahr 1995. Die quantitative Darstellung der stofflichen Inputs und Outputs der Prozesse kann Tabelle A-2 im Anhang entnommen werden. Daneben enthält das Stoffstrommodell auch den Strom- und Wärmebedarf der energieintensiven Prozesse zur Faserstoff- und Papierherstellung, um den Einfluss von Energieeinsparmaßnahmen in der Papierindustrie abbilden zu können. Die Prozesse zur Bereitstellung von Strom und Wärme in der Papierindustrie werden in einem getrennten Energieversorgungsmodul abgebildet, mit dem auch die in der Papierindustrie verbreitete Kraft-Wärme-Kopplung zur gleichzeitigen Erzeugung von Strom und Dampf abgebildet werden kann.

5.1.2.2 Bereitstellung des Rohstoffs Holz

Holz wird zur Herstellung von Primärfasern benötigt. In Deutschland stammt es zu ungefähr gleichen Teilen aus zwei Quellen. Zum einen wird das bei der Waldpflege anfallende Durchforstungsholz verwendet, wobei hier weiter zwischen Laub- und Nadelholz unterschieden wird. Zum anderen wird Industrierestholz eingesetzt, das in verschiedenen Formen als Restholz in der holzbearbeitenden und –verarbeitenden Industrie anfällt und von der Papierindustrie in Form von Hackschnitzeln abgenommen wird (Roffael et al., 1995). Darüber hinaus wird zwischen Nadel- und Laubholz unterschieden, da sich sowohl die Einsatzbereiche als auch die Holzpreise unterscheiden. Tabelle 5 enthält eine Übersicht über den Holzverbrauch für die Herstellung von Primärfasern. Das verwendete Holz stammt ganz überwiegend aus der heimischen Forstwirtschaft. Für die Faserstoffherstellung wird das Holz entrindet. Die dabei anfallende Rinde wird z.T. in der Papierindustrie zur Energiebereitstellung eingesetzt.

Abbildung 13: Vereinfachtes Schema des Stoffstrommodells „Papier"

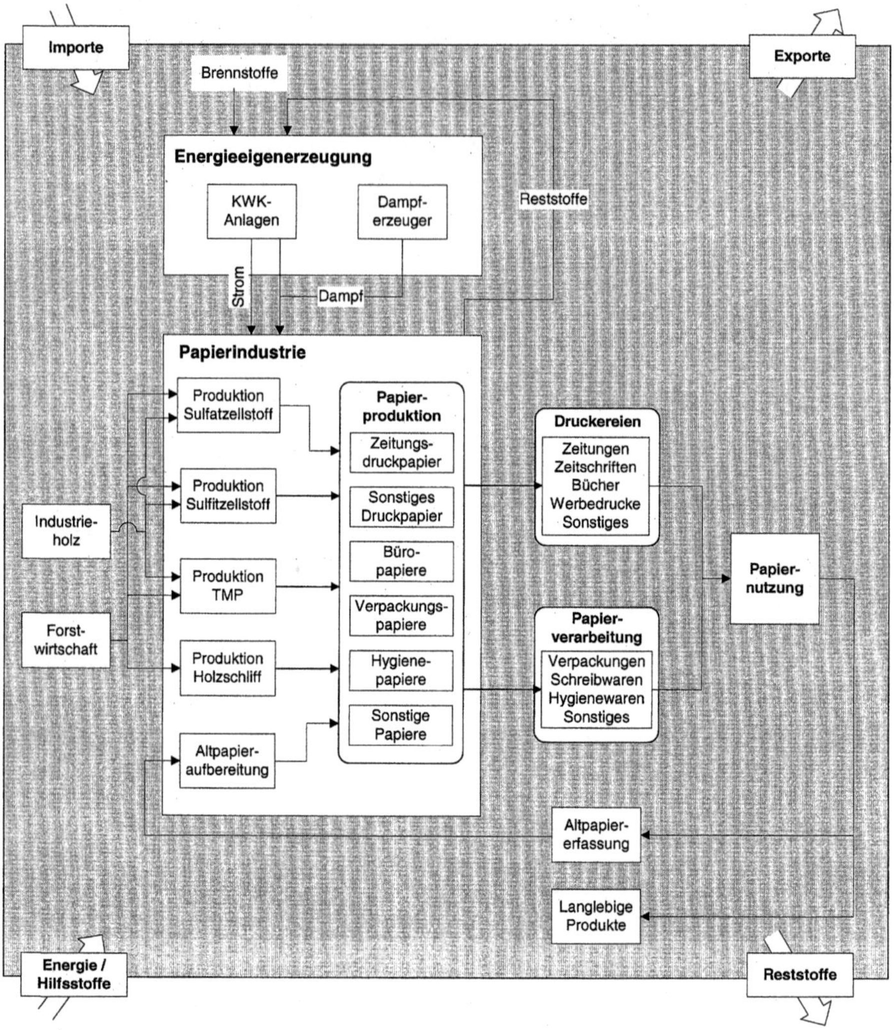

Quelle: Eigene Darstellung

5.1.2.3 Herstellung von Primärfasern

Für den Einsatz in der Papierherstellung muss das Holz zunächst aufgeschlossen werden. Hierfür kommen mechanische und chemische Aufschlussverfahren zum Einsatz, die Faserstoffe mit jeweils unterschiedlichen Eigenschaften hervorbringen (Schädler, 1990). Die mit mechanischen Verfahren erzeugten Faserstoffe werden unter dem Oberbegriff „Holzstoff" zusammengefasst, während die Erzeugnisse chemischer Aufschlussverfahren als Zellstoffe bezeichnet werden. Sowohl Holzstoffe als auch Zellstoffe werden in der Regel in Papierfabriken direkt vor dem Einsatz in der Papierherstellung erzeugt („integrierte“ Erzeugung).

Zur Herstellung von Holzstoff existieren wiederum mehrere Verfahrensvarianten. Die wichtigsten sind das Steinschliffverfahren zur Herstellung von Holzschliff und das Refinerverfahren zur Herstellung von TMP[25]. Zur Herstellung von Holzschliff werden Holzstämme, vorwiegend aus langfaserigem Nadelholz, entrindet und zwischen Schleifsteinen zerfasert. Für die Erzeugung von TMP werden Holzhackschnitzel, die zuvor mit Dampf imprägniert werden, in Refinern gemahlen. Als Ausgangsmaterial für die Holzhackschnitzel dienen sowohl entrindetes Waldholz als auch Industrierestholz, das als Reststoff aus der holzbe- und –verarbeitenden Industrie stammt. Die mechanischen Aufschlussverfahren sind durch eine hohe Ausbeute gekennzeichnet. Zwischen 95 % und 98 % des Holzes sind als Holzstoff nutzbar.

Beide Verfahren haben wegen der hohen Kraftbedarfs beim Schleifen bzw. Refining einen hohen spezifischen Strombedarf, so dass neben dem Holz Elektrizität einen wichtigen Input darstellt. Beim TMP-Verfahren können bis zu 60 % des Stromeinsatzes als Dampf zurückgewonnen und in der Papierfabrik weiter genutzt werden. Holzstoff wird teilweise gebleicht, so dass als weitere Inputs Bleichchemikalien zu berücksichtigen sind.

Tabelle 5: Verbrauch von Holz für die Herstellung von Primärfaserstoffen für die Papierindustrie, Deutschland 1995

	Verbrauch für Holzstoff-erzeugung	Zellstoff-erzeugung (1000 NRm o.R.)[26]	Insgesamt
Nadelfaserholz	4358	4114	8472
- Waldholz	3179	690	3869
- Industrierestholz	1179	3424	4603
Laubfaserholz	4	1053	1057
- Waldholz	4	1053	1057
- Industrierestholz	0	0	0
Insgesamt	4362	5167	9529
- Waldholz	3183	1743	4926
- Industrierestholz	1179	3424	4603

Quelle: VdP (1997)

25 TMP: Thermomechanical Pulp

26 NRm o.R.: Normraummeter ohne Rinde

Auch zur Herstellung von Zellstoff existieren verschiedene Verfahrensvarianten. Die wichtigsten sind das Sulfatzellstoffverfahren und das Sulfitzellstoffverfahren. In beiden Verfahren werden Holzhackschnitzel unter Zufuhr von Wasser und Aufschlusschemikalien mehrere Stunden gekocht, bis sich das ungewollte Lignin vom Zellstoff gelöst hat (Baumgarten, 1996). Die beiden Verfahren unterscheiden sich vor allem durch die eingesetzten Aufschlusschemikalien und die Verfahrensauslegung. Die Ausbeute liegt mit ungefähr 50 % deutlich unter der mechanischer Aufschlussverfahren. Üblicherweise wird der Zellstoff im Anschluss an den Kochprozess gebleicht. Bis vor kurzem kam in Deutschland nur das Sulfitzellstoffverfahren zum Einsatz. Im Jahr 2000 ist erstmalig ein Sulfatzellstoffwerk mit einer Jahreskapazität von 280 kt in den neuen Bundesländern in Betrieb gegangen (Stüber, 2000). Bei Sulfatzellstoff, dem mengenmäßig wichtigsten Faserstoff, ist die deutsche Papierindustrie allerdings weiter auf hohe Einfuhren angewiesen (vgl. Tabelle 6). Daneben wird in Deutschland noch Chemiezellstoff produziert, der in der Chemieindustrie weiterverarbeitet wird. Mit einer Jahresproduktion von 34 kt hat dieser Stoff nur eine geringe Bedeutung. Im Stoffstrommodell wird seine Herstellung berücksichtigt, nicht jedoch seine weitere Verarbeitung. Die Nachfrage nach Chemiezellstoff wird als Teil der modellexogenen Nachfrage abgebildet.

Die Zellstoffproduktion ist ebenfalls sehr energieintensiv. Sie kann jedoch einen hohen Anteil ihres Energiebedarfs aus den im Prozess anfallenden Reststoffen, insbesondere durch Verbrennung der mit hohen Anteilen organischer Substanz angereicherten Schwarzlauge, decken.

Die wichtigsten Inputs, die im Stoffstrommodell zu berücksichtigen sind, sind Holz, Energie (Strom und Dampf), Aufschluss- und Bleichchemikalien. Unter den Reststoffen ist vor allem die energetisch nutzbare Schwarzlauge relevant.

Sowohl bei den Holzstoff erzeugenden als auch den Zellstoff erzeugenden Prozessen werden außerdem die Transporte des benötigten Holzes als Vorleistungen, differenziert nach Bahn-, Schiffs- und Lkw-Transporten, berücksichtigt.

Tabelle 6: Produktion, Verbrauch und Außenhandel von Primärfaserstoffen in der deutschen Papierindustrie 1995

	Produktion (kt)	Ausfuhr (kt)	Einfuhr (kt)	Verbrauch (kt)
Holzschliff	934	18	73	989
TMP	332	1		331
Sulfitzellstoff	684	182	271	773
Sulfatzellstoff	0	88	3.342	3.254
Chemiezellstoff	34	16	210	228

Quellen: VdP (1997); StBA (1997); eigene Berechnungen

5.1.2.4 Aufbereitung von Altpapier

Altpapier ist inzwischen der mengenmäßig wichtigste Rohstoff für die Papierherstellung in Deutschland. Die Altpapiereinsatzquote, die das Verhältnis von Altpapiereinsatz zur Papierproduktion angibt, ist von 43 % im Jahr 1978 auf rund 58 % im Jahr 1995 gestiegen. Damit wurden 1995 rund 8,6 Mio. Tonnen Altpapier zur Papierherstellung eingesetzt. Altpapier fällt zum einen als Ausschuss bei der Herstellung und Distribution von Papier und Papierprodukten an, zum anderen wird es bei den Verbrauchern im Anschluss an die Nutzungsphase gesammelt. Die Haupteinsatzbereiche für Altpapier liegen in der Herstellung von Verpackungspapieren und -kartons, Zeitungsdruckpapier und Hygienepapieren (vgl. Abschnitt 5.1.3.5).

Altpapier wird in der Regel in den Papierfabriken, d.h. integriert, für den Einsatz in der Papiermaschine aufbereitet. Die Aufbereitung zu Altpapierstoff wird je nach Einsatzbereich unterschiedlich ausgelegt (Weidhaas, 1990). Allen Verfahren gemeinsam ist die Zerfaserung des Altpapiers, die Reinigung und Abtrennung von Störstoffen wie Folien, Klammern oder Klebern sowie die anschließende Eindickung. Bei höheren Anforderungen an die optischen Eigenschaften des altpapierhaltigen Papiers kann die Entfernung von Druckfarben und/oder Füllstoffen durch eine Deinking-Stufe unter Zugabe von Chemikalien sowie eine Bleiche des Altpapierstoffs erfolgen. Je nach Auslegung ist die Altpapieraufbereitung mit unterschiedlich hohen Stoffverlusten verbunden, die von ca. 6 % bei der einfachen Aufbereitung für Verpackungspapiere und -kartons bis über 30 % bei der Aufbereitung für Hygienepapiere reicht.

Im Stoffstrommodell werden drei verschiedene Aufbereitungsverfahren abgebildet, eine einfache Aufbereitung ohne Deinking, ein Deinking-Verfahren für Graphische Papiersorten und ein Verfahren für Hygienepapiere, das durch einen besonders hohen Reststoffanfall gekennzeichnet ist. Die wichtigsten Inputs sind Altpapier, Energie, Prozesschemikalien und die für die Einsatzstoffe benötigten Transportleistungen. Unter den Outputs werden neben dem Altpapierstoff als Hauptprodukt die energetisch nutzbaren Reststoffe gesondert einbezogen.

5.1.2.5 Herstellung von Papier[27]

Um der Vielfalt der Einsatzbereiche von Papier annähernd gerecht zu werden, werden im Stoffstrommodell sechs Papiersortengruppen differenziert, die auch in den Statistiken des Verbands der Papierhersteller unterschieden werden (vgl. Tabelle 7). Die ersten drei Sortengruppen aus Tabelle 7 werden zu den graphischen Papieren zusammengefasst. Sie machen knapp die Hälfte des gesamten Papierverbrauchs aus und werden vorwiegend für Informations- und Kommunikationszwecke verwendet. Knapp 40 %

---

27 Üblicherweise werden je nach Dicke Papier, Pappe und Karton unterschieden. Vereinfachend wird im Folgenden der Begriff Papier als Sammelbegriff verwendet.

des Papierverbrauchs dienen der Herstellung von Verpackungen. Die restlichen 12 % verteilen sich ungefähr zur Hälfte auf Hygienepapiere (Taschentücher, Küchentücher und Toilettenpapier) sowie technische und Spezialpapiere. Letztere umfassen so heterogene Papiersorten wie Kondensatorpapier für die Elektroindustrie, Karosseriepappe für die Automobilproduktion, Dekorpapiere zur Herstellung von Möbelfurnieren oder auch hochwertige Banknoten- und Dokumentenpapiere (Göttsching, 1990). Insgesamt lag der Papierverbrauch im Basisjahr 1995 bei etwa 15,9 Mio Tonnen. Die Papierproduktion lag 1995 ca. 1 Mio. Tonnen unter dem Papierverbrauch bei ungefähr 14,8 Mio. t. Es besteht also ein Einfuhrüberschuss in der gleichen Größenordnung. Insgesamt ist bei Papier ein starker Außenhandel zu verzeichnen.

Tabelle 7: Verbrauch, Produktion und Außenhandel von Papier, Deutschland, 1995 nach Sortengruppen

Papiersorten	Produktion (kt)	Einfuhr (kt)	Ausfuhr (kt)	Verbrauch (kt)
Graphische Papiere				
- Zeitungsdruckpapier	1726	1197	562	2362
- Sonstige Druck- /Pressepapiere	4747	2912	3242	4418
- Büro-/Administrationspapiere	981	388	442	928
Verpackungspapiere	5480	2721	1901	6300
Hygienepapiere	877	111	107	881
Spezialpapiere	1016	128	135	1009
Summe	14827	7459	6389	15897

Quellen: VdP (1997); StBA (1997); eigene Berechnungen

Die eigentliche Papierherstellung beinhaltet drei Schritte:

- die Stoffaufbereitung,
- die Herstellung der Papierbahn in der Papiermaschine und
- die Papierveredelung.

Je nach hergestellter Papiersorte kommt eine jeweils andere Mischung von Holzstoff, Zellstoff und Altpapierstoff zum Einsatz. In der Stoffaufbereitung werden die Faserstoffe aufgelöst, gereinigt, eventuell gemahlen und gemischt (Göttsching, 1990). Hier werden auch die jeweils benötigten Füllstoffe und Hilfsstoffe zugesetzt. An Füllstoffen werden vorwiegend mineralische Produkte wie Kaolin und gemahlenes Calciumcarbonat verwendet. Zur gezielten Beeinflussung der Papierqualität und zur Optimierung des Herstellungsprozesses wird darüber hinaus eine Vielfalt chemischer Hilfsstoffe zugemischt (Baumann/Herberg-Liedtke, 1994; Auhorn/Linhart, 1990). Nach einer weiteren Verdünnung gelangt die Faserstoff-Füllstoff-Suspension zur Papiermaschine, wo bis zur Bildung der fertigen Papierbahn die Verfahrensstufen Stoffauflauf, Siebpartie, Pressenpartie und Trockenpartie durchlaufen werden. Anschließend kann noch eine Oberflächenbehandlung des Papiers z. B. durch Glätten, Leimung, Streichen oder Satinieren erfolgen (von Raven/Höke, 1990). Unter den graphischen Papiersorten lassen sich gestrichene und ungestrichene Papiere unterscheiden. Gestrichene Papiere erhalten nach der Blattbildung einen ein- oder beidseitigen Pigmentstrich, der ihre Oberflächeneigenschaften und insbesondere ihre Bedruckbarkeit verbessert.

Die verschiedenen Papiersorten unterscheiden sich deutlich hinsichtlich ihrer Zusammensetzung. Selbst bei einer bestimmten Papiersorte kann die Zusammensetzung zwischen verschiedenen Herstellern stark schwanken, die hier technisch einen relativ großen Spielraum haben. Für die durchschnittliche Zusammensetzung der Hauptsortengruppen gibt es keine statistischen Angaben. Statistisch sind nur die Altpapiereinsatzquoten erfasst (vgl. Tabelle 8). Die Verwendung von Altpapier konzentriert sich auf die Herstellung von Verpackungspapieren und Zeitungsdruckpapier, wo dieser Rohstoff mengenmäßig eindeutig dominiert. Zudem werden die so genannten Recyclingpapiere, die zu den Büro- und Administrationspapieren gehören und vor allem zu Kopier- und Schreibzwecken verwendet werden, ausschließlich auf der Basis von Altpapier hergestellt (Göttsching, 1990). Mit einem jährlichen Verbrauch von rund 300 kt spielen sie jedoch mengenmäßig keine große Rolle. Weitere relevante Einsatzbereiche sind Hygienepapiere sowie die Gruppe der technischen und Spezialpapiere.

Tabelle 8: Altpapiereinsatzquoten[28] bei der Herstellung der Papiersortengruppen 1995

	Zeitungsdruckpapier	Sonstige Druck- und Pressepapiere	Büro- und Administrationspapiere	Verpackungspapiere	Hygienepapiere	Technische und Spezialpapiere
Altpapiereinsatzquote	115 %	8 %	15 %	95 %	70 %	46 %

Quelle: VdP (1997)

Abgesehen von Zeitungsdruckpapier liegt der Altpapiereinsatz bei den übrigen graphischen Papieren, die knapp 40 % der Papierproduktion ausmachen, auf einem niedrigen Niveau, auch wenn er seit einigen Jahren stetig steigt. Bei den graphischen Papieren werden so genannte holzhaltige und holzfreie Sorten unterschieden. Die holzfreien Sorten bestehen vorwiegend aus Zellstofffasern und enthalten definitionsgemäß einen maximalen Holzstoffanteil von 5 %. Bei diesen Sorten ist daher per Definition kein Altpapiereinsatz möglich, da Altpapier fast immer holzhaltig ist. Als holzhaltige Sorten werden Papiersorten mit einem Holzstoffanteil von mehr als 5 % am Faser-

28 Verhältnis von Altpapiereinsatz zu Papieroutput. Eine Quote von über 100 % ist möglich, da bei der Altpapieraufbereitung Reststoffe anfallen.

stoffeinsatz bezeichnet. In diesem Bereich ist seit einigen Jahren ebenfalls ein steigender Altpapieranteil zu verzeichnen.

Aus statistischen Quellen lassen sich die benötigten Inputs nur für die gesamte Papierproduktion ermitteln (vgl. Tabelle 9). Um diese Inputs den einzelnen Sortengruppen zuzuordnen, wurden zum einen von den oben erwähnten Informationen zum Altpapiereinsatz ausgegangen, zum anderen wurden Informationen aus technikorientierten Datenquellen wie Ökobilanzen oder der papiertechnischen Fachliteratur herangezogen. Damit konnte der Bedarf an Füllstoffen, Pigmenten und Hilfsstoffen näherungsweise zugeordnet werden. Da eine Zuordnung der einzelnen Primärfaserstoffe jedoch weiterhin schwierig blieb, wurden diese in einer Sammelposition „Primärfasern" zusammengefasst und als solche den Papiersortengruppen zugeordnet. Die Inputs und Outputs der Prozesse zur Herstellung der einzelnen Papiersortengruppen sind in Tabelle A-2 im Anhang aufgeführt. Die erforderlichen Transportleistungen für die Papierindustrie enthält Tabelle A-4.

Tabelle 9: Zusammensetzung der Einsatzstoffe zur Papierproduktion 1995

Einsatzstoff	Menge (kt)	Anteile
Holzschliff	987	5,8 %
TMP	333	2,0 %
Sulfitzellstoff	773	4,5 %
Sulfatzellstoff	3.252	19,1 %
Altpapier	8.754	51,4 %
Füllstoffe und Hilfsstoffe	2.939	17,2 %
Summe	17.038	

Quellen: VdP, 1997; StBA, 1997; eigene Berechnung

5.1.2.6 Papier- und Pappeprodukte

Die verschiedenen Papiersorten stellen zum großen Teil Zwischenprodukte dar, die in anderen Branchen weiterverarbeitet werden. Nur ein geringer Teil der Produktion wird ohne weitere Verarbeitung an Endverbraucher geliefert. Im Wesentlichen dürften das Papiersorten sein, die zum Kopieren oder für Computerausdrucke verwendet werden. Die wichtigsten industriellen Branchen zur Verarbeitung von Papier sind das Papier verarbeitende Gewerbe sowie die Druckereien.

Im Papier verarbeitenden Gewerbe lassen sich die folgenden Produktgruppen, die auch im Stoffstrommodell betrachtet werden, unterscheiden (vgl. Tabelle 10). Die Verpackungsproduktion überwiegt ganz deutlich. Allerdings werden Verpackungen nicht nur in der Papier und Pappe verarbeitenden Industrie, sondern zum Teil auch direkt bei den Konsumgüter herstellenden Betrieben (z. B. in der Nahrungsmittelproduktion, Chemischen Industrie oder Elektrotechnischen Industrie) produziert und direkt befüllt (Grefermann, 1986). Diese beziehen die als Rohstoffe benötigten Verpackungspapiere und verarbeiten diese in Eigenregie zu Verpackungen weiter. Das Ausmaß dieser „branchenfremden" Verpackungsproduktion ist schwer zu beziffern, da sie in der Regel in keiner amtlichen Statistik auftaucht.

Tabelle 10: Produktion im Papier verarbeitenden Gewerbe in Deutschland, 1995

Produktgruppe	Produktion (kt)
Packmittel und Verpackungen	5730
Hygienepapierwaren	1284
Schreibwaren und Bürobedarf	541
Sonstige Papierwaren	522

Quelle: HPV (1998); eigene Berechnungen

Für die Erzeugnisse der Druckereien sind in den verfügbaren statistischen Quellen keine Daten zur Produktion in Masseneinheiten vorhanden. Im Stoffstrommodell werden die Druckerzeugnisse in Anlehnung an die amtliche Produktionsstatistik in fünf Gruppen unterteilt:

- Zeitungen und Anzeigenblätter,
- Zeitschriften,
- Bücher,
- Kataloge und Werbedrucksachen sowie
- Geschäfts- und sonstige Drucksachen.

Auch hier gibt es in vielen Unternehmen und Organisationen außerhalb des Druckereigewerbes so genannte Hausdruckereien, in denen Druckerzeugnisse, wie z. B. Mitarbeiter- und Kundenzeitschriften in eigener Regie hergestellt werden (Grefermann, 1990). Druckereien sind in der Regel als Dienstleister für andere Unternehmen tätig. Bei der Herstellung von Zeitungen, Zeitschriften und Büchern arbeiten sie eng mit Verlagen zusammen, die diese Erzeugnisse herausgeben. Häufig sind Druckereien auch direkt im Besitz von Verlagen. Die Verlagsaktivitäten werden im Stoffstrommodell nicht direkt abgebildet. Sie beeinflussen jedoch die Nachfrage nach Verlagserzeugnissen auf Papierbasis und damit die Papiernachfrage.

Ein Teil der unter dem Begriff „Technische und Spezialpapiere" zusammengefassten Papiersorten wird ebenfalls in anderen Branchen weiter verarbeitet. Beispiele dafür sind die Verwendung von Dachpappe im Baubereich, Kondensatorpapieren in der Elektrotechnischen Industrie, Zigarettenpapier in der Tabakverarbeitung oder Dekorpapiere in der Möbelfurnierherstellung (Göttsching, 1990). Im Stoffstrommodell wird diese Produktgruppe, die mengenmäßig eine eher geringe Bedeutung hat, zusammengefasst.

Zusammen mit den ebenfalls zu einer Produktgruppe zusammengefassten Papiersorten, die direkt an die Verbraucher gehen, werden in dem Modell elf verschiedene Gruppen von Papierprodukten abgebildet. Diese Unterscheidung nach Papierprodukten ermöglicht es zum einen, produktspezifische Wachstumsraten für die Projektion der Papiernachfrage zu berücksichtigen. Zum anderen ist die Abbildung von Maßnahmen zur effizienteren Papiernutzung und die Einschätzung der vorhandenen Potentiale erst auf der Ebene der Papierprodukte, wo auch das Nutzungsverhalten einbezogen werden kann, in sinnvoller Weise möglich.

Die Zuordnung von Papiersorten zu Papierprodukten ist aufgrund fehlender statistischer Quellen nicht ohne Weiteres durchzuführen. Im Bereich der Papierverarbeitung ergibt sie sich bei einigen Sorten bereits aus ihrer Benennung. So wird Hygienepapier vollständig zu Hygienepapierwaren verarbeitet. Aus Verpackungspapieren werden überwiegend Packmittel und Verpackungen hergestellt. Bei Schreibwaren und Bürobedarf sowie den sonstigen Papierwaren wird eine Zuordnung schwierig. Besonders schwierig ist die Zuordnung auch für den Bereich der Druckerzeugnisse, wo eine große Vielfalt von potentiell einsetzbaren Papiersorten existiert.

Zur Abschätzung der Zuordnung von Papiersorten zu Papierprodukten im Stoffstrommodell wurden verschiedene Literaturquellen herangezogen, insbesondere Marktanalysen, die Informationen zu den Einsatzbereichen der Papiersorten enthalten (Otto/Hennig, 1992; Hennig, 1994; Grefermann, 1986; Grefermann, 1990). Die Zuordnung zu Druckerzeugnissen wurde auf der Basis von Hoppe/Baumgarten (1997) geschätzt, wo eine ähnliche Zuordnung für Westeuropa enthalten ist, allerdings mit einer anderen Sorten- und Abnehmereinteilung. Dabei wurde unterstellt, daß die Verwendungsstruktur der einzelnen Papiersorten in Deutschland und Westeuropa weitgehend übereinstimmt. Über diese Zuordnung wurde auch die Produktionsmenge der Druckerzeugnisse in Masseneinheiten abgeleitet. Für einige Bereiche, z. B. die Schreibwaren und Bürobedarf oder die nicht spezifizierten „sonstigen" Bereiche, für die keine Informationen verfügbar waren, musste die Zuordnung geschätzt werden.

Die im Modell abgebildete Verwendung der Papiersorten zur Herstellung der einzelnen Papierproduktgruppen ist Tabelle A-2 zu entnehmen. Zur Darstellung der Prozesse zur Herstellung von Papierprodukten wurden neben dem Input an Papier der Bedarf an so genannten „Additiven", wie z. B. Klebstoffe in Anlehnung an Großmann et al. (1994) berücksichtigt. Da der spezifische Energiebedarf der Prozesse zum einen wegen der Vielfalt der Verarbeitungsprozesse sehr heterogen ist, und zum anderen im Vergleich zur Papierherstellung eine untergeordnete Bedeutung hat, wurde er hier nicht einbezogen.

5.1.2.7 Distribution und Nutzung der Papierprodukte

Über jeweils sehr spezifische Distributionswege, die Transporte, Groß- und Einzelhandel einschließen können, gelangen die Papierprodukte zu den Nutzern in Wirtschaft und Privaten Haushalten. Die Vielfalt der Distributionsaktivitäten ist mangels verfügbarer Daten im Stoffstrommodell nicht abgebildet. Auf der Distributionsstufe wird lediglich einbezogen, dass unverkäufliche Zeitungen, Zeitschriften und Bücher von den Verlagen als sogenannte „Remittenden" zurückgenommen und zur Altpapierverwertung abgegeben werden.

Der überwiegende Teil der Papierprodukte hat eine sehr kurze Nutzungsdauer und fällt danach direkt als Abfall an. Dies gilt besonders für Verpackungen, deren Funktion im Wesentlichen darin besteht, die Bereitstellung anderer Güter ohne Schaden und in einer bestimmten Qualität zu gewährleisten. Andere Beispiele sind Zeitungen, Zeitschriften oder Hygienepapierwaren. Eine längere Lebensdauer haben z. B. Bücher und andere archivierte Papierprodukte, Tapeten oder auch einige Erzeugnisse aus technischen Papiersorten wie z. B. Dachpappe. Der Anteil der langlebigen Produkte am gesamten Papierverbrauch wird auf knapp 8 % geschätzt (Großmann et al., 1994).

Im Stoffstrommodell wird der Verbleib der Papierprodukte nach der Nutzungsphase für jede Papierproduktgruppe getrennt betrachtet. Drei Möglichkeiten werden unterschieden:

- der Verbleib als langlebiges Produkt (mit einer Lebensdauer von mehr als einem Jahr),
- der Verbleib als potentiell erfassbares Altpapier oder
- der Verlust, z. B. von Hygienepapierwaren über das Abwasser oder den Restmüll.

Für das Jahr 1995 stellt sich der Verbleib der im Inland genutzten Papierprodukte wie in Tabelle 11 aufgeführt dar.

5.1.2.8 Altpapiererfassung

Beim Altpapierpotential lassen sich drei Fraktionen unterscheiden (Göttsching et al., 1996):

- Produktionsausschuss in der Papierindustrie und den Papier verarbeitenden Industriezweigen,
- Papierprodukte, die hergestellt werden, aber nicht in die Nutzungsphase gelangen (vor allem Remittenden, d.h. unverkaufte Zeitungen, Zeitschriften und Bücher),
- gebrauchte Papierprodukte, die im Anschluss an ihre Nutzung zur Entsorgung anstehen.

Tabelle 11: Verbleib der 1995 in Deutschland genutzten Papierprodukte

	Inlands-verwendung (kt)	Langlebige Produkte	Altpapier-potential	Verluste
Zeitungen	1.944	5 %	91 %	4 %
Zeitschriften	1.288	5 %	91 %	4 %
Bücher	304	70 %	30 %	0 %
Werbedrucksachen	1.378	0 %	96 %	4 %
Sonst. Druckwaren	450	5 %	91 %	4 %
Verpackungen	5.343	3 %	93 %	4 %
Hygienewaren	1.093	0 %	0 %	100 %
Schreibwaren	533	9 %	90 %	1 %
Sonstige Papierwaren	489	40 %	30 %	30 %
Unverarbeitete Papiere [1)]	1.331	22 %	65 %	13 %
Insgesamt	14.153	8 %	79 %	13 %

1) „Unverarbeitete Papiere" sind eine Sammelposition, die einerseits Papiersorten umfasst wie Kopier- und Druckerpapiere, die nicht weiter verarbeitet werden, und andererseits technische und Spezialpapiere, die in anderen Industriezweigen als der Papierverarbeitung und Druckereien weiterverarbeitet werden.

Quellen: Großmann et al. (1994); eigene Berechnungen und Annahmen

Die ersten beiden Fraktionen werden zum Pre-Consumer-Altpapier zusammengefasst, während die dritte Fraktion als Post-Consumer-Altpapier bezeichnet wird. Nicht zum Altpapierpotential gehören Papierwaren, die nicht erfassbar sind, z. B. weil sie über das Abwasser entsorgt (Toilettenpapier) oder verbrannt werden und solche, die aufgrund ihres Verschmutzungsgrades nicht zur Verwertung geeignet sind (gebrauchte Hygienepapierwaren oder Tapeten).

In der Papierindustrie anfallender Produktionsausschuss wird direkt in den Papierfabriken wieder zur Papierherstellung verwendet. Die in den Papier verarbeitenden Industrien anfallenden Produktionsausschüsse gehen in der Regel an den Altpapierhandel. Ebenso werden Remittenden vom Handel über die Verlage an den Altpapierhandel abgegeben.

Zur Erfassung und Rückführung gebrauchter Papierprodukte ist eine deutlich aufwendigere Logistik erforderlich, da diese flächendeckend anfallen. Wichtige Anfallstellen sind:

- ein- und auspackende Gewerbe- und Handelsbetriebe,
- sonstige Unternehmen, insbesondere Dienstleistungsunternehmen,
- die öffentliche Verwaltung und
- private Haushalte.

Zur Erfassung des Altpapiers ist in den deutschen Gebietskörperschaften eine Vielzahl von Erfassungssystemen im Einsatz, die wiederum von verschiedenen Akteuren betrieben werden. Es lassen sich sogenannte Hol- und Bringsysteme unterscheiden, die häufig auch kombiniert zum Einsatz kommen. Die wichtigsten sind:

- Depotcontainer, die flächendeckend in einem Entsorgungsgebiet aufgestellt werden und zu denen die Verbraucher ihr Altpapier bringen können (Bringsystem),
- haushaltsnahe Altpapier- oder gemischte Wertstofftonnen, die von öffentlichen oder privaten Entsorgungsunternehmen regelmäßig geleert werden (Holsystem)und
- Bündelsammlungen, bei denen vorwiegend karitative bzw. gemeinnützige Organisationen das Altpapier straßenweise bei den Haushalten abholen (Holsystem).

In der Vergangenheit und insbesondere seit Inkrafttreten der Verpackungsverordnung im Jahr 1991 ist die Rücklaufquote von Altpapier, d.h. der Anteil des erfassten Altpapiers an der verbrauchten Papiermenge, deutlich gestiegen. Zugenommen haben jedoch vorwiegend die unteren Altpapierqualitäten, die z. B. über das Duale System in den Haushalten erfasst werden. Da die Nachfrage nach diesen Altpapiersorten im Inland nicht in gleichem Maße gestiegen ist, kam es in den vergangenen Jahren zu einer deutlichen Zunahme der Altpapierexporte. Zur Deckung ihres Bedarfs an höheren Altpapierqualitäten ist die Papierindustrie weiterhin auf Importe angewiesen. Vom inländisch verfügbaren Altpapierpotential wird der überwiegende Teil in der Papierindustrie eingesetzt. Der Rest wird entweder separat erfasst und außerhalb der Papierindustrie verwertet (z. B. in Kompostierungsanlagen) oder gar nicht erfasst und mit dem Hausmüll beseitigt (vgl. Tabelle 12).

Tabelle 12: Aufkommen und Entsorgung von Altpapier 1995 in Deutschland

		Menge in kt	Anteil am Inlandsverbrauch Papierprodukte
	Inlandsverbrauch Papierprodukte	14.153	100,0 %
-	Langlebige Produkte	1.094	7,7 %
-	Nicht erfassbare/verwertbare Papierabfälle	1.847	13,1 %
=	Altpapierpotential aus Papierprodukten	11.211	79,2 %
+	Pre-consumer-Papierabfälle	1.435	10,1 %
+	Altpapierimporte	1.141	8,1 %
=	Potentielles Altpapieraufkommen	13.787	97,4 %
-	Altpapierexporte	3.212	22,7 %
=	Inländisches Altpapierpotential	10.575	74,7 %
	- davon in der Papierindustrie genutzt	8.753	61,8 %
	- außerhalb Papierindustrie entsorgt	1.822	12,9 %

Quellen: Großmann et al. (1994); eigene Berechnungen

Der Bereich der Altpapiererfassung und des Altpapierhandels ist in seiner Gesamtheit schwierig abzubilden. Dies liegt an der Vielzahl der bestehenden Erfassungssysteme und beteiligten Akteure, die bisher statistisch nur unzureichend erhoben werden. Da dieser Bereich zudem in den amtlichen Input-Output-Tabellen nicht adäquat abgebildet ist, führt unter den Gesichtspunkten der Modellkopplung eine detaillierte Betrachtung im Stoffstrommodell nicht weiter. Die wesentliche Funktion dieses Bereichs im Stoffstrommodell ist die quantitative Abbildung des Altpapierkreislaufs von den gebrauchten Papierprodukten und den Produktionsabfällen zurück in die Papierproduktion sowie die Einbeziehung der wesentlichen Stellschrauben für die Veränderung dieses Kreislaufs.

5.1.2.9 Energiebedarf und Energieversorgung in der Papierkette

Um die durch Materialeffizienzstrategien erzielbaren Energieeinsparungen einschätzen zu können, ist es notwendig, die zukünftig erschließbaren Energieeinsparpotentiale innerhalb der Papierkette einzubeziehen. Im Stoffstrommodell werden daher die wichtigsten Energieverbraucher ebenfalls abgebildet. Innerhalb der Papierkette fällt der Hauptanteil des Energiebedarfs eindeutig auf die Bereiche der Faserstoff- und der Papierherstellung. Die Betrachtung des Energiebedarfs und der Energiebereitstellung konzentriert sich daher auf diese Produktionsbereiche.

Dazu wird für jeden energetisch relevanten Prozess der Bedarf an Strom und Wärme abgebildet. Die Energiebereitstellung wird nicht prozessspezifisch abgebildet, sondern als ein Modul, das den gesamten Energiebedarf der Papierindustrie abdeckt (vgl. Abbildung 14). Das Modell trennt also zwischen Energiebedarf und Energiebereitstellung.

Die Papierindustrie erhält einen Teil ihres Strom- und Wärmebedarfs aus dem öffentlichen Netz. Aufgrund des kontinuierlich hohen Strom- und Wärmebedarfs erfolgt jedoch die Energiebereitstellung in der Papierindustrie zu einem großen Anteil über Kraft-Wärme-Kopplungsanlagen (KWK-Anlagen). 1995 wurden fast 40 % des Strombedarfs und über 80 % des Dampfbedarfs in KWK-Anlagen erzeugt. Der Brennstoffbedarf zur Wärme- und Stromerzeugung wurde überwiegend durch Erdgas (51 %) und Kohle (25 %) gedeckt. Reststoffe aus den Produktionsprozessen (Schwarzlauge, Rinden, Spuckstoffe) trugen mit knapp 12 % zum Brennstoffbedarf bei.

Zwischen dem Stoffstrommodell und dem Energiesubmodul besteht eine Verbindung bei den energetisch verwertbaren Reststoffen aus der Papierindustrie (Prozess „Energetische Reststoffverwertung“ in Abbildung 15). Damit wird es möglich, bei Annahmen zur Steigerung des Einsatzes dieser Reststoffe zur Energieerzeugung die Konsistenz mit dem Aufkommen dieser Reststoffe, das an die Papier- und Faserstoffproduktion gekoppelt ist, herzustellen.

Abbildung 14: Die Energieversorgung der Papierindustrie im Stoffstrommodell

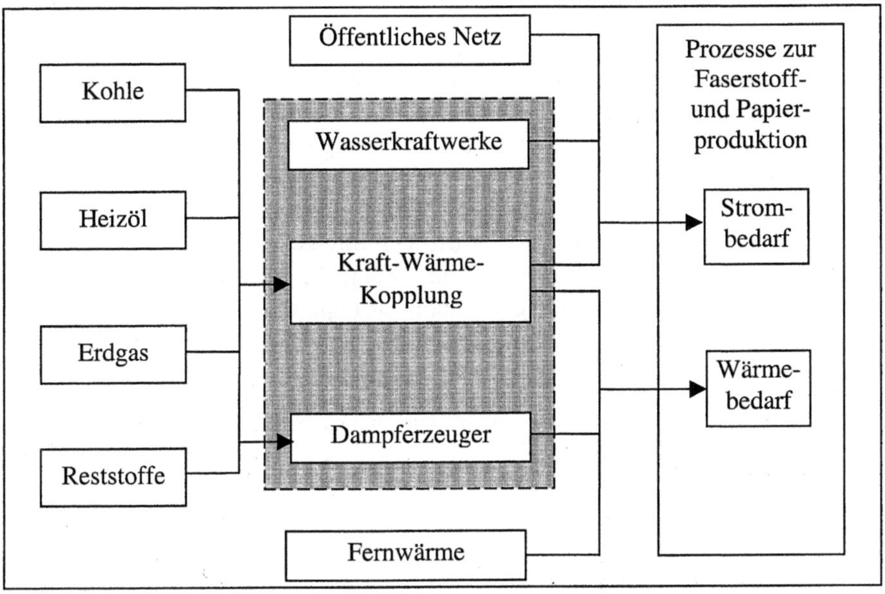

Quelle: Eigene Darstellung

Im Modell sind die relevanten Parameter der Energiebereitstellung, wie z. B. Wirkungsgrade und Brennstoffausnutzungsgrade, Brennstoff-Mix, Anlagen-Mix veränderbar, um in der Zukunft erwartete Veränderungen abzubilden. Ebenso können neue Techniken der Energiebereitstellung wie z. B. Blockheizkraftwerke eingeführt werden.

Die im Stoffstrommodell angesetzten prozessspezifischen Strom- und Wärmebedarfskennzahlen (vgl. Tabelle A-3) basieren auf verschiedenen technikorientierten Datenquellen, wie z. B. Ökobilanzen, Angaben aus der Fachliteratur, Technikdatenbanken und Einschätzungen von Branchenfachleuten. Eine wichtige Datenquelle war die IKARUS-Datenbank (FIZ, o.J.). Als Kontrollgröße für diese einzeltechnikbezogenen Daten dienten die amtliche Statistik sowie die Verbandsstatistik, aus denen der gesamte Energieverbrauch in der Papierindustrie zu entnehmen ist. Aus diesen Statistiken ergibt sich auch der Brennstoff-Mix der Energiebereitstellung in der Papierindustrie.

5.1.2.10 Der Stoffstrom „Papier" 1995 als Stoffstrommatrix

Das gesamte Stoffstromsystem, das sich aus der Vernetzung der einzelnen Prozesse untereinander ergibt, ist als schematische Stoffstrommatrix in Abbildung 15 dargestellt. Die Darstellung folgt dabei den in Abschnitt 4.2.1 gemachten Ausführungen und entspricht dem Aufbau von Abbildung 5. Die ausführliche Matrix mit den realen physischen Stoffströmen enthält Tabelle A-5 im Anhang. Die Inputs und Outputs der Prozesse werden darin in absoluten Größen aufgeführt. Sie beziehen sich auf das Basisjahr 1995.

Die Kernmatrix enthält die Stoffströme zwischen den modellendogenen Prozessen. Aus Gründen der Übersichtlichkeit wurde einige Prozesse zusammengefasst. Der Prozess „Wärme aus TMP“ stellt die Wärmerückgewinnung im TMP-Prozess dar, wobei die Wärme als Koppelprodukt von dem eigentlichen Prozesserzeugnis getrennt wurde. Ebenso wurde ein Prozess „Energetische Reststoffverwertung“ eingeführt, der die Nutzung von Reststoffen der Papierindustrie zur Stromeigenerzeugung sowie zur Dampferzeugung einbezieht. Unter der Kernmatrix sind die modellfremden Inputs, die primären ökologischen Inputs und die gleichartigen Importe aufgeführt. Der Bereich rechts neben der Kernmatrix enthält die Stoffströme an die modellfremde Nachfrage und die Stoffabgaben an die Umwelt.

Abbildung 15: Schematische Übersicht über die Stoffstrommatrix für die Abbildung der Papierkette

	Energieumwandlung in der Papierindustrie		Holzentrindung	Faserstoff-/ Papierherstellung			Papierverarbeitung	Druckereien	Nutzung von Papierprodukten	Entsorgung		Modellfremde Nachfrage				Output an die Umwelt
	Strom	Wärme aus TMP		Altpapieraufbereitung	Holz-/ Zellstoffe	Papierherstellung				Altpapiererfassung	Energet. Reststoffverwertung	Langlebige Produkte	Sonstige Entsorgung	Chem. Industrie	Exporte	
Inputs aus modellendogenen Sektoren																
Strom aus Eigenerzeugung				x	x	x										
Wärme aus TMP-Produktion						x										
Holz, entrindet					x						x					
Altpapierstoff						x					x					x
Holz-/ Zellstoffe		x				x					x			x	x	x
Papier							x	x	x		x	x			x	x
Papierverarbeitung									x			x				
Druckereien									x			x				
Nutzung										x			x			x
Altpapiererfassung				x											x	
Energet. Reststoffverwertung	x			x	x	x										
Modellfremde Inputs																
Fremd-Strom	x			x	x	x										
Erdgas	x			x		x										
Kohle	x			x		x										
Mineralöl	x			x		x										
Industrierestholz					x											
Füllstoffe/ Streichpigmente						x										
Chemische Hilfsstoffe				x	x	x										
Bahn-, Schiffs-, Lkw-Transporte				x	x	x										
Inputs primäre Rohstoffe																
Waldholz			x													
Gleichartige Importe				x	x	x	x	x		x						

x: Stoff- bzw. Energiestrom ist im Stoffstrommodell berücksichtigt

Quelle: Eigene Darstellung

5.2 Die Kopplung der Modelle

5.2.1 Methodische Vorarbeiten

5.2.1.1 Die Abbildungstreue der Papierkette in den amtlichen IO-Tabellen zwischen 1978 und 1990

Bei der Zusammenstellung von Input-Output-Tabellen wird auf eine Vielzahl von statistischen Primärquellen zurückgegriffen, die zum Teil nicht originär zu diesem Zweck erhoben werden. Bis zur endgültigen Zusammenstellung der IO-Tabellen werden außerdem verschiedene Schritte zur Transformation und Anpassung der Daten durchgeführt. Hierbei kommen auch Modellannahmen und Plausibilitätsüberlegungen zum Einsatz, die dazu dienen, ein gesamtwirtschaftlich konsistentes Rechenwerk zu generieren. Annahmen und Methoden, die - auf gesamtwirtschaftlicher Ebene betrachtet - unproblematisch sein mögen, können jedoch im Prinzip zu einer Verzerrung der Abbildung einzelner Sektoren führen. Bei einem Vorhaben wie dem hier beschriebenen, bei dem die detaillierte Betrachtung intrasektoraler Zusammenhänge und Entwicklungen eine wichtige Rolle spielt und der Versuch der Verknüpfung von IOT-Daten mit Daten der Prozessebene unternommen wird, ist es daher von Interesse festzustellen, wie gut die Input-Output-Tabellen die realen Produktionsverhältnisse in dem oder den betrachteten Sektor(en) wiedergeben. Da die einzelnen Schritte bei der Erstellung der Input-Output-Tabellen und die dahinter liegenden Annahmen nicht im Einzelnen nachvollziehbar sind, kann die Güte der Abbildung eines einzelnen Sektors nicht ohne Weiteres beurteilt werden. Für die vorliegende Arbeit wurde daher mit einem empirischen Test versucht, einen Eindruck von der Abbildungsgüte in Bezug auf die Papierkette zu gewinnen. Eine ausführliche Beschreibung der dabei durchgeführten Analysen ist in Immenschuh (1998) enthalten. Die weiteren Ausführungen basieren auf dieser Arbeit.

Für die Jahre 1978 bis 1990, für die im Zweijahresabstand vergleichbare IO-Tabellen vorliegen[29], wurde untersucht, in wie weit die Entwicklung der Vorleistungen des Papiersektors in den IO-Tabellen die realen technischen und strukturellen Entwicklungen in der Papierindustrie widerspiegeln. Zum Vergleich wurden vorwiegend statistische Daten aus den jährlichen Leistungsberichten des Verbandes Deutscher Papierfabriken (VDP) herangezogen, die die Vorleistungsverbräuche der Papierherstellung in physischen Einheiten dokumentieren.

---

29 Für die Jahre ab 1991 werden die IO-Tabellen nur noch für das gesamte Bundesgebiet, einschließlich der neuen Bundesländer, veröffentlicht. Wegen der mit der deutschen Vereinigung verbundenen Strukturbrüche sind diese mit den Tabellen für die vorangegangenen Jahre nicht mehr vergleichbar.

Die Inputkoeffizienten eines IO-Sektors stellen gleichsam seine aggregierte Produktionsfunktion dar. Um diese im Zeitablauf vergleichbar zu machen und reine Preiswirkungen auszuschalten, wurde vor der Bildung der Koeffizienten eine Preisbereinigung der absoluten Vorleistungswerte und des Produktionswerts der Papierindustrie durchgeführt. Dazu wurden inländische und importierte Vorleistungen getrennt auf die Preisbasis von 1990 umgerechnet und anschließend zusammengefasst. Zur Preisbereinigung wurden Preisindizes verwendet, die vom Statistischen Bundesamt für IO-Tabellen berechnet wurden. Es handelt sich dabei um „Zeilenindizes" und nicht um „Felderindizes". Sie beziehen sich also auf den gesamten Output der Sektoren und nicht nur auf deren Lieferungen an die Papierindustrie. Falls der Gütermix, den die Papierindustrie von einem Sektor bezieht, signifikant vom durchschnittlichen Gütermix des liefernden Sektors abweicht, kann die Preisbereinigung einen verzerrenden Einfluss auf die Zeitreihe der Inputkoeffizienten haben. Dieser ist bei der Interpretation der Koeffizientenentwicklung zu berücksichtigen. Trotz dieser Einschränkung wurden die Preisindizes unverändert übernommen, da andere angemessenere Indizes nicht verfügbar sind.

Die IO-Tabellen der Jahre 1986, 1988 und 1990 wurden vom Statistischen Bundesamt nach einer Revision veröffentlicht, so dass diese mit den IO-Tabellen der früheren Jahre nicht vollständig vergleichbar sind (StBA, 1994). Bei einem Vergleich der IO-Daten mit den physischen Daten sind also auch revisionsbedingte Störeinflüsse möglich.

In den Vergleich wurden die wichtigsten materiellen Vorleistungen der Papierindustrie einbezogen. Diese umfassen den Einsatz von

- Waldholz und Industrierestholz,
- Primärfasern,
- Altpapier zur Gewinnung von Sekundärfasern,
- Energieträgern sowie
- Füllstoffen und Streichpigmenten.[30]

Die Vergleichsdaten stammen aus den Verbandsstatistiken des VDP sowie zum Einsatz von Füllstoffen und Streichpigmenten aus eigenen Modellrechnungen. Obwohl die Verbandsangaben von institutionell gegliederten Wirtschaftseinheiten stammen, sind sie weitgehend mit den funktional gegliederten Daten der IO-Tabellen vergleichbar, da nach der amtlichen Produktionsstrukturstatistik branchenfremde Erzeugnisse in der Papierindustrie nur zu einem sehr geringen Anteil (ca. 3 %) hergestellt werden (StBA, 1996b).

---

30 Der ebenfalls wichtige Bereich des Einsatzes von chemischen Hilfsstoffen konnte aufgrund mangelnder Datenverfügbarkeit nicht berücksichtigt werden.

Die Vergleichsmethode bestand darin, eine Zeitreihe preisbereinigter Vorleistungsinputs der entsprechenden Zeitreihe physischer Daten gegenüberzustellen. Aufgrund unterschiedlicher Einheiten wurde die relative Entwicklung beider Zeitreihen verglichen, wobei die Datenpunkte für 1990 auf 100 % normiert wurden.

Die Ergebnisse des Vergleichs zeigen, dass die realen Trends in den Daten der IO-Tabellen weitgehend abgebildet sind. Ein Beispiel für eine gute Abbildung ist der Einsatz von Primärfaserstoffen, der mit den sektorinternen Vorleistungen der Papierindustrie verglichen wurde (vgl. Abbildung 16). Ähnlich gut wurden die Verbräuche von Industrierestholz sowie der Energieträger Strom, Kohle und Erdgas abgebildet.

Abbildung 16: Trendvergleich Halbstoffeinsatz / interne Vorleistungen der Papierindustrie

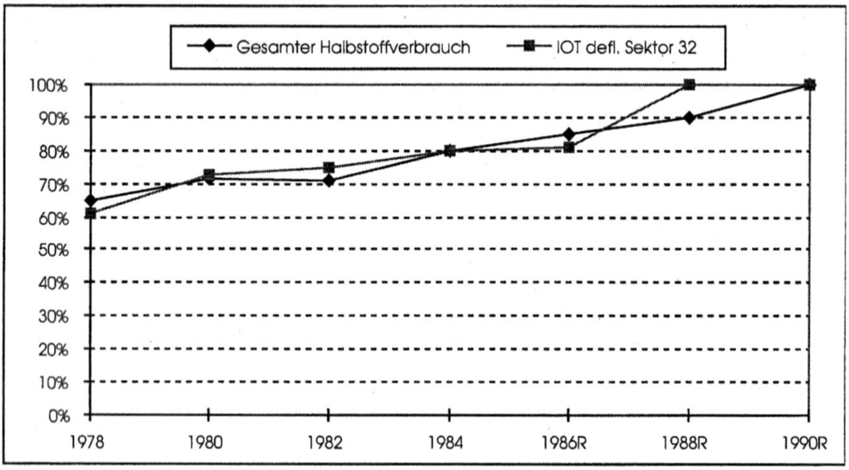

R: nach Revision der IO-Tabellen

Quelle: Immenschuh (1998)

In einigen Fällen wird eine recht gute Abbildung der realen Entwicklung durch Ausreißer in einzelnen Jahren gestört, die sich auf die Preisindizes für diese Jahre zurückführen lassen. Ein Beispiel bietet dafür der Verbrauch von Waldholz (vgl. Abbildung 17). In diesem Fall entwickelt sich der Waldholzverbrauch in physischen Einheiten relativ stetig, während die monetären Vorleistungen der Forstwirtschaft an die Papierindustrie im Jahr 1984 einbrechen. Betrachtet man den nicht preisbereinigten Vorleistungswert für dieses Jahr in Verbindung mit dem Holzverbrauch in physischen Einheiten, so wird deutlich, dass zumindest für die Papierindustrie die Holzpreise stark gesunken sind. Diese Preissenkungen werden durch die Preisbereinigung jedoch nicht ausgeglichen, weshalb der reale Vorleistungswert in diesem Jahr stark sinkt, um im nächsten Jahr wieder zu steigen. Dies ist ein Indiz dafür, dass der Holzsortenmix, den die Papierindustrie als Vorleistung bezieht, nicht dem durchschnittlichen Output der Forstwirtschaft entspricht. Preisschwankungen, die den Holzsortenmix der Papierindustrie und damit ein Teilsegment der forstwirtschaftlichen Produktion treffen, werden deswegen durch die Preisindizes, die für den gesamten Output der Forstwirtschaft ermittelt werden, nicht ausreichend ausgeglichen.

Abbildung 17: Trendvergleich Waldholzverbrauch / Vorleistungen der Forstwirtschaft

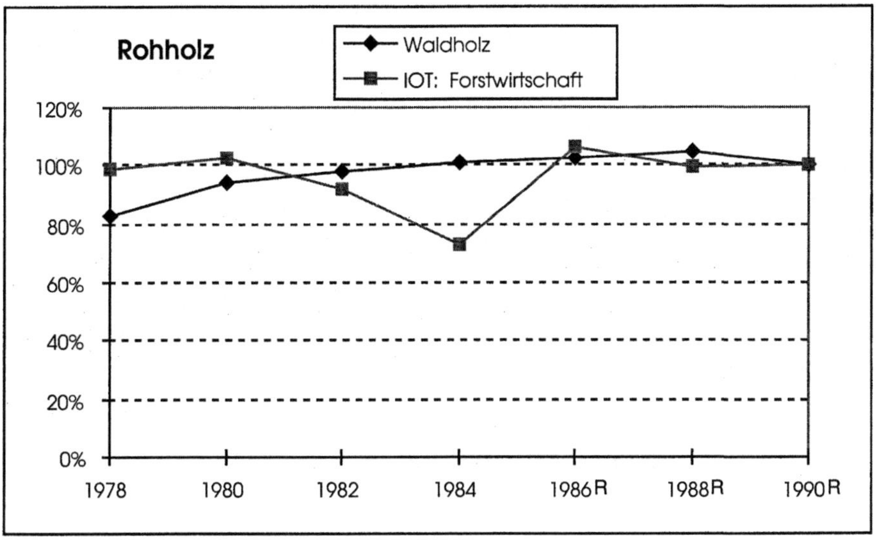

R: nach Revision der IO-Tabellen

Quelle: Immenschuh (1998)

Die mangelnde Angemessenheit der verwendeten Preisindizes ist vermutlich auch der Grund für Trendabweichungen, die beim Verbrauch von Altpapier und Füllstoffen auftreten. Beim Altpapierverbrauch kommt noch hinzu, dass der Altpapierhandel im IO-Modell dem Großhandelssektor zugeordnet ist, aber eher als eine Fremdaktivität in diesem Sektor betrachtet werden muss und daher nicht angemessen abgebildet wird.

Insgesamt werden die realen Entwicklungen in der Papierindustrie durch die IO-Tabellen gut abgebildet. Verzerrungen lassen sich im wesentlichen auf die für die Preisbereinigung verwendeten Preisindizes und die sich im Zeitablauf verändernden statistischen Abgrenzungen zurückführen. Diese Probleme sind jedoch für eine Ex-Ante-Modellierung als unkritisch anzusehen.

5.2.1.2 Anpassung des Modells MIS

In Abschnitt 3.4 ist bereits die Anpassung der sektoralen Gliederung von MIS mit einer Disaggregierung der für den Papierkreislauf wichtigsten Sektoren erwähnt. Im Laufe der Arbeiten zeigte es sich, dass in MIS als eher gesamtwirtschaftlich orientiertem Modell eine Feinsteuerung der exogenen Endnachfrage nicht mit der Genauigkeit möglich ist, wie für die Detailbetrachtung eines kleinen Ausschnitts der Volkswirtschaft erforderlich. Deswegen wurden die Teile des Modells, die für die Modellkopplung besonders relevant sind, nämlich das Mengenmodell und die endogene Berechnung der sektoralen Investitionen, mit der Tabellenkalkulationssoftware Excel mittels Makro-Routinen reproduziert. In der Excel-Version ist es damit möglich, die sektoralen Endnachfragewerte für die Projektionsjahre exakt vorzugeben.

Für die Modellkopplung wurden die in MIS enthaltenen Optionen zur Berücksichtigung von Preiselastizitäten (CES-Funktionen) und des energieeffizienten autonomen technischen Fortschritts mittels AEEI-Faktoren deaktiviert. Damit wurden zwar einerseits Mechanismen zur Berücksichtigung des technischen Wandels in MIS ausgeschaltet, andererseits war es jedoch notwendig, Überlagerungseffekte zwischen den MIS-eigenen Mechanismen und der expliziten Modellierung des technischen und strukturellen Wandels durch die Modellkopplung zu vermeiden.

5.2.2 Durchführung der Modellkopplung

5.2.2.1 Definition der Modellschnittstellen

Mit der Definition der Schnittstellen wird festgelegt, welche Größen des Stoffstrommodells und des IO-Modells voneinander abhängen. Die Festlegung erfolgt einerseits für die Inputschnittstelle und andererseits für die Outputschnittstelle.

Zunächst wurde festgelegt, welche Größen des Stoffstrommodells zur Anpassung von IO-Parametern verwendet werden sollen (Outputschnittstelle). In Tabelle 13 sind die im Stoffstrommodell abgebildeten Prozesse und Input- und Outputkategorien sowie die von diesen beeinflussten IO-Sektoren aufgeführt. Bereiche, die nicht zur Anpassung von IO-Größen führen, sind ebenfalls gekennzeichnet. Dies betrifft zum einen Prozesse mit nicht monetarisierbarem Output, deren Inputs und Outputs im Zuge der Monetarisierung umgeordnet werden. Zum anderen sind dies Bereiche, die aus anderen Gründen den IO-Sektoren nicht zugeordnet werden. Zur Outputschnittstelle zählen nur die in der ersten Kategorie aufgeführten Bereiche.

Tabelle 13: Outputschnittstelle des Stoffstrommodells „Papier“ und beeinflusste IO-Sektoren

Prozess / Input-, Outputkategorie	MIS-Sektor	Prozess mit nicht monetaris. Output	keine IO-Größe beeinflusst
Modellendogene Prozesse			
Strom Papierindustrie	Strom und Dampf		
Wärme aus TMP		x	
Laubholz entrinden		x	
Nadelholz entrinden		x	
Herst. von Holzschliff	Zellstoff/Papier		
Herst. von TMP-Holzstoff	Zellstoff/Papier		
Holzstoffbleiche		x	
Herst. von Sulfitzellstoff	Zellstoff/Papier		
Herst. von Sulfatzellstoff	Zellstoff/Papier		
Mixer Primärfaserstoff		x	
Herst. von Chemiezellstoff	Zellstoff/Papier		
Herst. von AP-Stoff_VP		x	
Herst. von AP-Stoff_HP		x	
Herst. von AP-Stoff_SP		x	
H. von Zeitungsdruckpapier	Zellstoff/Papier		
Herst. von Sonst. Druckpapier	Zellstoff/Papier		
Herst. von Büropapier	Zellstoff/Papier		
Herst. von Verpackungspapier	Zellstoff/Papier		
Herst. von Hygienepapier	Zellstoff/Papier		
Herst. von Sonstiges Papier	Zellstoff/Papier		
Herst. von Papierprodukten			x
Papiernutzung			x
Altpapiererfassung	Dienstleistungen (Großhandel etc.)		
Reststoffe zu Energie		x	
Modellfremde Inputs			
Laubholz mit Rinde	Forstwirtschaft		
Nadelholz mit Rinde	Forstwirtschaft		
Industrierestholz	Sonstige Industrie (Holzbearb.)		
Chemikalien	Chemie/Gumme (Chemie)		
Füllstoffe	Steine und Erden		
Stärke/Leime	Chemie/Gumme (Chemie)		
Hilfsstoffe	Chemie/Gumme (Chemie)		
Additive			x
Bahn (Mio. tkm)	Eisenbahnverkehr		
Schiff (Mio. tkm)	Schiffsverkehr		
Lkw (Mio. tkm)	Sonstiger Verkehr		
Strom	Strom und Dampf		
Raumwärme	Strom und Dampf		
Kohle	Kohle		
Heizöl	Öl		
Erdgas	Gas		
Importe gleichartiger Güter	Importe gleichartiger Güter		
Bereiche der Modellfremden Nachfrage			
Exporte	Exporte		
Chemieindustrie	Chemie/Gummi		
Langlebige Produkte			x
Modellexterne Entsorgung			x

Quelle: Eigene Darstellung

Die in Tabelle 13 aufgeführten Zuordnungen zur letzten Kategorie wurden vor allem wegen fehlender Datengrundlagen vorgenommen. Bei den verschiedenen Prozessen zur Herstellung von Papierprodukten wurde von einer Zuordnung zu IO-Sektoren aus zwei Gründen abgesehen. Zum einen hat es sich als schwierig erwiesen, zu lokalisieren, in welchen IO-Sektoren die einzelnen Aktivitäten stattfinden (vgl. Abschnitt 5.1.3.6). Zum anderen konnte wegen der Prozessvielfalt auch keine detaillierte Ermittlung der Inputs und Outputs erfolgen, so dass eine Verknüpfung mit dem IO-Modell wenig sinnvoll erschien. Für die Bereiche der Papiernutzung und des Verbleibs langlebiger Produkte war eine sektorale Zuordnung ebenfalls nicht verfügbar. Die Additive bei der Herstellung von Papierprodukten, sind mangels genauerer Daten nur als Summenposition erfasst.

Die modellexterne Entsorgung betrifft vor allem die Beseitigung von Altpapier mit dem Hausmüll auf kommunalen Deponien und in Müllverbrennungsanlagen, die sich aufgrund des zunehmenden Altpapierrecyclings verringert. Hier stellt sich die Frage, ob mit dem sinkenden Altpapierstrom an die modellexterne Entsorgung auch der entsprechende monetäre Strom im IO-Modell sinkt. Dieser gibt in erster Linie die Müllgebühren, die die Haushalte an die Kommunen entrichten, wieder. Wegen des hohen Fixkostenanteils der kommunalen Müllentsorgung ist bisher eine Verringerung der Müllgebühren durch die zunehmende Abfalltrennung nicht eingetreten (Müllhandbuch, 2000). Daher kann keine direkte Verbindung von den beseitigten Altpapiermengen zu den Gebühreneinnahmen der Kommunen hergestellt werden. Die modellexterne Entsorgung wurde daher bei der Kopplung mit dem IO-Modell nicht berücksichtigt.

Mit der Inputschnittstelle ist festzulegen, welche Größen des Stoffstrommodells durch Größen des IO-Modells gesteuert werden sollen. Diese sind zum einen die Größen der modellfremden Nachfrage. Zum anderen sind charakteristische Produkte auszuwählen, die zusammen mit der modellfremden Nachfrage den Stoffstrom „Papier" ausreichend bestimmen.

Unter den Größen der modellfremden Nachfrage tragen die folgenden zur Anpassung von IO-Größen bei:

- die Exporte (ohne die der Papierprodukte) sowie
- der Output von Chemiezellstoff.

Langlebige Produkte, die modellexterne Entsorgung von Altpapier und Altpapierexporte werden nicht exogen vorgegeben, sondern ergeben sich aus den Simulationsrechnungen mit dem Stoffstrommodell.

In Bezug auf die Festlegung der charakteristischen Produkte wäre eine Möglichkeit die Wahl der Gesamtheit der Papierprodukte, die den im Modell abgebildeten Kreislauf zusammen mit der modellexogenen Nachfrage ausreichend bestimmen. Die oben angeführten Schwierigkeiten der Zuordnung zu IO-Sektoren sprechen jedoch gegen diese Möglichkeit. Als Alternative bietet sich die Wahl der sechs Papiersortengruppen an, die sich eindeutig dem Papiersektor im IO-Modell zuordnen lassen. Die charakteristische Nachfrage umfasst dann die Inlandsverwendung der Papiersorten. Die zugehörige Steuerungsgröße des IO-Modells ergibt sich dann wie folgt:

  Güteraufkommen des Zellstoff-/ Papiersektors
\- Exporte des Zellstoff-/ Papiersektors
\- Inlandsaufkommen Chemiezellstoff (als Teil der modellexogenen Nachfrage)
\- sektorinterne Vorleistungen des Zellstoff-/ Papiersektors (= Faserstoffe)

= Inlandsverwendung Papier

5.2.2.2 Abgleich der Modelle für das Basisjahr

Der Abgleich zwischen Stoffstrommodell und Input-Output-Modell für das Basisjahr dient dazu festzulegen, zu welchen Teilen die im IO-Modell vorhandenen Güterströme durch das Stoffstrommmodell abgedeckt und hinsichtlich ihrer künftigen Entwicklung erklärt werden. Dazu sind verschiedene Schritte notwendig, die in den Abschnitten 4.2 und 4.3 erläutert wurden. Diese umfassen

- die Monetarisierung der in physischen Einheiten vorliegenden Stoffstrommatrix,
- die Eliminierung der Prozesse mit monetär nicht bewertbarem Output,
- die Ermittlung der im Stoffstrommodell unberücksichtigten Inputs und des Kapitalbedarfs,
- die Umrechnung der resultierenden monetären Stoffstrommatrix in die Sektorgliederung des IO-Modells sowie
- die Berechnung der Anteile, mit denen Aktivitäten und Transaktionen des IO-Modells durch das Stoffstrommodell erklärt werden.

Monetarisierung der physischen Stoffstrommatrix
Für die Monetarisierung waren für die einzelnen Stoff- und Energieströme Ab-Werk- bzw. Ab-Zoll-Preise für das Basisjahr 1995 zu ermitteln. Die für die jeweiligen Aggregationsniveaus benötigten durchschnittlichen Preise waren häufig statistisch nicht erfasst und mussten geschätzt werden. Dazu wurden die folgenden Datenquellen herangezogen:

- Die Produktionsstatistik für 1995 (StBA, 1996), in der die in Deutschland hergestellten Güter großenteils sowohl in physischen als auch in monetären Einheiten aufgeführt sind. Die Daten sind allerdings nicht vollständig, da sie teilweise dem Datenschutz unterliegen und daher nicht veröffentlicht werden.

- Die Außenhandelsstatistik für 1995 (StBA, 1997), die ersatzweise verwendet wurde, wenn die benötigten Angaben aus der Produktionsstatistik gar nicht oder nicht in der gewünschten Abgrenzung verfügbar waren.
- Vereinzelt wurden Angaben aus der Literatur verwendet, wenn in den statistischen Quellen keine brauchbaren Angaben gefunden werden konnten.

Ein Problem stellte in diesem Zusammenhang die teilweise innerhalb eines Jahres stark schwankenden Preise für die Rohstoffe Holz, Altpapier und Zellstoff dar. Zudem war es erforderlich, die monetären Werte, die sich aus der Multiplikation von Mengen und ermittelten durchschnittlichen Preisen ergeben, mit den in den Input-Output-Tabellen veröffentlichten Produktions-, Einfuhr- und Ausfuhrwerten abzustimmen. Die so gewonnenen Preisdaten sind in Tabelle A-6 enthalten.

Eliminierung der Prozesse mit monetär nicht bewertbaren Outputs
Die hierfür in Frage kommenden Prozesse sind bereits in Tabelle 13 gekennzeichnet. Die Inputs und Outputs dieser Prozesse gilt es in geeigneter Weise auf andere Prozesse umzulegen, wobei bei den Outputs nur die Reststoffe zu berücksichtigen sind. Die dazu benötigte Zuordnungsmatrix Γ_S ist in Tabelle 14 zu sehen, wobei sich die Darstellung auf den relevanten Ausschnitt, d.h. die nicht mit Nullen gefüllten Tabellenelemente beschränkt. Der Prozess, der Energie aus innerhalb der Papierindustrie anfallenden Reststoffen gewinnt, wurde nicht berücksichtigt, da hier keine monetär bewertbaren Inputs und Outputs (Reststoffe) vorliegen. Damit würde deren Umordnung die Monetarisierung nicht beeinflussen. Sie kann somit unterbleiben.

Ermittlung der im Stoffstrommodell unberücksichtigten Inputs und des Kapitalbedarfs der modellendogenen Prozesse
Die im Stoffstrommodell abgebildeten modellendogenen Prozesse, die auch zur Anpassung des IO-Modells vorgesehen sind, lassen sich drei IO-Sektoren zuordnen:

- dem Sektor „Strom und Dampf",
- dem Sektor „Zellstoff/Papier" sowie
- dem Sektor Dienstleistungen (Großhandel).

Zur Ermittlung der im Stoffstrommodell unberücksichtigten Prozessinputs wurde zunächst für jeden Prozess ermittelt, wie groß die Differenz zwischen dem Wert des Prozessprodukts und der Summe der einbezogenen Inputwerte ist. Dann wurde jedem Prozess ein Wertschöpfungsanteil – bezogen auf den Wert des Prozessprodukts - zugeordnet, der dem durchschnittlichen Wertschöpfungsanteil des zugehörigen IO-Sektors entspricht. Lag der resultierende Wert der Wertschöpfungsinputs für einen Prozess über der ermittelten Differenz zwischen Output und Inputs, so wurde der Wertschöpfungsanteil entsprechend verringert.

Tabelle 14: Zuordnungsmatrix[31] zur Umordnung der Inputs und Outputs von Prozessen mit monetär nicht bewertbarem Output (Ausschnitt)

	Wärme aus TMP	Laub-holz, entrindet	Nadel-holz, entrindet	Holzstoff gebleicht	Primär-faser-stoffe	Altpapier-Stoff_VP	Altpa-pier-Stoff_HP	Altpa-pier-Stoff_SP
Holzschliff		0,00	0,82	0,73				
TMP-Holzstoff	1,00	0,00	0,00	0,27				
Sulfitzellstoff		0,95	0,17					
Sulfatzellstoff		0,00	0,00					
Chemiezellstoff		0,05	0,01					
Zeitungs-druckpapier					0,02	0,00	0,00	0,66
Sonstiges Druckpapier					0,56	0,00	0,00	0,13
Büropapier					0,12	0,00	0,00	0,05
Verpackungs-papier					0,13	1,00	0,00	0,00
Hygienepapier					0,09	0,00	1,00	0,00
Sonstiges Papier					0,07	0,00	0,00	0,16
Summe	1,00	1,00	1,00	1,00	1,00	1,00	1,00	1,00

Quelle: Eigene Berechnung

Bestand nach Zurechnung der Wertschöpfungsinputs weiter eine Differenz, so wurde diese mit Vorleistungsinputs aufgefüllt, die nicht im Stoffstrommodell abgebildet sind, wie z. B. Dienstleistungen oder andere eher technikunspezifische Inputs. Dabei wurde angenommen, dass die unspezifischen Inputs im gleichen Verhältnis zueinander benötigt werden wie im zugehörigen IO-Sektor. Tabelle 15 verdeutlicht diese Vorgehensweise am Beispiel des Prozesses „Herstellung von Zeitungsdruckpapier". Für diesen Prozess erklären die im Stoffstrommodell abgedeckten Inputs ca. zwei Drittel des inländischen Produktionswerts. Das restliche Drittel wurde durch die Zurechnung der Wertschöpfung und sonstiger Vorleistungsinputs aufgefüllt. Die gesamte um die sonstigen Inputs erweiterte Stoffstommatrix V* in monetären Einheiten zeigt Tabelle A-7.

---

31 Der Matrixausschnitt wird aus Formatierungsgründen transponiert dargestellt, d.h. die Prozesse, die umzuordnen sind, sind in den Spalten und die Prozesse, denen sie zugeordnet werden, in den Zeilen aufgeführt.

Tabelle 15: Ermittlung der sonstigen Inputs für den Prozess „Herstellung von Zeitungsdruckpapier"

		Mio. DM
	Güteraufkommen	3.248
-	Gleichartige Importe	1.405
=	Inlandsproduktion	1.843
-	Wert der im Stoffstrommodell abgedeckten Inputs	1.209
=	Differenz	634
-	Zurechnung Wertschöpfungsinputs	371
-	Zurechnung sonstige Vorleistungsinputs	263
=	Verbleibende Differenz	0

Quelle: Eigene Berechnung

Für den Kapitalbedarf der Prozesse waren nur grobe Schätzungen möglich. Informationen zu durchschnittlichen technikspezifischen Investitionskosten waren nicht verfügbar. Als Informationsquelle wurden daher Literaturangaben zu den Kosten von konkreten Investitionsprojekten in der Papierindustrie ausgewertet. Da sich die einzelnen Investitionsprojekte deutlich unterscheiden, z. B. hinsichtlich der Produktionskapazität oder der technischen Auslegung und aus den veröffentlichten Kostenangaben meistens nicht ersichtlich ist, welche Kostenpositionen einbezogen und welche nicht einbezogen wurden, sind die im Modell angesetzten Kosten mit hohen Unsicherheiten verbunden. Der Kapitalbedarf der Prozesse ist – differenziert nach Ausrüstungen und Bauten - ebenfalls in Tabelle A-7 angegeben.

Die weiteren Schritte bis zur Ermittlung der Anteile, mit denen die Aktivitäten und Transaktionen des IO-Modells durch das Stoffstrommodell abgedeckt sind, können zusammengefasst werden. Aus Tabelle 13 ist zu entnehmen, wie die Prozesse, Input- und Outputkategorien des Stoffstrommodells den Sektoren und Kategorien des IO-Modells zugeordnet werden. Tabelle A-8 enthält eine detailliertere Gegenüberstellung der im Stoffstrommodell abgebildeten Stoffe und Güter mit den IO-Sektoren der amtlichen IO-Tabellen und des Modells MIS. Nach der Umrechnung der Stoffstrommatrix in die Sektorgliederung des IO-Modells können die Anteile, mit denen die Aktivitäten und Transaktionen des IO-Modells durch das Stoffstrommodell abgedeckt sind, berechnet werden. Das Ergebnis der Berechnungen zeigt Tabelle 16.

Drei Sektoren des IO-Modells werden ganz oder teilweise durch das Stoffstrommodell abgedeckt. Die im Stoffstrommodell abgebildete Stromeigenerzeugung innerhalb der Papierindustrie ist im IO-Modell dem Sektor „Strom/Dampf" zuzuordnen. Sie deckt knapp 1 % des sektoralen Güteraufkommens ab. Bei einzelnen Vorleistungen wie den Energieträgern Öl und Gas ist der Abdeckungsgrad deutlich größer. Die Werte sind so zu verstehen, dass 6,9 % der Vorleistungen des Sektors Strom/Dampf aus dem Sektor

Öl und 7,6 % der Vorleistungen aus dem Sektor Gas für die Stromeigenerzeugung in der Papierindustrie benötigt werden. Die übrigen Vorleistungen werden deshalb unterproportional abgedeckt. Der Sektor „Zellstoff/Papier“ wird komplett durch das Stoffstrommodell erklärt. Die Lieferung dieses Sektors an den Chemiesektor korrespondiert mit der Lieferung von Chemiezellstoff, die im Stoffstrommodell Teil der modellexogenen Nachfrage ist und deshalb hier gesondert aufgeführt wird. Gleichzeitig ist sie Teil des Güteraufkommens des Sektors „Zellstoff/Papier“, das komplett abgedeckt wird. Der Altpapierhandel wird in den amtlichen IO-Tabellen dem Sektor „Großhandel und Rückgewinnung“ zugeordnet, der im Modell MIS Teil des sehr heterogenen Dienstleistungssektors ist. An dessen Güteraufkommen hat der Altpapierhandel lediglich einen Anteil von 0,1 %. Der Anteil am Aussenhandel liegt wegen der geringen Außenhandelsquote des Dienstleistungssektors deutlich höher bei gut 1 %. Die Inputs des Altpapierhandels werden aus den bereits erläuterten Gründen nicht explizit vom Stoffstrommodell bestimmt, sondern pauschal entsprechend der durchschnittlichen Inputstruktur des Dienstleistungssektors zugerechnet.

Mit der Kopplung der Modelle sind nun die Voraussetzungen für die Modellrechnungen gegeben.

Tabelle 16: Abdeckungsanteile des Stoffstrommodells am IO-Modell im Basisjahr 1995

	Strom/Dampf	Chemie	Zellstoff/ Papier	Dienst-leistungen
Güteraufkommen	0,9 %		100 %	0,1 %
Vorleistungsinputs				
Kohle	0,9 %		100 %	
Öl	6,9 %		100 %	0,1 %
Gas	7,6 %		100 %	0,1 %
Strom			100 %	0,1 %
Raumwärme			100 %	0,1 %
Zellstoff, Papier	0,5 %	18,1 %	100 %	0,1 %
Bahnverkehr	0,5 %		100 %	0,1 %
Übrige Sektoren	0,5 %		100 %	0,1 %
Wertschöpfungsinputs				
Abschreibungen	0,9 %		100 %	0,1 %
Ind. Steuern – Subvent.	0,9 %		100 %	0,1 %
Eink. aus unselbst. Arbeit	0,9 %		100 %	0,1 %
Eink. aus Unternehmertätigkeit und Vermögen	0,9 %		100 %	0,1 %
Gleichartige Importe			100 %	1,0 %
Exporte			100 %	1,2 %
Kapitalstock				
Ausrüstungen			100 %	
Bauten			100 %	

Quelle: Eigene Berechnung

6 Modellrechnungen mit dem gekoppelten Modell

Als Grundlage für die Modellrechnungen sind Szenarien zur Entwicklung der Papierkette bis 2020 und zur Diffusion der Kreislaufwirtschafts- und Materialeffizienzmaßnahmen zu definieren. Die dabei zu beachtende Methode der Szenariotechnik wird in Kapitel 6.1 in einem Exkurs erläutert. Anschließend werden die betrachteten Szenarien und Szenarioannahmen zur Entwicklung der relevanten Einflussparameter beschrieben. Kapitel 6.2 enthält die Ergebnisse der auf der Basis der Szenarien durchgeführten Modellrechnungen.

6.1 Generierung von Szenarien zur Entwicklung der Wertschöpfungskette „Papier"

6.1.1 Exkurs: Szenariotechnik

Die Szenariotechnik ist eine Methode zur konsistenten Analyse zukünftiger Entwicklungen. Sie kommt in so unterschiedlichen Bereichen wie der strategischen Politikberatung, der Technikfolgenabschätzung oder der strategischen Planung in Unternehmen zum Einsatz.

Nach Gausemeier et al. (1997) ist ein Szenario „eine allgemein verständliche Beschreibung einer möglichen Situation in der Zukunft, die auf einem komplexen Netz von Einflussfaktoren beruht. Ein Szenario kann darüber hinaus die Darstellung einer Entwicklung enthalten, die aus der Gegenwart zu dieser Situation führt". Szenariobetrachtungen sind besonders bei komplexen Systemen mit vielen Einflussfaktoren und hohen Unsicherheiten hinsichtlich der künftigen Entwicklung dieser Einflussfaktoren angebracht. Von Prognosen unterscheiden sie sich dadurch, dass nicht versucht wird, die wahrscheinliche Entwicklung vorherzusagen. Häufig werden alternative Szenarien entworfen, in denen konsistente Annahmen zu Umfeldveränderungen, Entwicklungstrends und Maßnahmen gebündelt werden (Steinmüller, 1999).

Zur Strukturierung von Szenario-Analysen sind vielfältige Vorschläge gemacht worden, die sich hinsichtlich der Vorgehensweise und der verwendeten Begriffe leicht unterscheiden (vgl. z. B. Gausemeier et al., 1997; Schwartz, 1996; v. Reibnitz, 1991; Graf, 1999; Steinmüller, 1999).

Steinmüller (1999) nennt acht Schritte, die typischerweise bei einer Szenarioanalyse durchlaufen werden:

(1) Problem- und Aufgabenanalyse, Strukturierung des Untersuchungsfeldes

(2) Umfeldanalyse, Identifikation der Einflussfaktoren (Deskriptoren)

(3) Erarbeitung von Projektionen für die Deskriptoren (Trends bzw. Annahmen über die künftige Ausprägung)

(4) Konsistenzprüfung, Alternativenbündelung: Bildung konsistenter Annahmenbündel über die künftige Ausprägung der Deskriptoren

(5) Konstruktion der Szenarien aus den konsistenten Annahmebündeln, „Scenario Writing"

(6) Störereignisanalyse, Akteursanalye

(7) Wirkungsanalyse: Identifikation möglicher Konsequenzen der Szenarien für das Untersuchungsfeld

(8) Szenario-Transfer: Lösungssuche, Maßnahmenvorschläge, Implementierung.

Für diese Schritte sind verschiedene Methoden entwickelt worden, die z. B. dazu verhelfen, Abhängigkeiten zwischen den Einflussfaktoren zu erkennen (per Vernetzungsmatrix), die Konsistenz der Annahmen zur Entwicklung der Einflussfaktoren zu wahren (Konsistenzanalyse), oder aus den Projektionen der Einflussfaktoren zu möglichst homogenen und gleichzeitig verschiedenartigen Szenarien zu gelangen (z. B. Clusteranalyse).

In der Szenariotechnik wird der Gegenstandsbereich vom Umfeldbereich unterschieden (Steinmüller, 1999). Der Gegenstandsbereich ist das eigentlich interessierende System, das Gegenstand der Szenarioanalyse ist. Der Umfeldbereich umfasst alle externen Einflussfaktoren, die die Entwicklung des Gegenstandsbereichs beeinflussen können. Entsprechend werden Szenarien zum Gegenstandsbereich und Umfeldszenarien unterschieden, je nachdem wo der Schwerpunkt der Szenarienbetrachtung liegt.

Die skizzierte Vorgehensweise dient vor allem dazu, die Vielfalt möglicher zukünftiger Entwicklungen in einer handhabbaren Zahl von unterschiedlichen, aber jeweils in sich konsistenten Szenarien zu bündeln. In der für energie- und umweltpolitische Fragestellungen angewandten Systemanalyse wird der Begriff der Szenarienanalyse häufig auch anders verwendet. Im Mittelpunkt stehen hier häufig die wesentlichen Energie verbrauchenden und Umwelt belastenden Aktivitäten sowie Maßnahmen zur Energieeinsparung bzw. Umweltentlastung. Eine weitere wichtige Fragestellung umfasst die Analyse der Wirkungen der umweltentlastenden Maßnahmen innerhalb des betrachteten Systems. In diesem Fall geht es dann weniger um die Generierung möglichst verschieden gearteter Szenarien, sondern um den Vergleich eines Entwicklungsszenarios ohne Maßnahmen, auch als Referenzszenario bezeichnet, mit Szenarien unter Berücksichtigung der zu untersuchenden Maßnahmen. Gegenüber der statischen Betrachtung des Systems ohne und mit Maßnahmen ermöglicht die Einbeziehung von Szenarienbetrachtungen in eine derartige Wirkungsanalyse eine dynamischere Betrachtungsweise.

In dieser Arbeit steht die Wirkungsanalyse von Materialeffizienzstrategien im Mittelpunkt. Eine umfassende Anwendung der oben genannten Szenariotechniken insbesondere für den Umfeldbereich der Wertschöpfungskette „Papier“ hätte die Einbeziehung verschiedener politischer, wirtschaftlicher, sozialer und kultureller Einflussfaktoren erfordert, was im Rahmen dieser Arbeit nicht möglich war. Dennoch wurde bei der Generierung der Szenarien versucht, den oben genannten Gesichtspunkten Rechnung zu tragen.

6.1.2 Wahl der Szenarien

Im Mittelpunkt der Szenarioanalyse steht der mit Materialeffizienz- und Kreislaufwirtschaftsstrategien verbundene technische und strukturelle Wandel innerhalb der Wertschöpfungskette „Papier“. Diese bildet damit mit den in Kapitel 5 beschriebenen Systemgrenzen den Gegenstandsbereich der Betrachtung. Innerhalb des Gegenstandsbereichs sind die Einflussfaktoren zu identifizieren, die die Energie- und Ressourceneffizienz innerhalb der Papierkette entscheidend beeinflussen. Von besonderer Bedeutung sind hierbei

- die Höhe des Papierverbrauchs und der Papiersortenmix,
- die Papierproduktion mit dem produzierten Sortenmix, die sich aus dem Papierverbrauch und dem Außenhandel mit Papier ergibt,
- der Faserstoff-Mix der Papiersorten, insbesondere die Altpapiereinsatzquote,
- Altpapieraufkommen und –bedarf,
- die Energieeffizienz der Prozesse und
- die Effizienz der Energiebereitstellung.

Diese Parameter sind zum Teil voneinander abhängig und werden zunächst unmittelbar durch Entwicklungstrends innerhalb des Gegenstandsbereichs beeinflusst. Hierzu zählen zum Beispiel die Innovation und Diffusion neuer bzw. verbesserter Prozesse und ein verändertes Verhalten der Akteure des Gegenstandsbereichs, z. B. bei der Akzeptanz von Recyclingpapier oder bei der Nutzung von Papierprodukten. Darüber hinaus sind auch wichtige Einflussfaktoren des Umfeldbereichs in die Szenariobetrachtung einzubeziehen, wie z. B.

- die gesamtwirtschaftlichen Entwicklung, von der auch der Papierverbrauch abhängt;
- die Entwicklung wichtiger Papierabnehmer, die sich auf den Papierverbrauch sowie den Papiersortenmix auswirkt;
- technische Entwicklungen außerhalb der Papierkette, insbesondere in der Informations- und Kommunikationstechnik (IuK-Technik) vor dem Hintergrund eines möglichen Einflusses auf die Papiernachfrage;

- politische und institutionelle Rahmenbedingungen;
- sozio-ökonomische Faktoren, wie z. B. veränderte Verbraucherpräferenzen.

Der Schwerpunkt der Szenariobetrachtungen liegt jedoch auf dem Gegenstandsbereich. Auch wenn Annahmen zur Entwicklung des Umfeldbereichs mit Unsicherheiten verbunden sind, ist es im Rahmen dieser Arbeit nicht das Ziel, mehrere unterschiedliche Entwicklungspfade der Umfeldfaktoren zu analysieren. So wurde für alle Szenarien eine identische Entwicklung des gesamtwirtschaftlichen Umfelds unterstellt. Die Variation der Szenarioannahmen konzentriert sich hingegen auf die Variablen des Gegenstandsbereichs und einiger relevanter Variablen des Umfeldbereichs, wie z. B. das Verbraucherverhalten oder die Entwicklung der IuK-Technik.

Maßnahmen zur Erhöhung der Ressourcen- und Energieeffizienz können an verschiedenen Stellen ansetzen. Die folgenden Kreislaufwirtschafts- und Materialeffizienzstrategien wurden in die Szenariobetrachtungen einbezogen:

- die effizientere Nutzung von Papier zur Erzielung eines unveränderten Nutzens (verbesserte Materialeffizienz),
- die Substitution von Papier durch elektronische Medien für Informations- und Kommunikationszwecke (materialeffiziente Produktsubstitution),
- die verstärkte Kreislaufführung von Papier (Recycling).

Daneben wurden auch Maßnahmen zur Erhöhung der Energieeffizienz betrachtet, da der Beitrag von Materialeffizienzstrategien zur Energieeinsparung und zum Klimaschutz auch von der Energieeffizienzentwicklung der betrachteten Prozesse abhängt.

Neben dem Aspekt der Wirkungsanalyse ist bei der Szenarienbildung auch die methodische Zielsetzung zu beachten, nämlich, die isolierte Anwendung eines IO-Modells mit der Anwendung eines mit einem Stoffstrommodell gekoppelten IO-Modells zu vergleichen. Daher ist der Methodeneffekt von den Maßnahmeneffekten möglichst getrennt zu betrachten.

Unter Berücksichtigung der genannten Aspekte wurden insgesamt vier Szenarien definiert. Der Betrachtungszeitraum erstreckt sich von 1995 bis 2020 mit dem Jahr 2005 als weiterem Stichjahr. Die im Einzelnen getroffenen Szenarienannahmen sind Gegenstand von Abschnitt 6.1.3.

- Das „*Basisszenario*" entspricht der Projektion mit MIS ohne Einkopplung des Stoffstrommodells. Für dieses Szenario werden die Annahmen zur gesamtwirtschaftlichen Entwicklung getroffen, die auch den übrigen Szenarien zugrunde liegen.
- Das „*Referenzszenario*" wird als erstes Szenario mit dem gekoppelten Ansatz modelliert, wobei Annahmen zur bereits absehbaren Entwicklung der Papierkette bis

2020 hinsichtlich Produkt-Mix, Technik, Materialeinsatz und Energieverbrauch getroffen werden. Besondere Anstrengungen zur Erhöhung der Ressourcen- und Energieeffizienz werden hier nicht unterstellt. Papier behält seine Funktion als wichtiger Informationsträger und wird nur in einigen Segmenten durch elektronische Medien substituiert. In der umweltpolitischen Diskussion gewinnt die Höhe des Papierverbrauchs keine hohe Aufmerksamkeit, so dass besondere Anstrengungen zu seiner Reduzierung nicht unternommen werden. Die Wachstumsraten der Vergangenheit werden jedoch nicht mehr erreicht. Hinsichtlich der Energieeffizienz und des Altpapierrecyclings werden moderate, heute bereits absehbare Steigerungen angenommen.

- Im *„Öko-Effizienzszenario"* setzen sich im Wesentlichen technische Maßnahmen zur Erhöhung der Ressourcen- und Energieeffizienz durch. Der Ressourcen- und Abfallproblematik wird durch verstärkte Altpapiererfassung und –einsatz bei der Papierherstellung Rechnung getragen. Die Papiernachfrage bleibt im Vergleich zum Referenzszenario unverändert.
- Das Szenario *„Nachhaltige Produktion und Nutzung von Papier"*, kurz „Nachhaltigkeitsszenario", ist darüber hinaus durch eine effizientere Verwendung von Papier charakterisiert. Neben den im Öko-Effizienzszenario angenommenen technischen Maßnahmen wird von Änderungen des Nutzungsverhaltens ausgegangen, die zu einem effizienteren Papierverbrauch und einer stärkeren Ausschöpfung von Dematerialisierungspotentialen, z. B. durch den Einsatz von IuK-Technologien, führen. In diesem Szenario wird, verglichen mit dem Referenz- und dem Öko-Effizienzszenario, ein geringeres Wachstum des Papierverbrauchs angenommen.

Vergleicht man die Ergebnisse für Basis- und Referenzszenario, so lässt sich ein Methodeneffekt identifizieren, da die Modellierung des ersten Szenarios ohne Modellkopplung und die des zweiten Szenarios mit gekoppeltem Ansatz erfolgt. Im Basisszenario werden implizit die Technik und die Verflechtungen innerhalb des Stoffstroms „Papier" für den gesamten Projektionszeitraum auf dem Stand des Basisjahres 1995 „eingefroren". Hingegen spiegelt das Referenzszenario „realistischere" Annahmen zum technischen und strukturellen Wandel in der Papierkette wider. Darüber hinaus ermöglicht der höhere Detaillierungsgrad des Stoffstrommodells eine angemessenere Modellierung mit geringeren Aggregationsfehlern. Die Unterschiede zwischen Referenz-, Öko-Effizienz- und Nachhaltigkeitsszenario resultieren hingegen aus variierenden Annahmen zur Entwicklung der Papierkette. Durch den Vergleich dieser Szenarien können also „Maßnahmeneffekte" identifiziert werden.

Bei der Festlegung der Szenarienannahmen wurde versucht, die wichtigsten Einflussfaktoren und aktuelle verfügbare Informationen zu berücksichtigen. Dennoch bleibt der Versuch von Projektionen über einen so langen Zeitraum mit großen Unsicherheiten behaftet. Deshalb geht es hier auch nicht um eine prognostische Genauigkeit oder Wahrscheinlichkeit (im Sinne: was wird sein?), sondern vielmehr um plausible Annahmen und das Studium ihrer Auswirkungen, relativ zur Referenzentwicklung.

Damit sind die Modellergebnisse stets unter Berücksichtigung der Szenarienannahmen zu interpretieren.

6.1.3 Szenarienannahmen

6.1.3.1 Annahmen zur gesamtwirtschaftlichen Entwicklung

Die Rahmenannahmen zur gesamtwirtschaftlichen Entwicklung gelten für alle Szenarien gleichermaßen. Sie orientieren sich weitgehend am Referenzszenario der Studie "Politikszenarien für den Klimaschutz – II", die im Auftrag des Umweltbundesamtes durchgeführt wurde (DIW et al., 1999). In dieser Studie wurde MIS ebenfalls zur Projektion der gesamtwirtschaftlichen Entwicklung eingesetzt. Bis auf wenige Ausnahmen wurden die darin angesetzten Werte für die exogen vorzugebenden Größen auch in der vorliegenden Arbeit übernommen. Insbesondere wurden die Wachstumsraten für die exogene Endnachfrage übernommen. Eine Ausnahme bilden die Wachstumsraten der Endnachfrage nach Gütern des Holzstoff, Zellstoff und Papier herstellenden Sektors, der Papierverarbeitung und der Druckereien sowie die in diesen Sektoren angesetzten Importquoten, die unter Berücksichtigung von Vergangenheitsentwicklungen und zukunftsorientierten Marktanalysen festgelegt wurden. Diese Annahmen werden in Abschnitt 6.1.3.3 näher erläutert.

Danach ergibt sich für die Endnachfrage nach Papier ein deutliches Wachstum bis 2020, das nach 2005 allerdings etwas schwächer wird (vgl. Tabelle 17). Insbesondere die Exporte wachsen überdurchschnittlich, womit die in der Vergangenheit beobachtete steigende Exportorientierung der deutschen Papierindustrie auch für die Zukunft unterstellt wird. Für die Papierverarbeitung und die Druckereien wird ebenfalls in Anlehnung an die vergangene Entwicklung ein schwächeres Wachstum der Endnachfrage angenommen.

Tabelle 17: Jährliche Wachstumsraten der Endnachfrage nach Gütern ausgewählter Sektoren bis 2020 im Referenzszenario

	1995 – 2005		2005 – 2020	
	Haushalte	Exporte	Haushalte	Exporte
Papierherstellung	3,0 %	3,5 %	2,0 %	2,9 %
Papierverarbeitung	1,3 %	2,0 %	1,6 %	1,5 %
Druckereien	1,6 %	2,0 %	1,0 %	1,5 %

Quelle: Eigene Annahmen

Im Gegensatz zur Exportquote[32] ist die Importquote[33] der Papierindustrie im letzten Jahrzehnt weitgehend konstant geblieben, so dass auch für die weitere Entwicklung bis 2020 konstante Importquoten angesetzt wurden. Für die Sektoren „Papierverarbeitung" und „Druckereien" wurden in MIS leicht steigende Importquoten angesetzt.

Mit diesen Modifikationen ergibt sich für die exogene Endnachfrage eine jährliche Wachstumsrate in Höhe von

- 2,22 % bis 2005 und
- 1,98 % zwischen 2005 und 2020.

Das Modell MIS[34] berechnet damit ein bis 2005 mit jährlich 2,04 % und danach bis 2020 mit 1,78 % pro Jahr wachsendes Bruttoinlandsprodukt (BIP).

6.1.3.2 Rechtliche Rahmenbedingungen

Die Aktivitäten im Stoffstrom „Papier" werden an verschiedenen Stellen durch gesetzliche Regelungen und freiwillige Vereinbarungen zwischen dem Gesetzgeber und den beteiligten Wirtschaftsakteuren geregelt. Für die Gestaltung der Szenarien sind vor allem die Regelungen relevant, die das Altpapierrecycling und den Energieverbrauch in der Papierindustrie betreffen.

Entsorgung von Altpapier

Die getrennte Erfassung von Altpapier und dessen Verwertung in der Papierindustrie haben bereits eine lange Tradition und wurden zunächst ohne gesetzliche Vorgaben durchgeführt. 1986 trat das Abfallgesetz in Kraft, das erstmalig Vorgaben für die Abfallentsorgung machte. Diese legten eine Prioritätenreihenfolge fest, die die Abfallvermeidung vor der Abfallverwertung und diese wiederum vor der umweltfreundlichen Abfallentsorgung bevorzugt. Auf dieser Grundlage wurde die Erfassung von Altpapier bei den privaten Haushalten von den Kommunen verstärkt vorangetrieben. 1996 wurde das Abfallgesetz durch das weitergehende Kreislaufwirtschafts- und Abfallgesetz abgelöst, das die Prioritäten der Abfallentsorgung bekräftigt. Darüber hinaus wird zwischen der stofflichen und der energetischen Verwertung von Abfällen unterschieden, wobei grundsätzlich die ökologisch vorteilhaftere zu wählen ist. Für die energetische Abfallverwertung werden Mindeststandards festgelegt, die eine hochwertige Energieausbeute gewährleisten sollen.

Auf der Grundlage des Abfallgesetzes wurde 1991 die Verpackungsverordnung in Kraft gesetzt und 1998 novelliert. Sie schreibt die Erfassung und Verwertung von

32 Anteil der Exporte an der Produktion

33 Anteil der Importe am Inlandsverbrauch

34 in der mit Excel realisierten Version

Verpackungen vor und macht dabei für die verschiedenen Verpackungsmaterialien Vorgaben zur stofflichen Verwertungsquote. Für Papierverpackungen wird vorgegegeben, dass Papierabfälle in Papier verarbeitenden Betrieben sowie Transportverpackungen vollständig zu erfassen und zu verwerten sind. Verkaufsverpackungen sind zu 70 % stofflich zu verwerten. Um die Erfüllung dieser Vorgaben zu gewährleisten, wurde die Duales System Deutschland GmbH gegründet, die zu verwertende Verpackungen mit dem Grünen Punkt kennzeichnet und aus den Lizensierungsentgelten die Verwertung der Verpackungen finanziert. Seitdem werden Verpackungen mit dem Grünen Punkt getrennt in den Haushalten erfasst. Seit 1996 werden die für Papierverpackungen vorgegebenen Verwertungsquoten deutlich übererfüllt.

Zur Erhöhung der Erfassungs- und Verwertungsquoten bei graphischen Papiersorten wurde 1994 eine freiwillige Selbstverpflichtung zwischen dem Unternehmensverbund AGRAPA und dem Bundesumweltministerium vereinbart (AGRAPA, 1994). Im Unternehmensverbund sind unter anderem die Verbände der Papierhersteller, Druckereien und Verlage, Papiergroßhändler und –importeure vertreten. In der freiwilligen Selbstverpflichtung wurde vereinbart, bis zum Jahr 2000 die Quote der stofflichen Verwertung graphischer Altpapiere auf 60 % des Verbrauchs graphischer Papiere zu steigern. Dies schließt auch die stoffliche Verwertung ausserhalb der Papierindustrie ein. Weitere Vereinbarungen ohne quantitative Zielgrössen beziehen sich auf

- die verstärkte Nutzung altpapierhaltiger graphischer Papiersorten,
- die Unterstützung von Forschungs- und Entwicklungsanstrengungen zur Steigerung der stofflichen Verwertung von graphischen Altpapieren,
- die Verwendung von Einsatzstoffen (z. B. Klebstoffe, Druckfarben) und Verfahren bei der Papierherstellung und –verarbeitung, die eine Verwertung der Altpapiere nicht behindern und
- die Durchführung von Modellversuchen zur Verbesserung der Altpapiererfassung und –verwertung.

Die zugesagte Verwertungsquote wurde bereits im Jahr 1994 überschritten und liegt seit 1996 bei rund 80 % (Gesparec, 2001). Falls es in Zukunft gelingt, bei der Papierherstellung und Verarbeitung zu Druckerzeugnissen auf recyclingfreundliche Stoffe und Verfahren umzustellen und die Qualität des erfassten Altpapiers zu steigern, ist mit einer weiteren Erhöhung des Altpapiereinsatzes in der Papierherstellung zu rechnen.

Eine weitere gesetzliche Regelung, die die Behandlung von Altpapier betrifft, ist die 1993 in Kraft getretene TA Siedlungsabfall, die vorschreibt, dass spätestens im Jahr 2005 Abfälle, die zu mehr als 5 % organische Anteile enthalten, nicht mehr auf Deponien abgelagert werden dürfen. Für Altpapier, das als Teil des Hausmülls zu beseitigen ist, bleibt dann nur noch die Verbrennung. Derzeit werden noch rund zwei Drittel des Hausmülls deponiert und ein Drittel verbrannt (UBA, 2001).

Entsorgung von Produktionsabfällen
Die Entsorgung von Produktionsabfällen, die in Unternehmen des Produzierenden Gewerbes, also z. B. auch in der Papierindustrie anfallen, wird durch das Bundesimmissionsschutzgesetz geregelt. Danach sind Abfälle prioritär zu vermeiden, die nicht vermeidbaren Abfälle stofflich oder energetisch zu verwerten und die verbleibenden Abfälle möglichst umweltgerecht zu entsorgen. Im Gegensatz zum Kreislaufwirtschaftsgesetz werden die stoffliche und energetische Abfallverwertung als gleichrangig bewertet.

Energieverbrauch
Im Hinblick auf den Energieverbrauch ist unter den bestehenden rechtlichen Rahmenbedingungen vor allem die Erklärung der deutschen Wirtschaft zur Klimavorsorge zu erwähnen. In diesem Rahmen hat sich die deutsche Papierindustrie dazu verpflichtet, die spezifischen CO_2-Emissionen zwischen 1990 und 2005 um 22 % und den spezifischen Energieverbrauch im gleichen Zeitraum um 20 %, jeweils bezogen auf die physische Papierprodukten zu verringern. Diese Ziele hat die Papierindustrie jedoch bereits im Jahr 1998 weitgehend erreicht, bzw. in Bezug auf das CO_2-Minderungsziel deutlich überschritten (Buttermann/Hillebrand, 2000).

Insgesamt ergeben sich aus den bestehenden rechtlichen Rahmenbedingungen hinsichtlich möglicher Entwicklungspfade der Papierkette keine wesentlichen Einschränkungen. Insbesondere das bestehende Abfallrecht hat jedoch dadurch wesentlich zur Steigerung des Altpapiereinsatzes in der Papierherstellung beigetragen, dass die kostengünstige Bereitstellung des Rohstoffs Altpapier für die Papierindustrie über die allgemeinen Müllgebühren subventioniert wurde. Hinsichtlich der zukünftigen Entwicklung wird die weitere Förderung des Recyclings angenommen, wobei diese im Öko-Effizienz- und im Nachhaltigkeitsszenario noch verstärkt wird (z.B. durch rechtliche Maßnahmen, produktbezogene Maßnahmen wie Ökolabels oder F&E-Förderung). Für das Nachhaltigkeitsszenario werden daneben Maßnahmen unterstellt, die zur effizienteren Papiernutzung beitragen (z.B. staatliche Beschaffung, Aufklärungsmaßnahmen, evtl. auch fiskalische Maßnahmen).

6.1.3.3 Papiernachfrage und Papierproduktion

Vergangenheitsentwicklung
Der Papierverbrauch hat sich zwischen 1980 und 1995 um rund 65 % erhöht. Dies entspricht einem durchschnittlichen jährlichen Wachstum von 3,4 %. Nach 1991 kam es zu einer Stagnation, bevor 1997 der Papierverbrauch wieder anstieg. Die Anteile der einzelnen Papiersorten sind in diesem Zeitraum relativ konstant geblieben. Auffällig ist lediglich die Verdopplung des Anteils der Gruppe der technischen und Spezialpapiere, allerdings auf insgesamt niedrigem Niveau. Leicht zurückgegangen sind die Anteile der graphischen Papiere (ohne Zeitungsdruckpapier) sowie der Verpackungspapiere.

Tabelle 18: Entwicklung der Papiernachfrage zwischen 1980 und 1995, nach Sortengruppen aufgeschlüsselt

	1980	1985	1990	1995
Verbrauch insgesamt (kt)	9.642	10.548	14.542	15.897
Anteile der Papiersorten				
Zeitungsdruckpapier (ZDP)	14,5 %	13,3 %	13,3 %	14,9 %
Graph. Pap. ohne ZDP	35,9 %	35,7 %	35,2 %	33,6 %
Papier, Karton und Pappe für Verpackungszwecke	40,8 %	39,7 %	39,8 %	39,6 %
Hygienepapiere	5,5 %	6,1 %	5,5 %	5,5 %
Technische und Spezialpapiere	3,3 %	5,2 %	6,2 %	6,3 %

Quellen: Statistiken des VdP, versch. Jahrgänge; Außenhandelsstatistik; eigene Berechnungen

Annahmen zur Entwicklung im Referenzszenario[35]

Für die Abschätzung des künftigen Papierverbrauchs bieten sich zwei Ansatzpunkte, zum einen auf mesoökonomischer Ebene die Projektion des Basisszenarios und zum anderen Marktprognosen und andere mikroanalytische Informationen. Aus der Modellrechnung für das Basisszenario lässt sich die Inlandsnachfrage nach Papier für die Projektionsjahre 2005 und 2020 ableiten, die sich aus der Entwicklung der Papier abnehmenden Sektoren ergibt. Dabei wird implizit unterstellt, dass sich für die Abnehmersektoren der Inputkoeffizient für Papier nicht verändert. Es werden also konstante Verhältnisse bei der Nutzung von Papier unterstellt.

Diese Annahme lässt sich durch Heranziehen fallspezifischer Informationen wie z. B. spezielle Verbrauchsprognosen für Papier überprüfen. Dafür stehen verschiedene Quellen zur Verfügung. Nach Schätzungen der FAO wird der Papierverbrauch in Deutschland zwischen 1991 und 2010 um 2,4 % pro Jahr steigen (Grefermann, Halk, Knörndel, 1998). Die auf die Papierindustrie spezialisierte Unternehmensberatung Jaako Poyry macht genauere Angaben zur Entwicklung der Papiernachfrage und schlüsselt diese auch nach Papiersortengruppen auf (Kottwitz, 2000). Danach soll der Papierverbrauch, bezogen auf den durchschnittlichen Verbrauch zwischen 1995 und 1997, bis 2005 um 2,5 % pro Jahr steigen und danach bis 2020 um jährlich 1,7 % (vgl. Tabelle 19). In dieser Prognose wird bereits von einer vorsichtigen Abschwächung der Papiernachfrage durch elektronische Medien ausgegangen. In einigen Bereichen, wie z. B. im Versandhandel, sind die mit der Nutzung des Mediums Papier verbundenen Kosten (z. B. für die Papierherstellung, Bedrucken und Distribution von Katalogen) bereits so hoch, dass schon aufgrund des wirtschaftlichen Anreizes Alternativen wie die Nutzung des Internets an Bedeutung gewinnen könnten.

---

35 Im Öko-Effizienzszenario werden hinsichtlich des Papierverbrauchs dieselben Annahmen getroffen

Tabelle 19: Prognose der Entwicklung des Papierverbrauchs in Deutschland bis 2020 nach Jaako Poyry

	Durchschnitt 1995 – 1997 (kt)	2005 (kt)	2020 (kt)
ZDP (inkl. aufgebessertem ZDP)	2.184	2.595	3.597
sonstige graphische Papiere	5.681	7.744	9.760
Industrielle Papiersorten[36]	7.777	9.253	11.690
Zusammen	15.642	19.592	25.047
Wachstum in %/a		2,5 %[1]	1,7 %

[1] ausgehend vom Jahr 1996

Quelle: Kottwitz (2000); eigene Berechnungen

Für den Bereich der graphischen Papiere machen Hoppe/Baumgarten (1997) Angaben zur Zuordnung von Papierprodukten zu Papiersorten und zu spezifischen Wachstumsraten der graphischen Papierprodukte für den Zeitraum 1995 bis 2000. Daraus geht hervor, dass bis zum Jahr 2000 überdurchschnittliche Wachstumsraten vor allem bei Werbedruck, Katalogen und Direct Mail zu erwarten sind. Hingegen stagniert der Papierverbrauch für Zeitungen, und er entwickelt sich leicht rückläufig für Bücher. Dementsprechend werden überdurchschnittliche Wachstumsraten vor allem bei holzfreien und gestrichenen Papiersorten erwartet, während die Entwicklung bei den holzhaltigen Papiersorten eher unterdurchschnittlich eingeschätzt wird. Diese Tendenzen bestätigen auch andere Quellen (vgl. Kessler, 1997; Hennig, 1994; Otto/Hennig, 1992, Clark, 1994).

Für die Annahmen zur Entwicklung des Verbrauchs von Papier und Papierprodukten im Referenzszenario wurden die Informationen aus diesen drei Quellen, der Projektion des IO-Modells, der Prognose zum Papierverbrauch und den Angaben zur Entwicklung der graphischen Papierprodukte zusammengeführt.

Die Ergebnisse des MIS-Basislaufs ergeben eine Zunahme der monetären Inlandsnachfrage nach Papier

- zwischen 1995 und 2005 um 2,1 % pro Jahr und
- zwischen 2005 und 2020 um 1,8 % pro Jahr (vgl. Tabelle 20).

36 Verpackungspapiere, Hygienepapiere sowie technische und Spezialpapiere

Tabelle 20: Entwicklung der monetären Papiernachfrage in Deutschland, 1995 - 2020

	1995 (Mio. DM)	2005 (Mio. DM)	2020 (Mio. DM)
Papiernachfrage	21066	25946	34069
Wachstum in %/a		2,1 %	1,8 %

Quelle: Eigene Berechnungen

Die Monetarisierung der Prognosewerte von Jaako Poyry mit Preisen von 1995 zeigt eine unerwartet gute Übereinstimmung mit den Projektionswerten des IO-Modells für das Basisszenario (Jaako Poyry: 35,7 Mrd. DM in 2020; IO-Modell: 34,1 Mrd. DM in 2020, entsprechend einer Abweichung von 5 %). Ausgangspunkte für die Harmonisierung der verschiedenen Datenquellen waren zunächst die IO-Projektionswerte für das Basisszenario, so dass die monetäre Inlandsnachfrage nach Papier im Basis- und Referenzszenario übereinstimmen. Allerdings wird im Referenzszenario eine Veränderung des Papiersortenmix unterstellt. Dazu wurden unter Einbeziehung der oben genannten Informationsquellen zunächst Annahmen zur Entwicklung der verschiedenen Papierproduktgruppen getroffen. Danach erzielen vor allem Werbedrucksachen hohe und Zeitschriften leicht überdurchschnittliche Wachstumsraten. Vor allem Zeitungen und Bücher entwickeln sich unterdurchschnittlich. Für Verpackungen werden leicht unterdurchschnittliche Verbrauchsentwicklungen angenommen. Aus der Entwicklung der Papierproduktgruppen wurde die Entwicklung der Papiersorten abgeleitet (vgl. Tabelle 21). Da sich der Papiersortenmix hin zu den teureren graphischen Papiersorten verschiebt, wächst der Papierverbrauch in physischen Einheiten schwächer als in monetären Einheiten (vgl. Tabelle 21 im Vergleich mit Tabelle 20).

Tabelle 21: Entwicklung des Papierverbrauchs nach Papiersorten bis 2020 im Referenzszenario

	1995	2005	2020	1995 – 2005	2005 – 2020
	(kt)	(kt)	(kt)	(%/a)	(%/a)
Zeitungsdruckpapier	2.362	2.569	2.741	0,84 %	0,43 %
Sonstige Druckpapiere	4.418	6.270	8.995	3,56 %	2,43 %
Büro-/Administrationspapiere	928	1.218	1.627	2,76 %	1,95 %
Verpackungspapiere	6.300	7.032	8.923	1,11 %	1,60 %
Hygienepapiere	881	1.074	1.383	2,00 %	1,70 %
Spezialpapiere	1.009	1.140	1.447	1,23 %	1,60 %
Insgesamt	15.897	19.304	25.116	1,96 %	1,77 %

Quelle: Eigene Darstellung

Ausgehend vom Papierverbrauch wurden Importe, Exporte und die inländische Papierproduktion abgeschätzt. Wie bereits im vorigen Kapitel erwähnt, wurden die Importquoten für die einzelnen Papiersorten auf dem Stand von 1995 konstant gehalten. Im Gegensatz zu den Importquoten haben sich die Exportquoten in den Jahren zwischen 1980 und 1995 stark erhöht. Für das Referenzszenario wurde von einer weiteren moderaten Erhöhung ausgegangen, die dazu führt, dass Deutschland im Jahr 2020 zum Nettoexporteur von Papier wird. Der jährliche Exportzuwachs von Faserstoffen, die für den Export insgesamt eine untergeordnete Rolle spielen, wurde für den gesamten Projektionszeitraum mit 1,5 % pro Jahr angesetzt. Basierend auf den Szenarioannahmen für Papierverbrauch, Importe und Exporte lassen sich die Werte für die künftige Entwicklung der inländischen Papierproduktion berechnen. Abbildung 18 zeigt die angenommene Entwicklung von Papierverbrauch, Papierproduktion und -außenhandel bis 2020. Die entsprechenden Werte können Tabelle A-9 entnommen werden.

Abbildung 18: Entwicklung von Papierverbrauch, -außenhandel und –produktion bis 2020 im Referenzszenario

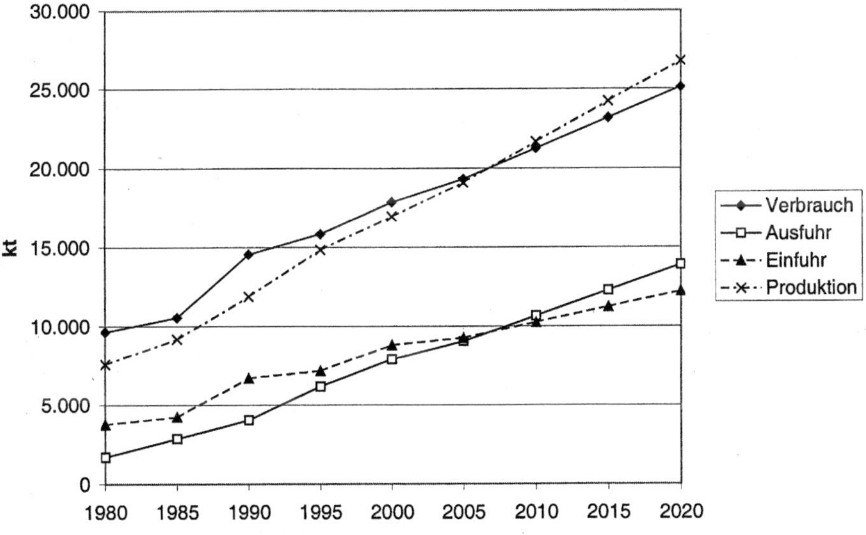

Stichjahre für Prognose 2005 und 2020; Zwischenjahre linear interpoliert
Quelle: bis 1995: VdP-Statistiken; ab 2000: eigene Berechnungen

Die Entwicklung der Sortenstruktur des Papierverbrauchs bis 2020 geht vorwiegend zu Lasten der Verpackungspapiere und des Zeitungsdruckpapiers und zu Gunsten der sonstigen Druckpapiere (vgl. Tabelle 22).

Tabelle 22: Entwicklung der Sortenstruktur des Papierverbrauchs bis 2020 im Referenzszenario

	1995	2005	2020
Zeitungsdruckpapier	14,9 %	13,3 %	10,9 %
Sonstige Druckpapiere	27,8 %	32,5 %	35,8 %
Büro-/Administrationspapiere	5,8 %	6,3 %	6,5 %
Verpackungspapiere	39,6 %	36,4 %	35,5 %
Hygienepapiere	5,5 %	5,6 %	5,5 %
Technische/ Spezialpapiere	6,3 %	5,9 %	5,8 %

Quelle: eigene Berechnungen

Annahmen zur Entwicklung im Nachhaltigkeitsszenario

Für das Nachhaltigkeitsszenario wird davon ausgegangen, dass die Höhe des Papierverbrauchs in stärkerem Ausmaß als ein umweltpolitisches Problem erkannt wird. Möglichkeiten eines nachhaltigen Umgangs mit Papier werden aktiv gesucht und Maßnahmen zur Verringerung des Papierverbrauchs – verglichen mit Referenz- und Öko-Effizienzszenario - in stärkerem Maß ergriffen. Dies führt zu einem deutlich geringeren Wachstum der Papiernachfrage. Möglichkeiten zu einem effizienteren Papierverbrauch sind vor allem in den folgenden Bereichen vorhanden:

(1) Effizienterer Umgang mit graphischen Papieren im Haushalts- und Bürobereich

Beispiele sind:

- die Weiterverwendung einseitig beschrifteten oder bedruckten Papiers,
- die stärkere Verwendung von Kopierern und Druckern mit der Möglichkeit, doppelseitig auszudrucken,
- organisatorische Veränderungen zur Verringerung von Fehldrucken etc..

Das Potential solcher Maßnahmen zeigen die Ergebnisse von i.w. organisatorischen Anstrengungen bei der British Telecom und AT&T, die innerhalb weniger Jahre zur Senkung ihres spezifischen Papierverbrauchs um 15 % bzw. 30 % führten (Robins/Roberts, 1996; Robins, 1995).

(2) Geringeres spezifisches Papiergewicht bei graphischen Papieren und die effizientere Nutzung von Papier für Verpackungen

Eine Entwicklung zu leichteren Papiersorten hat bereits in der Vergangenheit in Bereichen stattgefunden, in denen das Papiergewicht einen Kostenfaktor darstellt (z. B. im katalogbasierten Versandhandel oder im Zeitungsverlagswesen). Durch den technischen Fortschritt in der Papierherstellung lässt sich diese Entwicklung ohne Qualitätseinbußen auch auf andere Bereiche wie z. B. Kopier- und Inkjetpapiere übertragen. In Japan werden für Kopierpapiere deutlich leichtere Papiersorten als in Deutschland verwendet (65 g/m² gegenüber 80 g/m² nach Abramowitz/Mattoon; 1999). Im Verpackungsbereich können Veränderungen des Verpackungsdesigns zu Materialeinsparungen führen. Untersuchungen zeigen, dass Unternehmen, die sich dieser Thematik annehmen, in relativ kurzer Zeit spezifische Verringerungen des Verpackungsverbrauchs um 20 bis 30 % erreichen können (IIED, 1996; Abramowitz/Mattoon, 1999).

(3) Reduzierter Einsatz von Papier in der Werbung

Die Verwendung von Papier für Werbezwecke weist derzeit die höchsten Wachstumsraten mit bis zu 8 % pro Jahr auf (Hennig, 1997). Dies gilt besonders für Beilagen und Flugblätter sowie Direct Mail-Sendungen, die die Haushalte unaufgefordert erhalten. Diese haben die Möglichkeit, das Werbematerial abzulehnen, z. B. indem sie entsprechende Aufkleber an Ihre Briefkästen anbringen oder sich in die sogenannte Robinson-Liste eintragen lassen, falls sie keine Direct-Mail-Sendungen empfangen wollen. Auch hier hängt die Verbreitung der Maßnahmen stark vom Problembewusstsein der Haushalte ab. In den Niederlanden lehnen 8 – 10 % der Haushalte Direct-Mail ab, eine Quote, die als steigerungsfähig angesehen wird (van den Reek, 1999).

(4) Stärkere Substitution durch Informations- und Kommunikationstechnologien

Ein Einfluss von Informations- und Kommunikationstechnologien auf den Verbrauch graphischer Papiere ist in zweierlei Hinsicht denkbar. Zum einen ist mit einer Verschiebung des Sorten-Mix zu rechnen, bei der es z. B. zu einer Verbrauchszunahme von Formatpapieren (Kopierpapier etc.) und einer Abnahme von Formularen und Vordrucken kommt (van den Reek, 1999). Zum anderen ist auch die Reduktion des Papierverbrauchs als Folge denkbar, beispielsweise weil zunehmend

- elektronisches Dokumentenmanagement die Papierablage verdrängt,
- über Email oder ähnliche Kanäle kommuniziert wird,
- der Zugang zu Informationen aller Art (Zeitungs-, Zeitschriften- oder Kataloginhalte, Nachschlagewerke) über neue Medien wie CD-ROMs und vor allem das Internet stattfindet,
- die Verdrängung von Anzeigenblättern durch Internet-Marktplätze erfolgt oder
- Werbung zunehmend in den neuen Medien stattfindet.

Ob sich diese Entwicklungen durchsetzen und zu einer Substitution von Papier führen, hängt entscheidend von der Diffusionsgeschwindigkeit der benötigten alternativen Produkte und Dienstleistungen, von den künftigen Kosten der Papiersubstitute und der Akzeptanz der papierlosen Alternativen durch die Verbraucher ab. Entsprechend schwer ist eine Prognose möglich. Eine der wenigen Studien, die sich systematisch mit dem Einfluss elektronischer Medien auf den Papierverbrauch befasst, ist BCG (1999). Darin wird dieser Einfluss für verschiedene Länder und die wichtigsten Papieranwendungen mit einem Zeithorizont bis 2003 untersucht. Die höchsten Substitutionspotentiale werden für Anwendungen erwartet, bei denen Suchfunktionen, Aktualität, Interaktivität sowie schnelle und gezielte Informationsvermittlung eine hohe Bedeutung haben. Entsprechend könnten Nachschlagewerke und Verzeichnisse, Kataloge, ausgewählte Bücher- und Zeitschriftensegmente sowie Zeitungen am stärksten betroffen sein. Für diese Anwendungen werden bis zum Jahr 2003 Verbrauchsrückgänge zwischen 6 und 12 %, bei Nachschlagewerken und Verzeichnissen bis zu 23 % für möglich gehalten. Die Vergleichsgröße ist dabei der für einen Referenzfall prognostizierte Verbrauch im Jahr 2003. In einer anderen Untersuchung wird für Zeitungen bis 2020 sogar ein Verbrauchsrückgang um über 30 % gegenüber dem Stand von 1995 für möglich gehalten, wobei eine hohe Akzeptanz elektronischer Konkurrenzmedien unterstellt wird (Obersteiner/Nilsson, 2000).

Darüber hinaus könnte auch eine Verlagerung der Werbung in die elektronischen Medien zu einem geringeren Papierverbrauch führen. Dieser beträfe zum einen direkt die konkurrierenden Papieranwendungen wie lokale Anzeigenblätter, Beilagen oder Direct Mail-Sendungen, indirekt aber auch Zeitungen oder Zeitschriften, deren Rentabilität wesentlich vom Anzeigenvolumen abhängt (Romm, 1999). Andere Druckerzeugnisse wie Publikumszeitschriften oder Bücher mit belletristischem Inhalt werden als weniger gefährdet eingeschätzt (BCG, 1999; Hoppe/Baumgarten, 1997). Hier sind die Vorteile elektronischer Medien nicht so groß wie in den anderen genannten Segmenten. Als Hemmnisse werden Lesegewohnheiten und die „emotionale" Verbundenheit zum Papier genannt.

Entscheidend für den Einfluss der Informations- und Kommunikationstechnologien auf den Papierverbrauch dürfte auch sein, wie sehr elektronisch übertragene und angezeigte Informationen von den Nutzern auf Papier ausgedruckt werden. Falls dies in hohem Maß erfolgt, wäre die Konsequenz lediglich eine Verschiebung des Papierverbrauchs hin zu Kopier- und anderen Formatpapieren. Die bisherige Entwicklung spricht eher für eine verbrauchssteigernde Wirkung der IuK-Technologien. Wenig ergonomische Displaytechniken haben bisher nicht zu einer Verdrängung von Papier geführt. Die seit kurzem auf dem Markt verfügbaren E-Books, mit denen sich Buchinhalte digital auf ein Wiedergabegerät mit LCD-Display laden lassen, scheinen bisher auch nicht über einen Nischenmarkt hinaus zu kommen. Der Übergang von Papier als Informationsträger zu elektronischen Informationsträgern könnte in Zukunft jedoch einen deutlichen Schub durch neue Entwicklungen wie das „elektronische Papier" (Heise, 1999a; Froböse, 2001; Jacobson et al., 1997) erfahren, die sich wie Papier handhaben lassen, jedoch elektronisch wiederbeschreibbar sind. Ebenfalls in der Entwicklung sind farbige hochflexible und ebenfalls elektronisch ansteuerbare Polymerdisplays (Visser, 2000; Flohr/Grohs, 1999). Experten, die in der „Delphi-Studie zur globalen Entwicklung von Wissenschaft und Technik" befragt wurden, rechnen mit einer Kommerzialisierung dieser Techniken um das Jahr 2010 (ISI, 1998).

Insgesamt sind zum gegenwärtigen Zeitpunkt die Realisierungspotentiale der genannten Maßnahmen zur Senkung des Papierverbrauchs nur schwer einzuschätzen. Dies gilt insbesondere für das Substitutionspotential durch IuK-Technologien. Während im Referenzszenario eine unveränderte Bedeutung von Papier angenommen wird, geht das Nachhaltigkeitsszenario von einer stärkeren Akzeptanz und Durchdringung verbrauchsmindernder Maßnahmen aus. Bei der Abschätzung des Einflusses der beschriebenen Maßnahmen auf den Papierverbrauch wurde vom Verbrauch der Papierprodukte im Referenzszenario ausgegangen und für die beiden Projektionsjahre 2005 und 2020 die in Tabelle 23 aufgeführten Reduktionsfaktoren angenommen. Diese geben für jedes Projektionsjahr das Verbrauchsniveau im Verhältnis zum Verbrauch im Referenzszenario an. Bis 2005 wird eine moderate Umsetzung der Maßnahmen und bis 2020 eine deutliche Ausweitung des Anwendungspotentials unterstellt, auch mit der Annahme, dass die für die breite Akzeptanz elektronischer Informationsmedien wichtigen Technologien nach 2010 zur Verfügung stehen. Die Annahmen konzentrieren sich dabei auf die graphischen Papierprodukte sowie Verpackungen und Bürobedarf. Der Verbrauch von technischen und Spezialpapieren, Hygienewaren und sonstigen Papierwaren sowie sonstigen Druckerzeugnissen wurde gegenüber dem Referenzszenario konstant gehalten.

Tabelle 23: Annahmen zum Papierverbrauch im Nachhaltigkeitsszenario, aufgeschlüsselt nach Papierprodukten

Papierprodukte	Verbrauchsniveau gegenüber Referenzszenario		Inlandspapierverbrauch im Nachhaltigkeitsszenario		
	2005	2020	1995 (kt)	2005 (kt)	2020 (kt)
Kopier-, Büropapiere etc.	95 %	75 %	788	1.007	1.070
Papier zur industr. Weiterver.	100 %	100 %	542	611	776
Verpackungen	95 %	80 %	5.960	6.316	6.749
Hygienewaren	100 %	100 %	881	1.074	1.383
Schreibwaren / Bürobedarf	95 %	75 %	558	603	605
Sonstige Papierwaren	100 %	100 %	517	582	739
Zeitungen	90 %	70 %	2.258	2.115	1.645
Zeitschriften	95 %	75 %	1.590	1.972	2.065
Bücher	85 %	70 %	380	340	259
Werbedrucksachen	95 %	70 %	1.844	2.992	3.588
Sonstige Drucksachen	100 %	100 %	578	718	951
Summe			15.897	18.331	19.828

Quelle: Eigene Berechnung und Annahmen

Insgesamt kommt es im Nachhaltigkeitsszenario zu einer deutlichen Verlangsamung des Verbrauchswachstums, verglichen mit der Entwicklung im Referenzszenario (vgl. Abbildung 19 und Tabelle A-9). Während der Papierverbrauch 2020 im Referenzszenario auf über 25 Mio. t ansteigt (dies entspricht ca. 310 kg pro Einwohner und Jahr), liegt er im Nachhaltigkeitsszenario bei knapp unter 20 Mio. t (ca. 245 kg/ E * a).

Durch die unterschiedlichen Wachstumsraten der Papierprodukte verändert sich auch der Papiersortenmix, der im Nachhaltigkeitsszenario nachgefragt wird (vgl. Tabelle 24). Im Vergleich zum Referenzszenario reduziert sich vor allem der Anteil der graphischen Papiersorten am gesamten Papierverbrauch. Demgegenüber fallen die Anteile der Verpackungspapiere, der Hygienepapiere und der sonstigen Papiere stärker aus.

Tabelle 24: Entwicklung der Sortenstruktur des Papierverbrauchs im Nachhaltigkeitsszenario bis 2020

	1995	2005	2020
Zeitungsdruckpapier	14,9 %	12,7 %	9,7 %
Sonstige Druckpapiere	27,8 %	32,5 %	33,9 %
Büro-/Administrationspapiere	5,8 %	6,3 %	6,2 %
Verpackungspapiere	39,6 %	36,5 %	36,5 %
Hygienepapiere	5,5 %	5,9 %	7,0 %
Spezialpapiere	6,3 %	6,1 %	6,8 %

Quelle: eigene Berechnungen

Im Nachhaltigkeitsszenario wird unterstellt, dass sich verbrauchsmindernde Trends auch im Ausland durchsetzen. Dementsprechend wird auch von einem im Vergleich zum Referenzszenario niedrigeren Exportwachstum ausgegangen. Für das Nachhaltigkeitsszenario wurden die Exportquoten aus dem Referenzszenario übernommen. Die jährlichen Wachstumsraten für den Export von Faserstoffen wurden mit 1 %/a bis 2020 angesetzt. Wie im Referenzszenario wurden die Importquoten auf dem Stand von 1995 eingefroren. Daraus ergibt sich im Nachhaltigkeitsszenario – verglichen mit dem Referenzszenario - die in Abbildung 20 gezeigte Entwicklung der Papierproduktion (vgl. auch Tabelle A-9). Mit gut 21 Mio. Tonnen liegt die Produktion in 2020 um rund 5,5 Mio. Tonnen unter dem Wert des Referenzszenarios.

Abbildung 19: Entwicklung des inländischen Papierverbrauchs bis 2020 im Referenz- und im Nachhaltigkeitsszenario

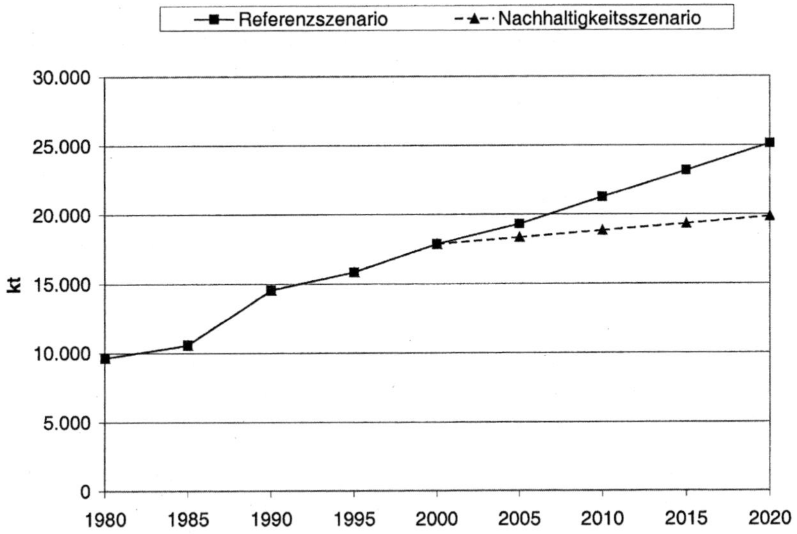

bis 1990 ABL, danach ABL + NBL; Verbrauch 2000 geschätzt
Quelle: bis 1995 VdP-Statistiken; danach eigene Annahmen

Abbildung 20: Entwicklung der Papierproduktion in Deutschland bis 2020 im Referenz- und im Nachhaltigkeitsszenario

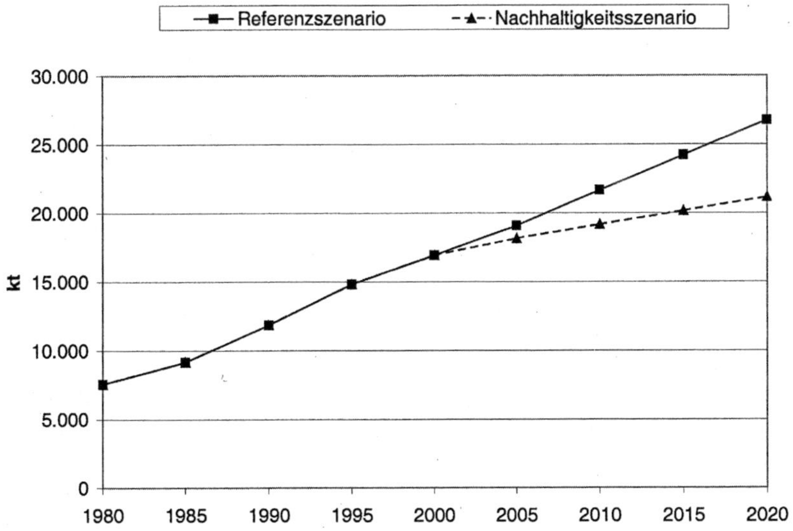

bis 1990 ABL, danach ABL + NBL; Produktion 2000 geschätzt
Quelle: bis 1995 VdP-Statistiken; danach eigene Annahmen

6.1.3.4 Auswirkungen auf Papierabnehmer und nachgelagerte Sektoren

Papierabnehmer und nachgelagerte Sektoren sind nur im Nachhaltigkeitsszenario direkt betroffen, da sich hier die Papiernachfrage verändert. Der Ausgangspunkt für die Abschätzung der Papiernachfrage waren Überlegungen zur Verringerung der Nachfrage nach Papierprodukten. Damit ist auch die Produktion in den Papier verarbeitenden und den nachgelagerten Sektoren betroffen.

In Tabelle 23 sind die Annahmen zur Veränderung des Papierverbrauchs für die einzelnen Papierprodukte aufgeführt. Bezüglich der Auswirkungen auf die nachgelagerten Sektoren wurden die folgenden Annahmen getroffen:

- Für die Verpackungen wird davon ausgegangen, dass lediglich der Papiereinsatz effizienter gestaltet wird, die Verpackungsproduktion jedoch unverändert bleibt.
- Bei Schreibwaren und Bürobedarf geht der sinkende Papierverbrauch mit einer gleichermaßen sinkenden Produktion einher, da die betroffenen Papierprodukte tatsächlich eingespart werden (z. B. Briefpapier und –umschläge).
- Bei Druckerzeugnissen sinkt ebenfalls die Produktion mit dem sinkenden Papierverbrauch. Dies beruht auf der Annahme, dass die Inhalte von Verlags- und Druckerzeugnissen im Nachhaltigkeitsszenario zunehmend über elektronische Medien verbreitet werden. Für die Verlage wird dabei von einem unveränderten Güteraufkommen ausgegangen. Jedoch sinkt ihre Nachfrage nach Vorleistungen der traditionellen Druckereien. Stattdessen wird unterstellt, dass die Verlage für ihre neuen Angebote entsprechende Medien- sowie EDV-Dienstleistungen benötigen, die auch die entsprechende IuK-Technik bereitstellen. Es ist durchaus denkbar, dass diese Dienstleistungen in Zukunft auch von Druckereien angeboten werden, die sich damit stärker zu Mediendienstleistern entwickeln könnten. Es ist jedoch damit zu rechnen, dass sich die Inputstruktur dieses Sektors dann deutlich von der heutigen unterscheiden wird und eher einen dienstleistungsähnlichen Charakter erhält. Weiter wird für die Haushalte eine steigende Ausstattung mit den IuK-Endgeräten unterstellt, die zum Konsum der über die neuen Medien angebotenen Verlagsinhalte benötigt werden.
- Wenn in einigen Bereichen die materielle Distribution von Papierprodukten durch immaterielle Produkte substituiert wird, sind darüber hinaus auch Transportunternehmen sowie der Groß- und Einzelhandel von einer sinkenden Nachfrage betroffen, die ebenfalls berücksichtigt wird.

Die Einbeziehung dieser Faktoren erfolgt nicht im Stoffstrommodell, sondern direkt bei der Anpassung der IO-Modellparameter. Wie sie im Detail modelliert wurden, wird in Abschnitt 6.2.2 näher erläutert.

6.1.3.5 Entwicklung des Faserstoffeinsatzes zur Papierherstellung

Eine wichtige Einflussgröße für den Ressourcen- und Energieverbrauch in der Papierkette ist neben der Papierherstellung die Faserstoffzusammensetzung des Papiers. Insbesondere ein höherer Altpapiereinsatz trägt zur Verringerung der Umweltbelastungen im Stoffstrom „Papier“ bei (UBA, 2000).

Vergangenheitsentwicklung

In der Vergangenheit hat die Bedeutung von Altpapier als Faserstoffquelle für die Papierherstellung stark zugenommen. Dessen Einsatzquote im Verhältnis zur Papierproduktion ist von 43 % im Jahr 1978 auf rund 61 % im Jahr 1998 gestiegen (vgl. Abbildung 21), so dass Altpapier inzwischen der mengenmäßig wichtigste Rohstoff für die Papierherstellung in Deutschland ist. Die in Deutschland fehlende Sulfatzellstoffproduktion und die mit der Verwendung des Rohstoffs Altpapier verbundenen Kostenvorteile haben tendenziell zu einer Spezialisierung der Papierproduktion auf altpapierhaltige Papiersorten beigetragen.

Abbildung 21: Entwicklung der Altpapiereinsatzquote in Deutschland zwischen 1978 und 1998

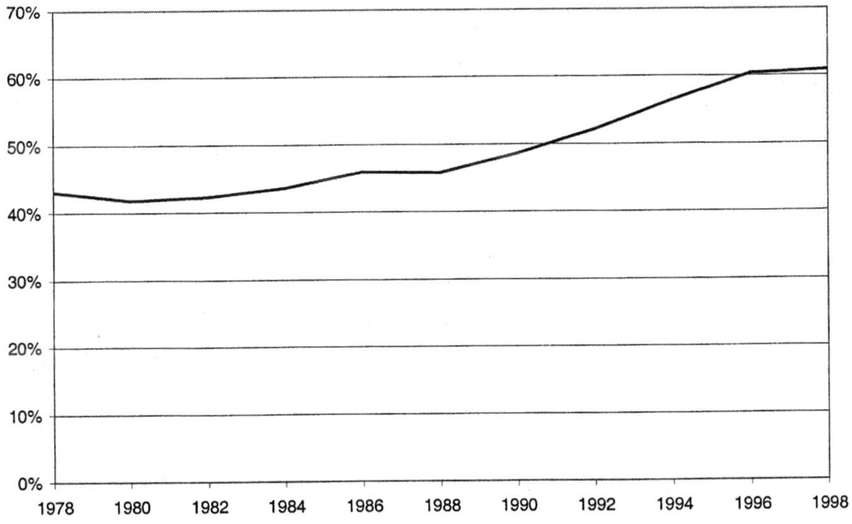

Quelle: Statistiken des VdP, versch. Jahrgänge

Szenarioannahmen

Der künftige Bedarf an Faserstoffen wird zunächst von der Entwicklung der verschiedenen Papiersorten bestimmt. In den Szenarien wird weiter angenommen, dass die Spielräume, die für einen verstärkten Altpapiereinsatz bestehen, genutzt werden, was eine Veränderung des Faserstoff-Mix‘ bei der Papierherstellung zur Folge hat.

Die Haupteinsatzbereiche für Altpapier liegen in der Herstellung von Verpackungspapieren, Hygienepapieren und Zeitungsdruckpapier. Bei Verpackungspapieren mit fast 100 % und bei Zeitungsdruckpapieren gar mit über 100 % Altpapiereinsatzquote sowie bei den Spezialpapieren gilt das Potential als ausgeschöpft (Göttsching, 1996). Hygienepapiere bieten zwar noch ein Steigerungspotential, haben jedoch nur einen geringen Anteil an der gesamten Papierproduktion. Ein deutliches Wachstum des Altpapiereinsatzes ist daher nur im Bereich der sonstigen Druck- und Pressepapiere sowie der Büro- und Administrationspapiere möglich. Definitionsgemäß kann Altpapier nur zur Herstellung der sogenannten holzhaltigen Papiersorten eingesetzt werden. Allerdings ist in einigen Bereichen die Substitution von holzfreien Sorten (z. B. Kopierpapier) durch altpapierhaltige Sorten oder Recyclingpapiere möglich.

Bei den sonstigen Druck- und Pressepapieren sowie den Büro- und Administrationspapieren lag die durchschnittliche Altpapiereinsatzquote 1995 bei rund 8 % bzw. 15 %. Einzelne Papierhersteller decken ihren Faserstoffbedarf bei holzhaltigen SC- und LWC-Papieren bereits bis zu 30 % durch Altpapierstoff (Haindl, 1997; Krauthauf/Stöckler, 1999). Auch bei hochwertigen Büchern ist ein 25 - 50 %iger Altpapierstoffanteil am Faserstoffbedarf möglich (Buchert et al., 1997). Die Verwendung von Altpapier wird in Deutschland auch durch das verhältnismäßig geringe Alter der Altpapierfasern erleichtert. Denn die hohen Einfuhrmengen graphischer Papiere auf der Basis von Primärfasern sorgen für die permanente Zufuhr von Frischfasern aus dem Ausland. Die Möglichkeit einer höheren Altpapiereinsatzquote ist daher weniger eine Frage der technischen Möglichkeiten, sondern eher der Marktakzeptanz.

Die den verschiedenen Szenarien zugrunde liegenden Annahmen zum Altpapiereinsatz spiegeln daher in erster Linie unterschiedliche Annahmen zur Akzeptanz von altpapierhaltigen graphischen Papiererzeugnissen wider. In allen Szenarien werden identische Annahmen zur Altpapiereinsatzquote bei der Herstellung von Zeitungsdruckpapier, Verpackungspapieren, Hygienepapieren und Spezialpapieren getroffen (vgl. Tabelle 25). Bei den Sonstigen Druckpapieren sowie den Büro- und Administrationspapieren steigt der Altpapieranteil bis 2020 im Referenzszenario auf 30 %, im Öko-Effizienzszenario und dem Nachhaltigkeitsszenario auf 50 % an. Für eine derart hohe Altpapiereinsatzquote stellen die effiziente Sammlung, Sortierung und Aufbereitung von Altpapier eine wichtige Voraussetzung dar. Für die Szenarien wird davon ausgegangen, dass die erforderlichen Techniken hierfür weiterentwickelt werden. Ebenso wird die notwendige Sammelbereitschaft in der Bevölkerung unterstellt.

Tabelle 25: Szenarienannahmen zur Entwicklung der Altpapiereinsatzquoten bis 2020

	1995	2005	2020
Referenzszenario			
Zeitungsdruckpapier	113 %[37]	115 %	115 %
Sonstige Druckpapiere	8 %	23 %	30 %
Büro-/Admin.-papiere	15 %	23 %	30 %
Verpackungspapier	95 %	98 %	98 %
Hygienepapiere	70 %	75 %	80 %
Spezialpapiere	46 %	45 %	45 %
Öko-Effizienzszenario / Nachhaltigkeitsszenario			
Sonstige Druckpapiere	8 %	30 %	50 %
Büro-/Admin.-papiere	15 %	30 %	50 %

Quelle: Eigene Darstellung

In der Vergangenheit wurde durch den Einsatz von Altpapier überwiegend Holzstoff ersetzt. Da in den Szenarienbetrachtungen jedoch zusätzliches Altpapier vorwiegend in graphischen Papieren zum Einsatz kommt, wird angenommen, dass sowohl Zellstoff als auch Holzstoff anteilig ersetzt werden.

In Bezug auf die Primärfaserstoffproduktion ist zu berücksichtigen, dass in Deutschland im Jahr 2000 das erste Sulfatzellstoffwerk mit einer Jahreskapazität von 280 kt in Betrieb gegangen ist (Chemische Rundschau, 2000). Ob damit in Deutschland der Einstieg in eine weitgehend eigene Sulfatzellstoffproduktion eingeläutet wird, ist noch nicht abzusehen. Da noch weitere Investitionsvorhaben im Gespräch sind, wird in allen drei Szenarien unterstellt, dass die Sulfatzellstoffproduktion bis 2020 leicht auf 500 kt/a ausgeweitet wird. Dies führt zu entsprechend geringeren Sulfatzellstoff-Importen. Darüber hinaus wird angenommen, dass die Sulfitzellstoffproduktion in Deutschland stagniert.

6.1.3.6 Entwicklung von Energiebedarf und Energiebereitstellung

Der Energieverbrauch wird in dieser Arbeit als wichtiger Indikator für die mit dem Papierstoffstrom verbundenen Umweltbelastungen herangezogen. Für die Beurteilung der Energieeinsparpotentiale durch die untersuchten Materialeffizienzmaßnahmen ist daher auch die Betrachtung der Entwicklung der Energieeffizienz wichtig. Aufgrund

[37] Eine Quote von über 100 % ist möglich, da bei der Altpapieraufbereitung Reststoffe anfallen, die hier mitgezählt werden. Der Anteil von Altpapierstoff liegt hingegen bei max. 100 %.

ihres dominierenden Anteils am Energieverbrauch im Stoffstrom „Papier" beschränken sich die Szenarioannahmen dabei auf die Prozesse der Faserstoff- und Papierherstellung.

Vergangenheitsentwicklung
In den letzten zwanzig Jahren hat die Papierindustrie ihre Energieeffizienz erheblich gesteigert (vgl. Abbildung 22). Während der spezifische Stromverbrauch nur leicht gesunken ist, wurden beim spezifischen Brennstoffbedarf zur Wärmeerzeugung erhebliche Fortschritte erzielt. Beim Stromverbrauch wurden technische Effizienzverbesserungen durch erhöhte Automation und Leistungen der Papiermaschine sowie einen höheren Strombedarf für die Stoffaufbereitung aufgezehrt. Die Brennstoffeinsparungen sind vor allem auf Verbesserungen der Prozesstechnik mit geringeren Wärmeverlusten zurückzuführen. Darüber hinaus war der zunehmende Altpapiereinsatz, der überwiegend mit einem reduzierten Einsatz von Holzstoff einherging, mit Energieeinsparungen verbunden. Zudem trugen Verbesserungen der Anlagenwirkungsgrade bei der Energiebereitstellung (z. B. durch Gas- und Dampfturbinen-Anlagen) zur Erhöhung der Energieeffizienz bei.

Durch den Beitritt der neuen Bundesländer erhöhte sich ab 1990 der spezifische Energieverbrauch der Papierindustrie. Durch die Stillegung, Umrüstung und den Ersatz ostdeutscher Anlagen konnte die Energieeffizienz innerhalb weniger Jahre deutlich verbessert werden.

Die spezifischen Effizienzgewinne lagen in diesem Zeitraum für den Stromverbrauch bei 0,7 % - 1,1 % pro Jahr bzw. 3,3 % zwischen 1990 und 1994 und für den Brennstoffbedarf bei 3,9 % bis 4,6 % pro Jahr.

Abbildung 23 verdeutlicht den starken Wandel in der Zusammensetzung der Energieträger zur Wärmeerzeugung. Die Bedeutung der Mitte der siebziger Jahre dominierenden Mineralölprodukte hat seitdem stark nachgelassen, während Erdgas in diesem Zeitraum zum wichtigsten Energieträger geworden ist. Das Intermezzo des Braunkohleneinsatzes ist auf die ostdeutschen Papierfabriken während der ersten Jahre nach der deutschen Wiedervereinigung zurückzuführen, die z. T. stillgelegt wurden und z. T. ihre Energieversorgung umgestellt haben.

Abbildung 22: Entwicklung des spezifischen Endenergiebedarfs der Papierindustrie zwischen 1975 und 1994

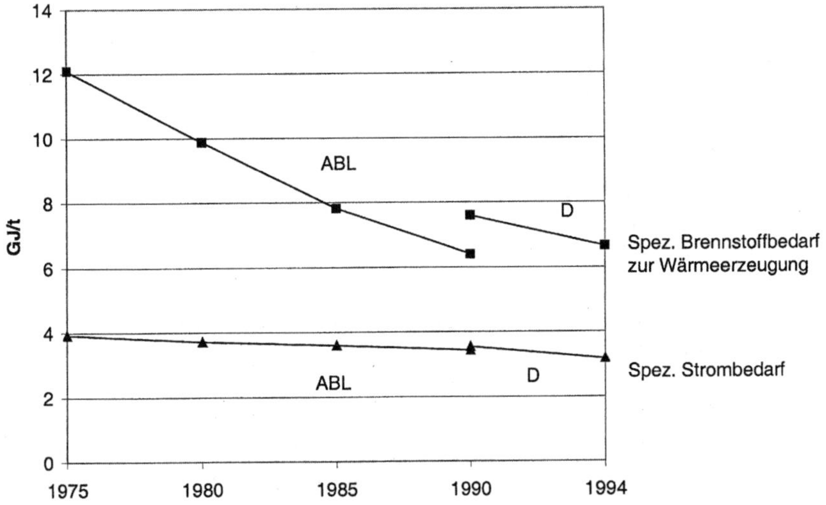

Anmerkung: In den Werten der Energiebilanz zum Brennstoffbedarf ist der Einsatz von Produktionsreststoffen als Energieträger nur unvollständig berücksichtigt. Daten nach 1994 konnten wegen des veränderten Sektorzuschnitts der Energiebilanzen nicht berücksichtigt werden.
Quelle: AG Energiebilanzen, versch. Jahrgänge; eigene Berechnungen

Abbildung 23: Entwicklung der Energieträgerstruktur zur Wärmeerzeugung

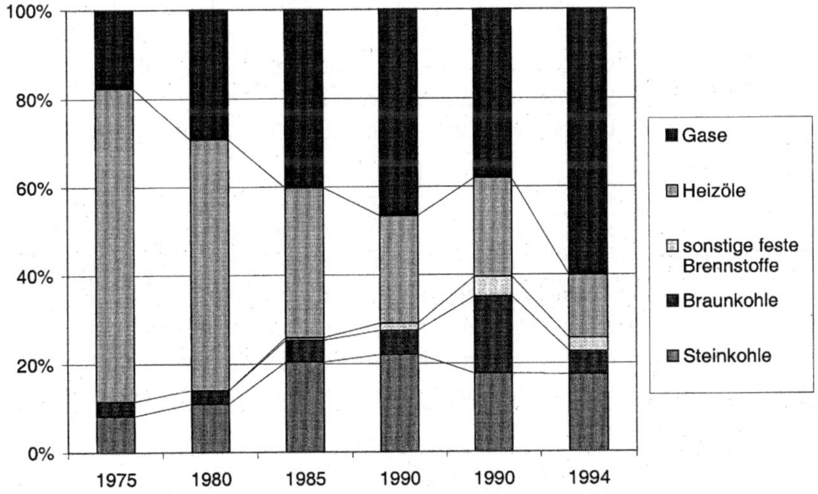

Anmerkung: Reststoffe sind in den Energiebilanzen unvollständig berücksichtigt
Quellen: AG Energiebilanzen, versch. Jahrgänge; eigene Berechnungen

Für die Energiebereitstellung ist ebenfalls von Bedeutung, dass in der Papierindustrie mit gut 40 % ein hoher Anteil des Strombedarfs durch Eigenerzeugung vorwiegend in Kraft-Wärme-Kopplungsanlagen (KWK-Anlagen) bereitgestellt wird. Allerdings ist der Anteil der Stromeigenerzeugung rückläufig. Gleichwohl besteht in der Papierindustrie weiterhin ein hohes Einsatzpotential für die energieeffizienten KWK-Anlagen, das derzeit wegen der niedrigen Strompreise in der Marktbereinigungsphase der Liberalisierung nicht genutzt wird.

Szenarioannahmen

Für die Szenarioannahmen konnte weitgehend auf Arbeiten zurückgegriffen werden, die am Fraunhofer ISI im Rahmen des IKARUS-Projekts durchgeführt wurden (Jochem/Bradke, 1996; FIZ, o.J.). In diesem Vorhaben wurden Daten zum zukünftigen Energiebedarf der Prozesse sowie zur Energiebereitstellung in der Papierindustrie zusammengestellt. Dabei werden drei Szenarien unterschieden, ein Szenario „Standard", ein Szenario „Spar" und ein Szenario „Superspar", die sich in dieser Reihenfolge durch steigende Energieeffizienz unterscheiden. Dem Referenzszenario wurden die spezifischen Energiebedarfswerte aus dem IKARUS-Szenario „Standard" zugrunde gelegt. Für das Öko-Effizienzszenario und das Nachhaltigkeitsszenario wurde eine stärkere Diffusion energieeffizienter Techniken angenommen. Dementsprechend wurden hier die Daten aus dem IKARUS-Szenario „Superspar" angesetzt. Die Annahmen im Einzelnen sind im Anhang (Tabelle A-10) zusammengefasst.

Die Annahmen zur Energiebereitstellung berücksichtigen verschiedene Einflussfaktoren. Im Hinblick auf den Einsatz der Kraft-Wärme-Kopplung in der Papierindustrie ist die künftige Entwicklung nicht eindeutig zu prognostizieren. Es ist einerseits denkbar, dass sich die rückläufige Tendenz der vergangenen Jahre fortsetzt. Andererseits besteht in der Papierindustrie ein hohes technisches Einsatzpotential, das bisher unausgeschöpft ist. Für die tatsächliche Entwicklung der KWK-Anlagen dürften die künftigen Energiepreise und die politischen Rahmenbedingungen ausschlaggebend sein. Daher wird im Referenzszenario der Zustand von 1995 „eingefroren". In den Maßnahmenszenarien wird hingegen von einer wachsenden Bedeutung der Kraft-Wärme-Kopplung ausgegangen.

Des Weiteren wird in den Maßnahmenszenarien eine stärkere Verbesserung der mittleren Wirkungsgrade der Energieumwandlungstechniken unterstellt. Bereits im Referenzszenario wird bis 2020 eine Verschiebung des Brennstoff-Mix hin zu mehr Erdgas und energetisch verwertbaren Produktionsrückständen angenommen. In den anderen Szenarien wird von einer weitergehenden Nutzung der CO_2-neutralen Reststoffe ausgegangen. Die Annahmen zur Energiebereitstellung sind ebenfalls dem Anhang zu entnehmen (vgl. Tabelle A-11).

6.2 Ergebnisse der Modellrechnungen: Auswirkungen auf Wirtschaftsstruktur und Energieverbrauch

Die Modellrechnungen wurden nach der in Kapitel 4.4 erläuterten Vorgehensweise durchgeführt. Zunächst erfolgte eine Basisprojektion mit dem ungekoppelten Input-Output-Modell, die auf den Annahmen des Basisszenarios beruhte (vgl. Abschnitt 6.1.3.1). Die weiteren Modellierungsschritte wurden für jedes der drei weiteren Szenarien getrennt durchgeführt. Aus den Ergebnissen der Basisprojektion wurde die modellexogene Nachfrage als Ausgangspunkt für die Simulationsrechnungen mit dem Stoffstrommodell ermittelt. Sie umfasst

- die inländische Nachfrage nach den sechs betrachteten Papiersorten,
- die Auslandsnachfrage nach Primärfaserstoffen und Papier sowie
- die Nachfrage nach Chemiezellstoff durch die Chemieindustrie und das Ausland.

Die Entwicklung der Inlandsnachfrage nach Papier und der Auslandsnachfrage nach Faserstoffen und Papier ergibt sich direkt aus den jeweiligen Szenarioannahmen (vgl. Abschnitte 6.1.3.3 und 6.1.3.5). Die Inlands- und Auslandsnachfrage nach Chemiezellstoff wurde an die Entwicklung des Hauptabnehmers „Chemieindustrie" gekoppelt. In Tabelle 26 ist die Entwicklung der modellexogenen Nachfrage in den betrachteten Szenarien zusammengefasst.

Tabelle 26: Die modellexogene Nachfrage in den betrachteten Szenarien

Komponente der modell-exogenen Nachfrage		Referenzszenario / Öko-Effizienzszenario		Nachhaltigkeits-szenario	
	1995 (kt)	2005 (kt)	2020 (kt)	2005 (kt)	2020 (kt)
Inlandsnachfrage Papier	15.897	19.304	25.116	18.331	19.828
Exporte Primärfaserstoffe	289	306	337	300	319
Exporte Papier	6.389	9.049	13.884	8.605	10.726
Inlandsnachfrage + Exporte Chemiezellstoff	244	312	418	312	418

Quelle: Eigene Berechnung

Die modellexogene Nachfrage bildete den Ausgangspunkt für die Simulationsläufe mit dem Stoffstrommodell, mit denen auf der Basis der in Kapitel 6.1.3 erläuterten Szenarienannahmen eine Projektion für die Entwicklung der Papierkette im Untersuchungszeitraum erstellt wurde. Über die Outputschnittstelle führten die Ergebnisse der Simulationsrechnungen für jedes Szenario zur Anpassung ausgewählter Größen des IO-Modells. Mit dem angepassten IO-Modell wurde für jedes Szenario ein weiterer Modelllauf durchgeführt. Aus dem Vergleich der dabei erzielten Ergebnisse mit den Ergebnissen des ungekoppelten IO-Modells ließen sich die sektoralen Strukturwirkungen ermitteln, die aus den im jeweiligen Szenario betrachteten Strategien und Maßnahmen resultieren.

Damit lassen sich die Ergebnisse der Modellrechnungen in drei Teile untergliedern,

- die Ergebnisse der Modellrechnungen mit dem Stoffstrommodell,
- die daraus abgeleitete Anpassung ausgewählter Grössen im IO-Modell und
- die Ergebnisse der Modellrechnungen mit dem IO-Modell.

Die nachfolgende Dokumentation der Modellergebnisse folgt dieser Dreiteilung.

6.2.1 Ergebnisse des Stoffstrommodells

Die Szenarienannahmen, die den technischen und strukturellen Wandel innerhalb der Papierkette widerspiegeln, haben in ihrer Gesamtheit vielfältige Auswirkungen auf die Stoffströme der Papierkette. Diese ergeben sich als Ergebnisse der Simulationsrechnungen mit dem Stoffstrommodell. Der Ausgangspunkt für die Darstellung der Ergebnisse ist zunächst die in Abbildung 20 dargestellte und in Tabelle 27 erneut aufgeführte Entwicklung der Papierproduktion.

Tabelle 27: Entwicklung der Papierproduktion bis 2020

	1995 (kt)	2005 (kt)	2020 (kt)
Referenzszenario / Öko-Effizienzszenario	14.828	19.090	26.788
Nachhaltigkeitsszenario	14.828	18.178	21.165

Quelle: Eigene Berechnung

Die unterschiedliche Entwicklung der Papierproduktion sowie des Papiersorten-Mix hat zusammen mit den Annahmen zur Entwicklung des Faserstoffeinsatzes bei der Papierproduktion sowie der Energieeffizienz Auswirkungen auf die Stoff- und Energieumsätze in der Papierkette. Die Auswirkungen auf die stofflichen Inputs der Papier- und Faserstoffproduktion, das benötigte Aufkommen an Holz und Altpapier sowie die Transportleistungen sind in Tabelle 28 zusammengefasst. In ihrer disaggregierten Form dienen sie zur Anpassung der Grössen des IO-Modells. Für die Analyse der strukturellen Veränderungen in der Papierkette sind die Absolutwerte nur bedingt geeignet. Dazu sind die Ausblendung des Aktivitätsniveaus und die Betrachtung spezifischer Größen erforderlich.

Stoffliche Inputs

Betrachtet man zunächst die Entwicklung der durchschnittlichen Zusammensetzung von Papier nach den verschiedenen Faserstoffen, Pigmenten und Hilfsstoffen (vgl. Abbildung 24), so ist zunächst die Zunahme des Altpapierstoffanteils festzustellen. Er erhöht sich im Referenzszenario leicht von knapp 49 % in 1995 auf knapp 51 % in 2005 und stagniert danach bis 2020. Dabei wird die Zunahme der Altpapiereinsatzquote bei den graphischen Papiersorten durch die Veränderung des Papiersortenmix kompensiert, der zu einem Anteilsverlust altpapierreicher Papiersorten führt. Im Öko-Effizienzszenario und im Nachhaltigkeitsszenario liegt der Anteil von Altpapierstoff in 2020 bei gut 58 %. Die Zunahme des Altpapierstoffanteils geht zu Lasten des Einsatzes von Holzstoff und Zellstoff. Bereits im Referenzszenario nimmt wegen der Veränderung des Papiersortenmix der spezifische Einsatz von Füllstoffen, Streichpigmenten und Hilfsstoffen leicht zu. Im Nachhaltigkeitsszenario verändert sich der Anteil der Pigmente und Hilfsstoffe nur unwesentlich. Der Übergang zu einer stärker auf dem Rohstoff Altpapier basierenden Papierwirtschaft führt außerdem zu einem höheren Verbrauch von Hilfsstoffen für die Faserstoffherstellung, da zum großen Teil Holzstoff, der ohne den Einsatz von Hilfsstoffen produziert wird und Sulfatzellstoff, der überwiegend im Ausland hergestellt wird, substituiert werden.

Abbildung 24: Entwicklung des Faserstoff-, Pigment- und Hilfsstoffeinsatzes zur Papierproduktion

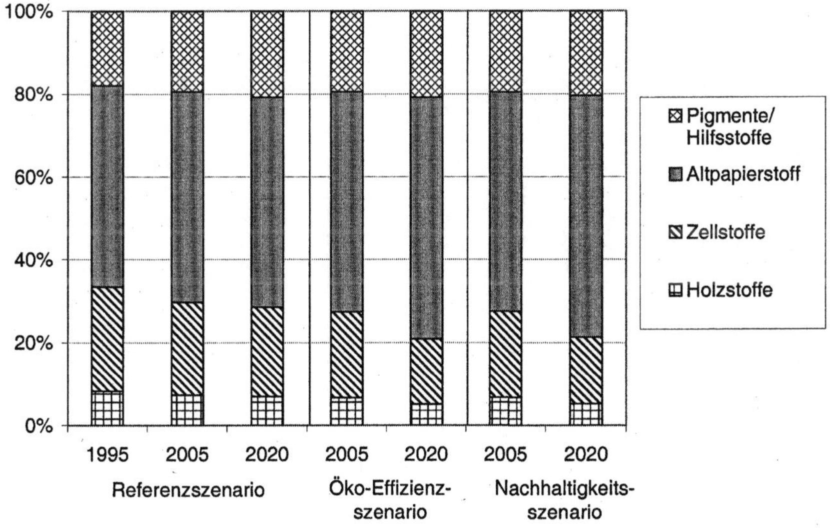

Quelle: Eigene Berechnung

Tabelle 28: Einsatz von Rohstoffen, Faserstoffen, Hilfsstoffen und Transportvorleistungen zur Papierherstellung, 1995 – 2020

	Referenz-szenario 1995	Referenz-szenario 2005	Referenz-szenario 2020	Ökoeffizienz-szenario 2005	Ökoeffizienz-szenario 2020	Nachhaltig-keitsszenario 2005	Nachhaltig-keitsszenario 2020
Faserstoffe (in kt)							
Holzstoffe	1.320	1.517	2.042	1.394	1.498	1.339	1.204
Zellstoffe	4.027	4.625	6.227	4.250	4.567	4.084	3.673
Altpapierstoff	7.773	10.459	14.643	10.957	16.848	10.362	13.306
Füllstoffe, Streichpigmente, Hilfsstoffe (in kt)							
Füllstoffe/Streichpigmente	2.108	2.994	4.581	2.994	4.581	2.875	3.549
Hilfsstoffe Faserstoffherst.	230	356	500	368	571	351	464
Hilfsstoffe Papierherstellung	758	1.001	1.435	1.001	1.435	952	1.116
Rohstoffe (in kt)							
Industrierestholz	1.358	1.644	1.929	1.546	1.740	1.502	1.506
Waldholz	1.852	2.608	3.477	2.460	3.007	2.393	2.648
Altpapier	8.753	11.852	16.646	12.449	19.272	11.777	15.244
Transporte (in Mio. tkm)							
Bahntransporte	637	754	1.023	725	888	693	709
Schiffstransporte	1.256	1.347	1.828	1.233	1.263	1.181	985
Lkw-Transporte	4.638	6.295	9.197	6.306	9.270	6.024	7.246
Transporte insgesamt	6.530	8.396	12.047	8.264	11.420	7.898	8.940

Quelle: Eigene Berechnungen

Entsprechend den Verschiebungen bei den Faserstoffen verändert sich auch die Rohstoffbasis für die Papierindustrie. In allen Szenarien steigt zunächst der Holzbedarf für die neu errichtete Sulfatzellstoffproduktion. Die Bedeutung von Holz nimmt jedoch im Öko-Effizienz- und Nachhaltigkeitsszenario gegenüber dem Referenzszenario ab. Im Gegenzug steigt die Bedeutung von Altpapier. Die Altpapiereinsatzquote erreicht 2020 im Referenzszenario 62 % und in den beiden anderen Szenarien knapp 72 %.

Transportleistungen

Die von der Papierindustrie benötigten Transportvorleistungen steigen im Referenzszenario zwischen 1995 und 2020 um über 80 % (vgl. Tabelle 28). Die Transporte im Jahr 2020 liegen im Öko-Effizienzszenario bei gleicher Papierproduktion um rund 5 % unter dem Wert des Referenzszenarios. Im Nachhaltigkeitsszenario beträgt die Reduktion bei verringerter Papierproduktion sogar gut 25 %. Betrachtet man die spezifischen Transportvorleistungen, gemessen in Tonnenkilometern pro Tonne Papierproduktion, so steigen diese im Referenzszenario bis 2020 leicht an (vgl. Abbildung 25). Dabei erhöht sich die Bedeutung des Lkw-Verkehrs, der überwiegend für den Transport von Pigmenten und Hilfsstoffen sowie von Altpapier anfällt. Schiffstransporte, die vor allem für den importierten Sulfatzellstoff benötigt werden, und Bahntransporte verlieren an Bedeutung. Die Maßnahmenszenarien unterschieden sich bei den spezifischen Größen nur unwesentlich voneinander. Im Vergleich zum Referenzszenario liegt der Lkw-Verkehr ungefähr auf gleichem Niveau, Schiffs- und Bahntransporte verringern sich jedoch deutlich.

Abbildung 25: Entwicklung der Transportvorleistungen für die Papierindustrie

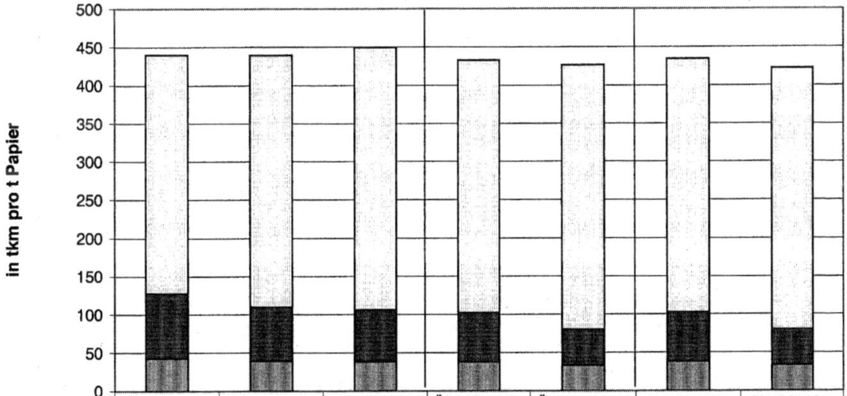

	Referenzszenario 1995	Referenzszenario 2005	Referenzszenario 2020	Ökoeffizienzszenario 2005	Ökoeffizienzszenario 2020	Nachhaltigkeitsszenario 2005	Nachhaltigkeitsszenario 2020
Lkw-Transporte	312,8	329,8	343,3	330,3	346,1	331,4	342,4
Schiffstransporte	84,7	70,6	68,2	64,6	47,1	65,0	46,6
Bahntransporte	42,9	39,5	38,2	38,0	33,1	38,1	33,5

Quelle: Eigene Berechnung

Energieverbrauch

Wesentliche Unterschiede ergeben sich bei der Entwicklung des Energieverbrauchs in der Papierindustrie, wie Abbildung 26 zeigt (vgl. auch Tabelle A-12). Darin wird die Entwicklung des Strom- und Wärmebedarfs in den verschiedenen Szenarien wiedergegeben. Insbesondere beim Wärmebedarf zeigen sich grosse Unterschiede zwischen den Szenarien. Während im Referenzszenario fast ein linearer Anstieg bis 2020 zu erwarten ist, steigt im Öko-Effizienzszenario der Wärmebedarf nach 2005 nur noch schwach. Im Nachhaltigkeitsszenario führt das geringere Wachstum der Papierproduktion zusammen mit der steigenden Energieeffizienz nach 2005 sogar zu einem deutlichen Rückgang des Wärmebedarfs, der 2020 sogar unter dem Niveau von 1995 liegt. Beim Strombedarf zeigen sowohl das Referenzszenario als auch das Öko-Effizienzszenario ein lineares Wachstum, das für das Öko-Effizienzszenario etwas schwächer ausfällt. Im Nachhaltigkeitsszenario ist nach 2005 nur noch ein schwacher Anstieg zu erwarten.

Abbildung 26: Entwicklung des Strom- und Wärmebedarfs in der Papierindustrie bis 2020

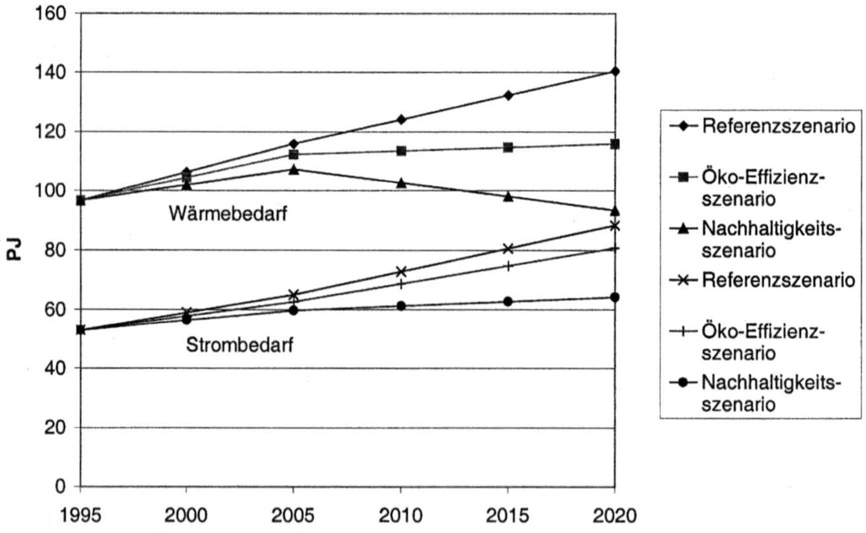

Anmerkung: Stichjahre 1995, 2005, 2020; Zwischenjahre linear interpoliert

Quelle: Eigene Berechnung

Vor allem die Einführung effizienter Techniken in der Papierherstellung ist in den Maßnahmenszenarien für die Verringerung des Strom- und Wärmebedarfs verantwortlich. Daneben trägt die Substitution von Holzstoff durch Altpapier zum Rückgang des Strombedarfs bei. Die Substitution von Zellstofffasern führt zu einem geringen Rückgang des Energiebedarfs zur Aufbereitung von importiertem Sulfatzellstoff. Im Nachhaltigkeitsszenario kommt wiederum der Aktivitätseffekt, d.h. das geringere Produktionsniveau bei allen Prozessen, hinzu.

Auf der Energieversorgungsseite findet eine weitere Erhöhung der Energieeffizienz durch die vermehrte Stromgewinnung in effizienten Kraft-Wärme-Kopplungsanlagen innerhalb der Papierindustrie statt. Hinzu kommt eine stärkere Energiegewinnung durch den Einsatz von Reststoffen aus der Faserstoff- und Papierherstellung. Dies führt zusammen mit den Effizienzgewinnen in den Produktionsprozessen zu einem insgesamt geringeren Primärenergiebedarf. Dies verdeutlicht Abbildung 27, die die Entwicklung des Energieverbrauchs der Papierindustrie in Primärenergieäquivalenten darstellt, um die verschiedenen Energieträger vergleichbar zu machen. Im Jahr 2020 liegt der Primärenergieverbrauch im Öko-Effizienzszenario um rund 20 % unter dem entsprechenden Wert des Referenzszenarios, im Nachhaltigkeitsszenario liegt er sogar um ca. 36 % niedriger.

Abbildung 27: Entwicklung des Verbrauchs fossiler Energieträger in der Papierindustrie bis 2020 in Primärenergieäquivalenten

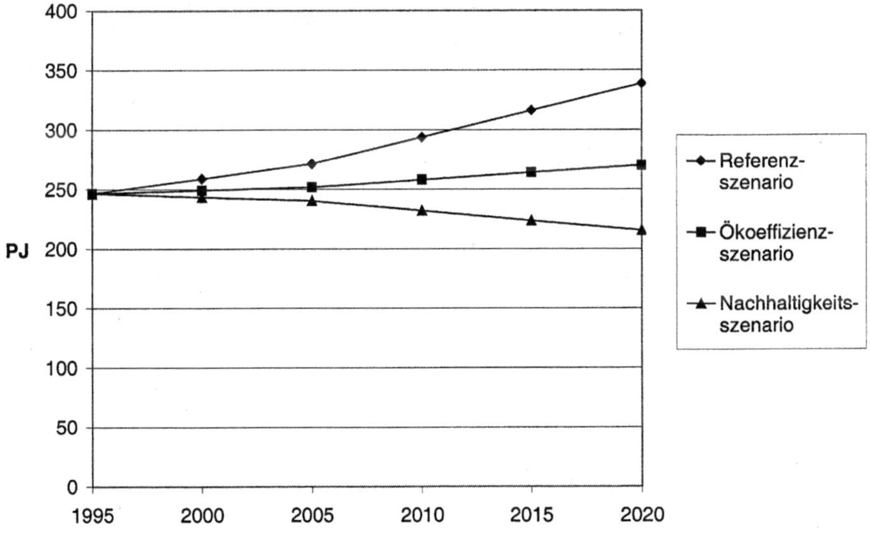

Anmerkung: Stichjahre 1995, 2005, 2020; Zwischenjahre linear interpoliert

Quelle: Eigene Berechnungen

Stromeigenerzeugung

Die Entwicklung der Stromeigenerzeugung ist auch für die Kopplung mit dem IO-Modell relevant. Sie erfolgt zwar in KWK-Anlagen in der Papierindustrie, wird im Input-Output-Modell jedoch von der Wärmebereitstellung getrennt und dem Sektor „Strom- und Dampferzeugung" funktional zugeordnet. Da Kraft-Wärme-Kopplungsanlagen in der Papierindustrie wärmegeführt sind, ist die Stromeigenerzeugung an die Wärmeerzeugung gekoppelt. Dadurch nimmt bereits im Referenzszenario die Stromeigenerzeugung in absoluten Größen deutlich zu (vgl. Tabelle 29). Infolge von Effizienzverbesserungen steigt sogar ihr Anteil am Strombedarf von 41 % im Jahr 1995 auf 54 % in 2020. Im Öko-Effizienz- und im Nachhaltigkeitsszenario liegt dieser Wert im Jahr 2020 bei jeweils 63 %. Allerdings wirkt in beiden Szenarien der Rückgang des spezifischen Wärmebedarfs, der insbesondere nach 2005 durch Energieeinsparmaßnahmen realisiert wird, als Bremse für die weitere Zunahme der Stromeigenerzeugung. Im Nachhaltigkeitsszenario liegt sie wegen der geringeren Papierproduktion sogar unter dem Wert des Referenzszenarios.

Tabelle 29: Entwicklung der Stromeigenerzeugung in der Papierindustrie bis 2020

	1995	2005	2020
Stromeigenerzeugung	(TJ)	(TJ)	(TJ)
Referenzszenario	21913	31496	47424
Öko-Effizienzszenario	21913	35156	50541
Nachhaltigkeitsszenario	21913	33568	40567
Anteil am Strombedarf			
Referenzszenario	41 %	48 %	54 %
Öko-Effizienzszenario	41 %	56 %	63 %
Nachhaltigkeitsszenario	41 %	56 %	63 %

Quelle: Eigene Berechnung

Altpapierströme

In den Szenarien kommt es auch zu Veränderungen der Altpapierströme. Insbesondere die Altpapierexporte und der ungenutzte Teil des Altpapierpotentials verringern sich im Ökoeffizienz- und im Nachhaltigkeitsszenario deutlich wegen des zunehmenden Altpapiereinsatzes in der Papierindustrie (vgl. Tabelle 30).

Tabelle 30: Entwicklung der Altpapierströme bis 2020

	Referenzszenario			Ökoeffizienz-szenario		Nachhaltig-keitsszenario	
	1995 (kt)	2005 (kt)	2020 (kt)	2005 (kt)	2020 (kt)	2005 (kt)	2020 (kt)
Inl. Altpapierpotential	12.646	15.348	19.998	15.348	19.998	14.514	15.423
Altpapierimporte	1.141	1.465	1.949	1.489	2.059	1.413	1.599
Altpapierexporte	3.212	3.462	3.691	3.089	2.079	2.952	1.278
Externe Entsorgung Altpapier	1.822	1.499	1.610	1.300	706	1.200	500
Altpapierverbrauch Papierindustrie	8.753	11.852	16.646	12.449	19.272	11.777	15.244

Quelle: Eigene Berechnung

6.2.2 Anpassung der IO-Modellgrößen

Die Ergebnisse der Stoffstrommodellrechnungen betreffen drei Sektoren des IO-Modells in direkter Weise:

- den Stromsektor,
- den Sektor "Zellstoff/Papier" und
- den Dienstleistungssektor.

Sie führen zunächst zur Veränderung der Inputs, Outputs sowie des Kapitalstocks dieser Sektoren. Über die veränderten Outputs der Papierindustrie wirken sie sich darüber hinaus indirekt auf die Inputs der jeweiligen Abnehmerbranchen aus.

Bevor die IO-Modellparameter angepasst werden können, ist es notwendig, die Ergebnisse des Stoffstrommodells

- zu monetarisieren,
- in die Gliederungssystematik des IO-Modells zu überführen,
- um die sonstigen, d.h. nicht im Stoffstrommodell abgedeckten Vorleistungsinputs zu ergänzen und
- den Kapitalstock der modellendogenen Prozesse zu berechnen (vgl. Abschnitt 4.4.4).

Anschließend werden die Inputs und Outputs der Papierindustrie für die Projektionsjahre vollständig auf der Basis der Ergebnisse des Stoffstrommodells bestimmt, da dieser Sektor durch das Stoffstrommodell komplett abgedeckt wird. Für die anderen betroffenen Sektoren, die nur teilweise durch das Stoffstrommodell abgedeckt sind, werden die Projektionswerte nach der in Abschnitt 4.4.4 erläuterten Vorgehensweise (Gleichungen (46) bis (52)) aus den Projektionswerten des ungekoppelten IO-Modells und den Stoffstrommodellergebnissen zusammengesetzt.

Das Nachhaltigkeitsszenario ist das einzige Szenario, in dem sich nicht nur die Parameter der Sektoren des Produzierenden Bereichs verändern, sondern auch die der exogenen Endnachfrage. Bei der Anpassung der Modellparameter wurde zweistufig vorgegangen. Zunächst wurde mit den veränderten Parametern der Endnachfrage und der Leontief-Inverse des Basisszenarios für jedes Projektionsjahr eine neue IO-Tabelle berechnet. Die Anpassung der Größen für die Sektoren des Produzierenden Bereichs erfolgte dann mit den neu berechneten IO-Tabellen. Mit dieser Vorgehensweise wurde das Problem umgangen, gleichzeitig Endnachfrage und Vorleistungsnachfrage, die von der Endnachfrage abhängt, verändern zu müssen.

Im Folgenden werden die Veränderungen der IO-Modellvariablen und -parameter in den einzelnen Szenarien dargestellt. Die Papierindustrie und die Abnehmersektoren von Papier und den papierverarbeitenden Sektoren werden dabei besonders beleuchtet. In Tabelle 31 ist zunächst eine Übersicht über die Inputs und Outputs der Papierindustrie in 2020 für die betrachteten Szenarien zu sehen. Daneben sind auch die Abweichungen zwischen den Szenarien aufgeführt, wobei zum einen das Referenzszenario mit dem Basisszenario und zum anderen die Maßnahmenszenarien mit dem Referenzszenario verglichen werden. Die Werte für das Basisszenario stammen aus der Projektion mit dem ungekoppelten IO-Modell. Für die übrigen Szenarien wurden sie auf der Basis der Simulationsergebnisse des Stoffstrommodells gebildet.

Betrachtet man zunächst die Outputseite der Papierindustrie, so liegt das gesamte Güteraufkommen im Referenzszenario um knapp 1,5 Mrd. DM unter dem Wert des Basisszenarios. Noch stärker fällt der Rückgang der Importe gleichartiger Güter mit fast 3 Mrd. DM aus. Da bereits im Referenzszenario mit einem bis 2020 steigenden Einsatz von Altpapier zur Papierherstellung gerechnet wird, benötigt die Papierindustrie auch weniger importierten Sulfatzellstoff. Zudem trägt die Verschiebung des Papiersortenmix zu einer Verringerung der Importabhängigkeit bei, da Papiersorten mit hohen Importanteilen im Mittel schwächer wachsen als solche mit geringeren Importanteilen. Der Bruttoproduktionswert, der die inländische Produktion angibt, liegt im Referenzszenario um knapp 1,5 Mrd. DM über dem Wert des Basisszenarios. Dies spiegelt den zunehmenden Anteil hochwertiger Papiersorten im Produkt-Mix der Papierindustrie wider. Im Öko-Effizienzszenario liegt das Güteraufkommen gut 2,4 Mrd. DM unter dem Wert für das Referenzszenario. Auch hier tragen die sinkenden Zellstoffimporte als wichtiger Kostenfaktor zum Rückgang bei. Im Öko-Effizienzszenario wird eine mit dem Referenzszenario identische Papierproduktion unterstellt.

Tabelle 31: Vergleich der Inputs und Outputs der Papierindustrie im Jahr 2020 zwischen den Szenarien

	Inputs und Output der Papierindustrie					Abweichungen		
	Basis-szenario	Referenz-szenario	Öko-Effi-zienz-Szenario	Nachhalt.-szenario		Referenz- zu Basisszenario	Öko-Effizienz-zu Referenz-szenario	Nachhaltigkeits-zu Referenz-szenario
	(Mio. DM)	(Mio. DM)	(Mio. DM)	(Mio. DM)		(Mio. DM)	(Mio. DM)	(Mio. DM)
Land-, Forstwirtschaft	747	764	696	597		17	-68	-167
Chemie	1.842	1.954	2.043	1.617		112	89	-337
Steine/Erden	682	799	798	624		117	-1	-175
Kohlesektor	273	89	61	48		-185	-27	-40
Mineralölverarbeitung	723	503	487	397		-220	-16	-106
Gaserzeugung, -verteilung	678	651	462	367		-27	-189	-284
Strom/Dampf	4.132	3.827	3.498	2.783		-305	-329	-1.044
Raumwärme	716	398	398	398		-318	0	0
Bahnverkehr	184	164	141	113		-20	-23	-51
Schiffsverkehr	88	71	49	38		-17	-22	-33
Sonstiger Verkehr	1.637	1.704	1.735	1.376		67	31	-328
Zellstoff/Papier	10.613	9.134	6.694	5.384		-1.479	-2.439	-3.750
Dienstleist. (inkl. AP-Recycl.)	7.103	7.270	7.830	6.308		167	559	-962
Sonstige Sektoren	2.749	2.696	2.661	2.196		-53	-35	-500
Summe Vorleistungen	32.165	30.023	27.553	22.246		-2.143	-2.469	-7.776
Bruttowertschöpfung	8.109	8.405	8.459	6.768		296	54	-1.636
Residualwert		3.312	5.284	3.993		3.312	1.972	682
Bruttoproduktionswert	40.274	41.739	41.296	33.008		1.465	-443	-8.731
Importe gleichartiger Güter	27.772	24.825	22.829	17.756		-2.947	-1.997	-7.069
Güteraufkommen	68.047	66.564	64.125	50.764		-1.482	-2.439	-15.800

Quelle: Eigene Berechnungen

Dennoch liegt der Bruttoproduktionswert unter demjenigen im Referenzszenario, da aufgrund des höheren Recyclings die sektoreigene Produktion von Holzstoff zurückgeht. Im Nachhaltigkeitsszenario, in dem ein geringerer Papierverbrauch angenommen wird, verringert sich das Güteraufkommen gegenüber dem Referenzszenario um knapp 16 Mrd. DM oder rund 24 %. Dabei reduziert sich auch der Anteil der Importe am Güteraufkommen gegenüber dem Referenzszenario.

Bei der Analyse der Inputveränderungen ist es sinnvoll, den Struktureffekt vom Niveaueffekt zu trennen. Abbildung 28 zeigt die Vorleistungsstruktur der Papierindustrie in den betrachteten Szenarien. Die Importe als Teil des Güteraufkommens wurden dabei ausgeblendet. Die Abbildung zeigt also die Anteile der Vorleistungen am Bruttoproduktionswert. Damit werden Strukturänderungen, die sich als Folge der Veränderung der Importanteile ergeben, ebenfalls ausgeblendet. Für die Vorleistungsbereiche, die in Abbildung 28 zusammengefasst dargestellt sind, lassen sich die Veränderungen der Vorleistungsanteile aus Tabelle 32 entnehmen. Im Basisszenario haben beispielsweise die Vorleistungen aus dem Stromsektor einen Anteil von 12 % am Bruttoproduktionswert der Papierindustrie. Im Referenzszenario liegt dieser Vorleistungsanteil um 16 % niedriger. Im Öko-Effizienz- und im Nachhaltigkeitsszenario verringert sich der spezifische Strominput gegenüber dem Referenzszenario weiter um 7 % bzw. 5 %.

Vergleicht man zunächst das Referenz- und das Basisszenario, so ergeben sich bereits deutliche Unterschiede. Insbesondere sinken die sektorinternen Vorleistungen der Papierindustrie, da wegen des zunehmenden Altpapierrecyclings der Bedarf an Holzstoff und Zellstoff zurückgeht. Im Referenzfall liegen weiter die Energiekosten deutlich niedriger. Der Altpapierbedarf führt in absoluten Werten zu steigenden Vorleistungen aus dem Dienstleistungsbereich. Durch die stärkere Zunahme des Bruttoproduktionswerts geht jedoch der relative Vorleistungsanteil leicht zurück. Es gibt auch einige Vorleistungen, deren Bedeutung zunimmt. Wegen der Veränderungen beim Papiersortenmix, u.a. durch die Verschiebung hin zu mehr gestrichenen Papieren, steigt die Vorleistungsnachfrage nach Füllstoffen und Streichpigmenten aus dem Sektor „Steine/Erden“ sowie chemischen Hilfsstoffen. Die Transportvorleistungen verändern sich ebenfalls durch das zunehmende Altpapierrecycling und die sinkenden Zellstoffimporte. Bahn- und Schiffstransporte gehen zurück, während Lkw-Transporte leicht zunehmen. Die Berücksichtigung des im Jahr 2000 in Betrieb genommenen Sulfatzellstoffwerks sowie die Annahme einer Kapazitätserhöhung nach 2005 führen trotz des steigenden Altpapiereinsatzes zu einem ungefähr konstanten Bedarf an Waldholz (Sektor Forstwirtschaft).

Insgesamt führen die verstärkte Nutzung von Altpapier als Rohstoff und die steigende Energieeffizienz zu Kosteneinsparungen, d.h. sinkenden Vorleistungsinputs. Der gleichzeitig steigende Produktionswert erhöht noch die Differenz zwischen Output und Inputs im Referenzszenario. Wie in Abschnitt 4.4.5 erläutert, wird die Differenz zwischen Bruttoproduktionswert und Inputs bei der Anpassung der Inputstruktur des

Papiersektors über eine Ausgleichsvariable abgefangen. In 2020 beträgt dieser Residualwert im Referenzszenario knapp 8 % des Bruttoproduktionswerts.

Der Vergleich zwischen Öko-Effizienz- und Referenzszenario ergibt im Wesentlichen eine Verstärkung der oben genannten Trends. Auch der Residualwert erhöht sich im Öko-Effizienzszenario. Für das Nachhaltigkeitsszenario ergibt sich eine mit der des Öko-Effizienzszenarios weitgehend identische Inputstruktur. In beiden Maßnahmenszenarien steigt der spezifische Kapitalbedarf der Papierindustrie infolge des intrasektoralen Strukturwandels und der umgesetzten Energieeinsparmaßnahmen um rund 5 %. Daraus resultieren wiederum höhere Abschreibungen und steigende Wertschöpfungsanteile.

Abbildung 28: Veränderung der Vorleistungsstruktur der Papierindustrie in den betrachteten Szenarien

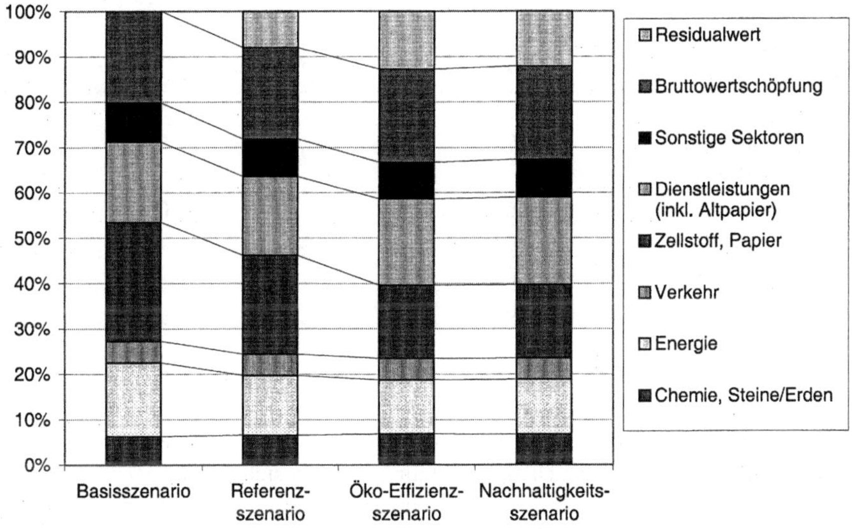

Quelle: Eigene Berechnung

Tabelle 32: Veränderung der Vorleistungsstruktur der Papierindustrie in den betrachteten Szenarien

	Input-struktur Basis-szenario	Abweichung Referenz- von Basisszenario	Abweichung Öko-Effizienz- von Referenzszenario	Abweichung Nachhaltig-keits- von Referenzszenario
Land-, Forstwirtschaft	1,9%	-1%	-8%	-1%
Chemie	4,6%	2%	6%	5%
Steine/Erden	1,7%	13%	1%	-1%
Kohlesektor	0,7%	-69%	-30%	-31%
Mineralölverarbeitung	1,8%	-33%	-2%	0%
Gaserzeugung, -verteilung	1,7%	-7%	-28%	-29%
Strom/Dampf	12,0%	-16%	-7%	-5%
Bahnverkehr	0,5%	-14%	-13%	-13%
Schiffsverkehr	0,2%	-22%	-30%	-32%
Sonstiger Verkehr	4,1%	0%	3%	2%
Zellstoff/Papier	26,4%	-17%	-26%	-25%
Dienstleistungen (inkl. AP-Recycling)	17,6%	-1%	9%	10%
Sonstige Sektoren	6,8%	-5%	0%	3%
Summe Vorleistungen	79,9%	-10%	-7%	-6%
Bruttowertschöpfung	20,1%	0%	2%	2%
Bruttoproduktionswert	100,0%			

Quelle: Eigene Berechnung

Für die beiden anderen betroffenen Sektoren ergeben sich die folgenden Veränderungen. Im Sektor „Strom- und Dampferzeugung" wirken sich die unterschiedlichen Niveaus der Stromeigenerzeugung in der Papierindustrie auf das Güteraufkommen aus (vgl. Tabelle 33). Durch den geringen Anteil der Stromerzeugung in der Papierindustrie an der gesamten Stromerzeugung fallen die Unterschiede jedoch nicht sehr groß aus. Der Ausbau der effizienten Kraft-Wärme-Kopplung in der Papierindustrie führt zu Kosteneinsparungen, wenn man konstante Energieträgerpreise unterstellt. Tabelle 33 enthält auch die neuen Werte für ausgewählte Inputkoeffizienten. Im Wesentlichen sind die in der Stromeigenerzeugung der Papierindustrie eingesetzten Energieträger von Veränderungen betroffen.

Tabelle 33: Ausgewählte Inputs und Outputs des Sektors „Strom- und Dampferzeugung" im Jahr 2020

	Basis-szenario	Referenz-szenario	Öko-Effizienz-szenario	Nachhaltig-keits-szenario
	(Mio. DM)	(Mio. DM)	(Mio. DM)	(Mio. DM)
Güteraufkommen	152.845	153.556	153.691	153.259
Kosteneinsparungen	0	141	193	161
Anteile ausgewählter Vorleistungen				
Kohle	9,54 %	9,48 %	9,47 %	9,48 %
Mineralölprodukte	1,02 %	0,97 %	0,97 %	0,97 %
Gas	1,92 %	2,05 %	2,04 %	1,99 %

Quelle: Eigene Berechnung

Schließlich ändern sich einige Größen des Dienstleistungssektors leicht aufgrund der Veränderungen der Altpapierströme. Diese sind die Lieferungen an den Papiersektor, die bereits durch die entsprechende Anpassung der Inputs der Papierindustrie erfasst sind (vgl. Tabelle 31), die Exporte sowie die Importe. Die Inputs werden durch das Stoffstrommodell nicht tangiert.

Auswirkungen auf nachgelagerte Sektoren im Nachhaltigkeitsszenario
Im Nachhaltigkeitsszenario kommt es bis zum Jahr 2020 zu einer deutlichen Verringerung des Papierverbrauchs, der teilweise auch mit einem reduzierten Verbrauch von Papierprodukten einhergeht (vgl. Szenarienannahmen in Abschnitt 6.1.3.4). Bei der Anpassung der IO-Modellparameter gilt es nun noch die Auswirkungen auf die nachgelagerten Sektoren, die nicht Gegenstand des Stoffstrommodells sind, zu berücksichtigen. Wegen der Vielfalt der Verarbeitungswege und Einsatzfelder für Papierprodukte musste im Rahmen dieser Arbeit eine vereinfachende Vorgehensweise gewählt werden. Die Auswirkungen auf die nachgelagerten Sektoren können daher nur grob in ihrer Größenordnung geschätzt werden.

Da das Input-Output-Modell den Charakter eines nachfragegetriebenen Modells hat, ist der Rückgang der Produktion in den Sektoren der Papierindustrie, des Papier verarbeitenden Gewerbes und der Druckereien durch die Verringerung der Nachfrage der jeweiligen Abnehmersektoren abzubilden. Die im Stoffstrommodell errechnete Veränderung der Papiernachfrage bildete den Ausgangspunkt für die weiteren Anpassungsschritte. Da keine Informationen dazu vorlagen, wie sich die einzelnen Papiersorten auf die Abnehmersektoren verteilen, war es notwendig, die reduzierte Papiernachfrage in geeigneter Weise aufzuteilen. Dabei lag mit dem neuen Wert für das Güteraufkommen der Papierindustrie im Nachhaltigkeitsfall fest, wie hoch die gesamte Reduktion der Papiernachfrage ausfällt. Aus den Szenarienannahmen war bekannt, wie sich die Endnachfrage nach Papier verändert. Damit blieb die Papiernachfrage der Produktionsbereiche (Zwischennachfrage) noch zu bestimmen. Zunächst wurde die Nachfrage der wichtigsten weiterverarbeitenden Sektoren, nämlich des Papier verarbeitenden Gewerbes und der Druckereien, festgelegt. Dabei wurden die in Tabelle 23 aufgeführten Annahmen zur Verringerung des Papierverbrauchs für die Herstellung von Papierprodukten berücksichtigt. Für diese unmittelbar vom Werkstoff Papier abhängigen Sektoren stellt sich die Frage, ob auch der eigene Output zurückgeht, oder ob die eigene Leistungserbringung unverändert bleibt und lediglich weniger Papier dafür benötigt wird. Die Papiernachfrage der übrigen Sektoren wurde so festgelegt, dass sich die zu reduzierende Papiernachfragemenge proportional zur jeweils bestehenden Papiernachfrage auf die einzelnen Sektoren aufteilt.

Das Papier verarbeitende Gewerbe ist im Nachhaltigkeitsszenario vom Nachfragerückgang nach Schreibwaren und Büromitteln (z. B. Briefumschläge) und vom reduzierten Einsatz von Papier in der Verpackungsherstellung betroffen. Es wird angenommen, dass der reduzierte Bedarf an Schreibwaren und Büromitteln vollständig auf die Produktion des Papier verarbeitenden Gewerbes durchschlägt, die sich damit ebenfalls verringert. Bei den Verpackungen wird hingegen ein effizienterer Einsatz von Papier unterstellt, während die Verpackungsproduktion unverändert bleibt. Es wird angenommen, dass die geringeren Papierkosten der Verpackungshersteller an die Kunden, d.h. die Abnehmer der Verpackungen weitergegeben werden. Denn häufig gehen Anstrengungen zur Reduktion des Verpackungseinsatzes von den Kunden aus, die zum einen der Verpackungsdiskussion in der Öffentlichkeit ausgesetzt sind, zum anderen aber auch die Gelegenheit zur Einsparung von Materialkosten nutzen wollen. Für die Modellierung wird eine Qualitätsveränderung der Verpackungen unterstellt, die sich im Mengenmodell durch eine (Volumen-)Reduktion des Produktionswerts im Papier verarbeitenden Gewerbes bemerkbar macht. Insgesamt ergibt sich für das Papier verarbeitende Gewerbe ein Rückgang des Güteraufkommens, das im Modell durch die Verringerung der Nachfrage nach Papierwaren umgesetzt wird. Die sektorale Verteilung des Nachfragerückgangs folgt der für Papier gewählten Vorgehensweise. Bei den Abnehmersektoren kommt es dabei zu Kosteneinsparungen, die ebenfalls über eine Ausgleichsvariable abgefangen werden. Die Outputs dieser Sektoren bleiben unverändert.

Im Nachhaltigkeitsszenario wird weiter von einem deutlich geringeren Papierverbrauch für Druckerzeugnisse ausgegangen. Für die weitere Modellierung wird angenommen, dass damit ein Produktionsrückgang der Druckereien in gleichem Ausmaß einhergeht, während die Inputstruktur unverändert bleibt (vgl. Begründung in Abschnitt 6.1.3.4). Damit ist der Rückgang der Nachfrage nach Druckerzeugnissen ebenfalls explizit zu modellieren. Die sektorale Verteilung dieses Nachfragerückgangs folgt ebenfalls der für Papier gewählten Vorgehensweise. Insbesondere verringert sich die Nachfrage der Verlage, die in MIS im Sektor „Dienstleistungen" enthalten sind, nach Druckerzeugnissen.

Von der geringeren Nachfrage nach Papierwaren und Druckerzeugnissen sind darüber hinaus Sektoren betroffen, die für die Distribution dieser Güter bis zum Endkunden sorgen. Potentiell sind dies die Transportsektoren, der Großhandel und der Einzelhandel. In der IO-Tabelle werden die Leistungen dieser Sektoren ja nicht als Teil des Produktionswerts der transportierten und gehandelten Güter verbucht, sondern als separate zusätzliche Vorleistung der Güterabnehmer. Daher ist getrennt abzuschätzen, wie sich ein Rückgang der Nachfrage nach Papierprodukten auf diese Sektoren auswirkt. Insbesondere sind Daten zu Transport- und Handelsmargen erforderlich. Diese Abschätzung wird durch die Vielzahl der Papierprodukte und der Distributionswege deutlich erschwert. Eine Möglichkeit, die benötigten Transport- und Handelsmargen abzuschätzen, besteht darin, die Endnachfrage der Privaten Haushalte aus der Input-Output-Tabelle heranzuziehen. Aus dieser Quelle und Informationen des Statistischen Bundesamtes zur Umbewertung der IO-Tabellen von Anschaffungspreisen auf Ab-Werk-Preise wurden durchschnittliche Margen für diejenigen Güter innerhalb der Endnachfrage, die transportiert und gehandelt werden, ermittelt. Diese Vorgehensweise ergab Werte von

- 8 % für Transporte
- 15 % für den Großhandel und
- 32 % für den Einzelhandel,

bezogen auf den Wert der transportierten und gehandelten Güter. Diese Margen wurden vereinfachend auch für die betrachteten Papierprodukte herangezogen. Es wurde angenommen, dass von den Papierwaren die Schreibwaren und Büromittel sowie von den Druckerzeugnissen die Zeitungen, Zeitschriften und Bücher über Transportunternehmen und Großhandel verteilt werden. Für die von den Haushalten bezogenen Produkte wurde darüber hinaus die Einzelhandelsstufe berücksichtigt. Außerdem waren Besonderheiten wie Zeitungs- und Zeitschriftenabonnements, die nicht über den Groß- und Einzelhandel distribuiert werden, einzubeziehen. Die Nachfrageverluste für den Transportsektor und die Handelssektoren ergeben sich durch Multiplikation des Nachfragerückgangs der einzubeziehenden Papierprodukte mit den oben genannten Margen.

Insgesamt verringert sich im Nachhaltigkeitsszenario also die Nachfrage nach Papier und Papierprodukten sowie Transport- und Handelsleistungen. Nur zum kleineren Teil stellen diese Nachfragerückgänge jedoch echte Kosteneinsparungen dar, nämlich insoweit als Papier und Papierprodukte effizienter genutzt werden, ohne dass sich der Nutzen, den diese Produkte stiften, verringert. Zu den Szenarioannahmen gehört andererseits die Substitution von Papier und Papierprodukten durch die verstärkte Nutzung neuer elektronischer Medien. Den Nachfragerückgängen stehen daher Nachfragezuwächse nach anderen Gütern und Dienstleistungen gegenüber. Diesen Substitutionsprozess und die Ausgestaltung der neuen Medienwirtschaft mit den neu entstehenden Aktivitäten, ihren spezifischen Inputs und Outputs angemessen zu beschreiben, würde den Rahmen der vorliegenden Arbeit mit ihrem Schwerpunkt auf der Papierkette überschreiten. Ihre Auswirkungen können daher nur angedeutet werden.

Die Grundüberlegung für die Modellierung der Substitution ist, dass die neuen Mediendienstleistungen nur dann eine ausreichende Akzeptanz finden, wenn sie für die Nutzer nicht teurer sind als die bestehenden papierbasierten Produkte. Die Nachfrage nach den neuen Produkten entspricht damit dem Wert der gesunkenen Nachfrage nach den betroffenen Papierprodukten und darüber hinaus den eingesparten Transport- und Handelsleistungen, die für die elektronische Verbreitung der Verlagsinhalte und Softwareprodukte nicht mehr benötigt werden. Die Sektoren, die für die neuen Produkte benötigt werden, sind in erster Linie Mediendienstleister, die die zu verbreitenden Informationen (z. B. Verlagsinhalte, Anzeigendatenbanken) für die neuen Kommunikationskanäle aufbereiten und die benötigte Software erstellen. Zudem werden EDV- und IuK-Dienstleister für die Bereitstellung und Wartung der EDV-Systeme benötigt. Vereinfachend wird angenommen, dass die zusätzlich erforderlichen EDV-Anlagen (Server etc.) von diesen Dienstleistungsunternehmen bereitgestellt werden, wie dies heute schon überwiegend erfolgt. Im MIS-Modell sind diese zusätzlich benötigten Vorleistungen dem Dienstleistungssektor zuzuordnen, was aufgrund der Heterogenität dieses Sektors sicher eine Vereinfachung darstellt. Bei den privaten Haushalten wird eine zunehmende Nachfrage nach Endgeräten der IuK-Technik unterstellt, die im MIS-Modell der Investitionsgüterindustrie zugute kommt.

Im Input-Output-Modell wirkt sich die erläuterte Vorgehensweise zunächst auf die Werte der exogenen Endnachfrage aus. Tabelle 34 enthält eine Übersicht über die Veränderungen zwischen Nachhaltigkeits- und Referenzszenario. Für die Endnachfrage der Haushalte ergeben sich zum einen die erwähnten Verschiebungen von den papierbasierten Sektoren und dem Transportsektor zum Investitionsgütersektor (IuK-Geräte) und Dienstleistungen. Zum anderen realisieren die Haushalte insgesamt Kosteneinsparungen, die sie für andere Ausgaben zur Verfügung haben (rund 100 Mio. DM in 2005 und 950 Mio. DM in 2020). Die Exporte der papierbasierten Sektoren, insbesondere der Papierindustrie sowie die Altpapierexporte, die im IO-Modell dem Dienstleistungssektor zugeordnet sind, sinken ebenfalls im Nachhaltigkeitsszenario.

Tabelle 34: Veränderungen der exogenen Endnachfrage zwischen Nachhaltigkeits- und Referenzszenario für die betroffenen IO-Sektoren

	Abweichungen im Nachhaltigkeitsszenario	
	Haushalte (Mio. DM)	Exporte (Mio. DM)
2005		
Sonstiger Verkehr	-182	
Papier	-19	-684
Investitionsgüter	146	
Dienstleistungen (inkl. Altpapierhandel)	45	-248
Papierverarbeitung	-64	-76
Druckereien	-28	-187
Insgesamt	-103	-1.195
2020		
Sonstiger Verkehr	-720	
Papier	-135	-5.072
Investitionsgüter	657	
Dienstleistungen	14	-908
Papierverarbeitung	-667	-781
Druckereien	-101	-1.047
Insgesamt	-952	-7.808

Quelle: Eigene Berechnung

Die Veränderungen, die sich in der Summe für die Sektoren der Zwischennachfrage ergeben, sind in Tabelle 35 zusammengefasst. Diese ergeben sich zusätzlich zu den bereits erläuterten Veränderungen der Inputs in der Papierindustrie. Besonders stark nimmt der Bezug von Vorleistungen aus dem Druckereisektor ab, die im Wesentlichen durch Dienstleistungen substituiert werden. Tabelle 35 zeigt ebenfalls die Kosteneinsparungen der Sektoren, die 2005 bei gut 1,2 Mrd. DM und 2020 bei rund 5,5 Mrd. DM liegen.

Tabelle 35: Vorleistungsveränderungen für die Sektoren der Zwischennachfrage (ohne Papierindustrie) im Nachhaltigkeitsszenario

Vorleistung	MIS-Sektor	2005 (Mio. DM)	2020 (Mio. DM)
Vorleistungsrückgänge			
Zellstoff/ Papier	Zellstoff/ Papier	-797	-3.814
Papierverarbeitung	Papierverarbeitung	-263	-1.242
Druckereien	Druckereien	-3.828	-22.150
Transporte	Sonstige Transporte	-223	-936
Großhandel	Dienstleistungen	-189	-806
Sonstige		-124	-196
Summe		-5.424	-29.145
Vorleistungszuwächse			
EDV-/Mediendienstleistungen	Dienstleistungen	4.166	23.625
Kosteneinsparungen		1.258	5.520

Quelle: Eigene Berechnung

Neuberechnung der IO-Modellparameter

Für jedes Szenario und jedes Projektionsjahr führen die oben erläuterten Schritte zu neuen Werten für die IO-Tabellen und die Kapitalstöcke der Sektoren. Mit den veränderten Werten werden die IO-Modellparameter und -variablen, d.h. die exogene Endnachfrage, die Inputkoeffizientenmatrix und die sektoralen Kapitalkoeffizienten für jedes Projektionsjahr neu berechnet. Mit diesen können dann die neuen Modellrechnungen durchgeführt werden. Die Ergebnisse der Modellrechnungen sind im folgenden Kapitel beschrieben.

6.2.3 Ergebnisse der IO-Modellrechnungen – Sektorale Auswirkungen von Kreislaufwirtschafts- und Materialeffizienzstrategien in der Papierkette

6.2.3.1 Vorbemerkungen

Die veränderten Modellgrößen haben über verschiedene Wirkungsmechanismen Einfluss auf die Modellergebnisse, d.h. in erster Linie das Güteraufkommen der Sektoren. Zunächst ist hier die exogene Endnachfrage zu nennen. Betrachtet man weiter die veränderten Inputstrukturen der von den Materialeffizienzstrategien betroffenen Sektoren, so beeinflussen diese über eine veränderte Leontief-Inverse gemeinsam mit der exogenen Endnachfrage das Güteraufkommen der Sektoren. Im dynamischen IO-Modell MIS ist davon – gegebenenfalls unter Einbeziehung veränderter Kapitalkoeffizienten - der Kapitalstock der Sektoren indirekt betroffen, wodurch wiederum der Investitionsbedarf und die Investitionsgüternachfrage der Sektoren anzupassen sind. Dies hat Einfluss auf die Höhe der Endnachfrage, von der wiederum das Güteraufkommen der Sektoren abhängt. Die wechselseitige Abhängigkeit zwischen Endnachfrage und Güteraufkommen führt dazu, dass sich die veränderten Inputstrukturen gleichzeitig auf die Endnachfrage und das Güteraufkommen der Sektoren auswirken. Die Auswirkungen auf das Güteraufkommen lassen sich weiter nach Inlandsproduktion und Importen differenzieren.

Für die einzelnen Szenarien wird auch analysiert, in wie weit ein Rückkopplungseffekt vom IO-Modell zum Stoffstrommodell besteht. Mit den Verschiebungen beim Güteraufkommen geht ja auch ein veränderter Bedarf an Papier in den einzelnen Sektoren einher. Damit stellt sich die Frage, ob sich dadurch auch die Ausgangswerte zur Ermittlung der modellexogenen Nachfrage für das Stoffstrommodell verändern, was eine erneute Simulation mit dem Stoffstrommodell erfordern würde.

Darüber hinaus sind die Auswirkungen der Kosteneinsparungen zu berücksichtigen. Wie bereits in Kapitel 4.4.5 erläutert, lassen sich diese mit einem IO-Modell endogen nicht oder nur mit einem sehr hohen Modellierungsaufwand (z. B. mit ökonometrischen, vollintegrierten IO-Modellen) angemessen abbilden. Zudem liegt diese Problematik außerhalb des Kernbereichs der vorliegenden Arbeit. Im Rahmen dieser Arbeit soll daher, ähnlich wie in Edler (1990), mit - den eigentlichen Modellrechnungen nachgelagerten - Simulationsrechnungen eine vereinfachende Abschätzung vorgenommen werden, die aber dennoch einer plausiblen Wirkungskette folgt und die Größenordnung und Richtung der Effekte abgreift. Bei den Kosteneinsparungen ist aus modelltechnischen Gründen eine Unterscheidung zwischen den Sektoren des Produzierenden Bereichs und den Bereichen der exogenen Endnachfrage sinnvoll.

Denkbare Reaktionsmuster von Unternehmen auf Kosteneinsparungen wurden in Kapitel 4.4.5 skizziert. Zur Abschätzung der möglichen Effekte wurden zwei verschiedene Varianten der Kompensation betrachtet (vgl. Abbildung 29). In beiden Varianten wird zunächst unterstellt, dass die Kosteneinsparungen von den Sektoren als Preissenkungen weitergegeben werden und sich dieser Mechanismus bis zur Endnachfrage fortsetzt. Dies erscheint als grundlegendes Reaktionsmuster bei weitgehend funktionierendem Wettbewerb in einer Marktwirtschaft plausibel. Mit dem statischen offenen Preismodell der Input-Output-Analyse (vgl. Kapitel 3.1.2) wurde ermittelt, wie sich die Güterpreise als Folge der Kostensenkungen verändern, wobei von einer vollständigen Kostenüberwälzung ausgegangen wird. Als Reaktion auf die sinkenden Preise wird eine steigende Endnachfrage unterstellt. In der ersten Kompensationsvariante (Variante „Preis“) wird angenommen, dass die mit den Preissenkungen einer Produktgruppe verbundenen Einsparungen direkt und in gleicher Höhe in eine Mehrnachfrage nach diesen Gütern münden. Für die Bereiche der exogenen Endnachfrage wird also eine Preiselastizität von ungefähr minus Eins unterstellt. Wegen der modellendogenen Bestimmung der Investitionen wird der denkbare Fall, dass eine Verbilligung von Investitionsgütern zu einer verstärkten Investitionsnachfrage führt, nicht einbezogen. Die gewählte Vorgehensweise stellt also eine Unterschätzung der durch die Kosteneinsparungen ausgelösten Folgewirkungen dar.

In der zweiten Variante (Kompensationsvariante „Nachfrage“) wird ebenfalls von einer Weitergabe der Einsparungen in Form von Preissenkungen ausgegangen. Nun wird jedoch für die Bereiche der exogenen Endnachfrage ein vollkommen preisunelastisches Nachfrageverhalten unterstellt. Stattdessen wird angenommen, dass die frei werdenden Mittel den Liefersektoren entsprechend der durchschnittlichen Lieferstruktur des jeweiligen Jahres zugute kommen. Für die Auslandsnachfrage stellt sich in diesem Fall die Frage, welcher Teil der eingesparten Finanzmittel zurück ins Inland fließt. Während die erste Kompensationsvariante von einem vollständigen Mittelrückfluss ausgeht, soll in der zweiten Variante unterstellt werden, dass die Preisnachlässe nicht zu einer zunehmenden Nachfrage im Inland führen. Die Höhe der zusätzlichen Endnachfrage liegt daher unter derjenigen der ersten Kompensationsvariante. Die zweite Variante spiegelt damit eine eher vorsichtige Einschätzung möglicher Kompensationseffekte wider.

Es ist denkbar, dass die Umsetzung vergleichbarer Materialeffizienzmaßnahmen im Ausland zu Kosteneinsparungen führt, aus denen für die heimische Wirtschaft sinkende Importpreise resultieren könnten. Da kaum zu bestimmen ist, welche Importgüterpreise in welchem Umfang sinken, wird dieser Effekt nicht weiter betrachtet.

Im Nachhaltigkeitsszenario verändert sich auch die Nachfrage der privaten Haushalte nach Papier und Papierprodukten. Für die Kompensationsrechnungen wird davon ausgegangen, dass die dadurch eingesparten Finanzmittel in voller Höhe für anderweitige Ausgaben zur Verfügung stehen. Es wird zudem angenommen, dass die Produktionsbereiche entsprechend der durchschnittlichen Lieferstruktur der privaten Haushalte im jeweiligen Jahr von dieser zusätzlichen Nachfrage profitieren. Weiter wird im Nachhaltigkeitsszenario eine verringerte Auslandsnachfrage unterstellt. Dahinter steht die Überlegung, dass sich ein effizienterer Umgang mit dem Werkstoff Papier nicht nur in Deutschland, sondern auch im Ausland durchsetzt. Der Bedarf an Papier und Papierprodukten wird auch dort durch Dienstleistungen und IuK-Technik substituiert, wobei der überwiegende Teil dieser Leistungen in den jeweiligen Ländern erbracht werden dürfte. Falls außerdem mit der Umsetzung der Maßnahmen Kosteneinsparungen verbunden sind, stellt sich die Frage, ob und in wie weit diese im Inland nachfragewirksam werden. Dies ist von vielen Einflussfaktoren abhängig und im Rahmen des verwendeten Modells kaum zu bestimmen. Konservativ wird angenommen, dass es nicht zu einer die Exportrückgänge kompensierenden Nachfrage im Inland kommt. Dadurch sinkt im Nachhaltigkeitsszenario die exogene Endnachfrage im Vergleich zu den anderen Szenarien.

Abbildung 29: Vorgehensweise bei der Abschätzung der Auswirkungen von Kosteneinsparungen in den Produktionsbereichen

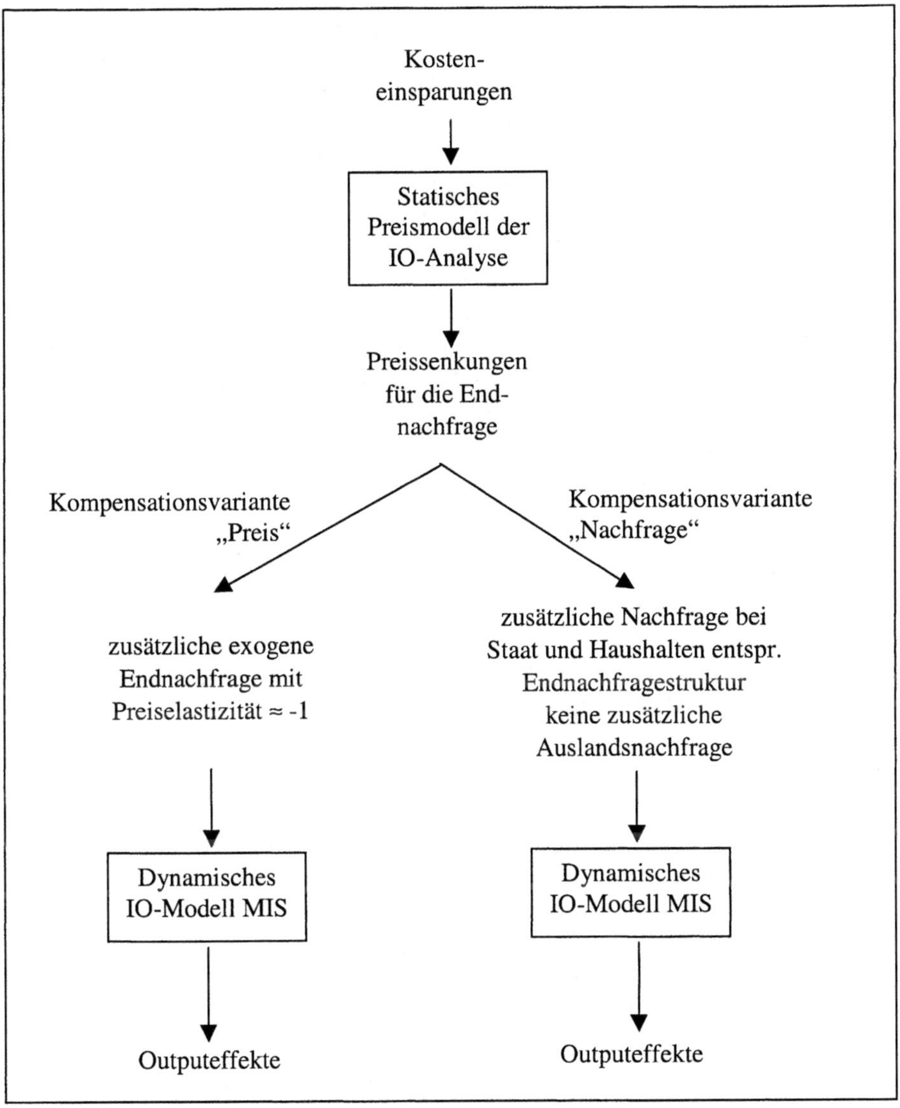

Quelle: Eigene Darstellung

Zur Berechnung der Auswirkungen von Kosteneinsparungen wurde für die beiden Kompensationsvarianten die zusätzlich ermittelte Endnachfrage zur ursprünglichen Endnachfrage addiert und eine neue Modellrechnung mit dem dynamischen IO-Modell durchgeführt.

Bei der Darstellung der Modellergebnisse wird weniger auf die absoluten Ergebnisse abgehoben, als vielmehr auf die Differenzen zwischen den Szenarien, die Aussagen zu den Auswirkungen unterschiedlicher Entwicklungspfade im betrachteten System erlauben. Weiter sind Methoden- und Maßnahmeneffekte zu unterscheiden. Daher werden die Ergebnisse der Modellrechnungen für das Referenzszenario im Vergleich zu denjenigen für das Basisszenario betrachtet. Damit soll herausgearbeitet werden, wie sich die Abbildung einer Referenzentwicklung unterscheidet, wenn einerseits das isolierte IO-Modell und andererseits das gekoppelte Modell eingesetzt wird. Die für das Referenzszenario ermittelten Ergebnisse werden dabei nicht nur von dem anderen Modellierungskonzept beeinflusst (Methodeneffekt), sondern auch von den getroffenen Annahmen zur Umsetzung der betrachteten Maßnahmen während des Untersuchungszeitraums (Maßnahmeneffekt). Die Ergebnisse für das Öko-Effizienz- und das Nachhaltigkeitsszenario werden hingegen mit denen für das Referenzszenario verglichen, um den Methodeneffekt auszublenden. Die Unterschiede spiegeln daher nur den Maßnahmeneffekt wider.

Neben dem sektoralen Güteraufkommen wird bei der Darstellung der Ergebnisse auch der sektorale Energieverbrauch betrachtet. Dazu wurde das IO-Modell um sektorspezifische Energieverbrauchskoeffizienten erweitert. Diese geben für jeden Sektor das Verhältnis des Energieverbrauchs zum Bruttoproduktionswert an. Die Berechnung des Energieverbrauchs erfolgt im Anschluss an die Berechnung der Bruttoproduktionswerte (vgl. „Quadrant-V-Modelle“ in Holub/Schnabl, 1994).

6.2.3.2 Referenzszenario

Im Referenzszenario bleibt die exogene Endnachfrage im Vergleich zum Basisszenario im Wesentlichen unverändert. Lediglich die Altpapierexporte, die als Exporte des Dienstleistungssektors verbucht werden, verändern sich leicht. Die Modellgrößen, die sich gegenüber dem Basisszenario verändern, sind die Inputs des Stromsektors und der Papierindustrie sowie Importe und Exporte des Dienstleistungssektors. Im dynamischen IO-Modell MIS führen diese Veränderungen nach mehreren Iterationsschritten zur gleichzeitigen Anpassung der sektoralen Outputs und – über die Investitionen - der Endnachfrage. Im Jahr 2005 liegt die Endnachfrage um knapp 90 Mio. DM unter dem Wert des Basisszenarios. Für das Jahr 2020 ergibt sich ein Rückgang um rund 110 Mio. DM (vgl. Tabelle 36).

Tabelle 36: Veränderung der Endnachfrage im Referenzszenario gegenüber dem Basisszenario

	2005 (Mio. DM)	2020 (Mio. DM)
Investitionsgüter	-20	-33
Baugewerbe	-48	-51
Dienstleistungen	-14	-20
Sonstige Sektoren	-7	-10
Insgesamt	-89	-114

Quelle: Eigene Berechnung

Bei den Auswirkungen auf das Güteraufkommen ist zwischen der Inlandsproduktion und den Importen zu unterscheiden. Für das Jahr 2005 zeigen die Modellergebnisse einen Rückgang der Importe um mehr als 1,5 Mrd. DM, der fast ausschließlich in der Papierindustrie erfolgt (vgl. Abbildung 30 und Tabelle A-13). Hier wirkt sich vor allem der gesunkene Bedarf an importiertem Zellstoff aus. Daneben sinkt auch die Einfuhr von Energieträgern sowie von Altpapier (Dienstleistungssektor). Die Inlandsproduktion geht ebenfalls leicht um rund 50 Mio. DM zurück, wobei gegenläufige Tendenzen auftreten. Der Bruttoproduktionswert der Papierindustrie steigt, vor allem wegen der Entwicklung des Produkt-Mix hin zu höheren Papierqualitäten. Der gleiche Trend führt zu leicht steigenden Outputs der Chemieindustrie und des Sektors „Steine/Erden". Mit dem höheren Altpapieraufkommen wächst die Inlandsproduktion des Dienstleistungssektors. Sinkende Outputs ergeben sich mit dem sinkenden Energiebedarf der Papierindustrie vor allem für die Energieversorgungssektoren. Außerdem sind einige Sektoren von der sinkenden Investitionsgüternachfrage negativ betroffen.

Für das Jahr 2020 zeigen sich ähnliche Tendenzen, allerdings insgesamt auf einem höheren Niveau. Die Importe sinken hier um insgesamt 3,4 Mrd. DM, die Inlandsproduktion steigt um gut 100 Mio. DM (vgl. Abbildung 31 und Tabelle A-13). Die Importe der Papierindustrie als hauptsächlich betroffenem Sektor liegen mit einem Rückgang um fast 3 Mrd. DM um knapp 11 % unter dem Wert für das Basisszenario, die Inlandsproduktion steigt hingegen im Referenzszenario mit fast 1,5 Mrd. DM um gut 3,5 %.

Insgesamt ergeben sich für das Jahr 2020 deutliche Unterschiede zwischen den Ergebnissen des ungekoppelten IO-Modells und denen des gekoppelten Modells. Der kombinierte Methoden-/ Maßnahmeneffekt fällt damit recht deutlich aus. Er betrifft jedoch im Wesentlichen die Sektoren, die direkt von Veränderungen innerhalb der Papierkette betroffen sind.

Abbildung 30: Veränderung des Güteraufkommens im Referenzszenario gegenüber dem Basisszenario in 2005

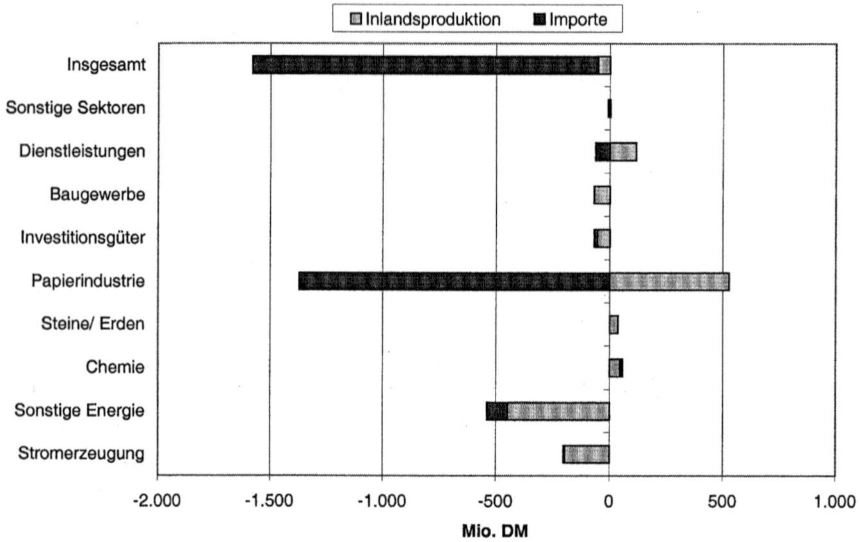

Abbildung 31: Veränderung des Güteraufkommens im Referenzszenario gegenüber dem Basisszenario in 2020

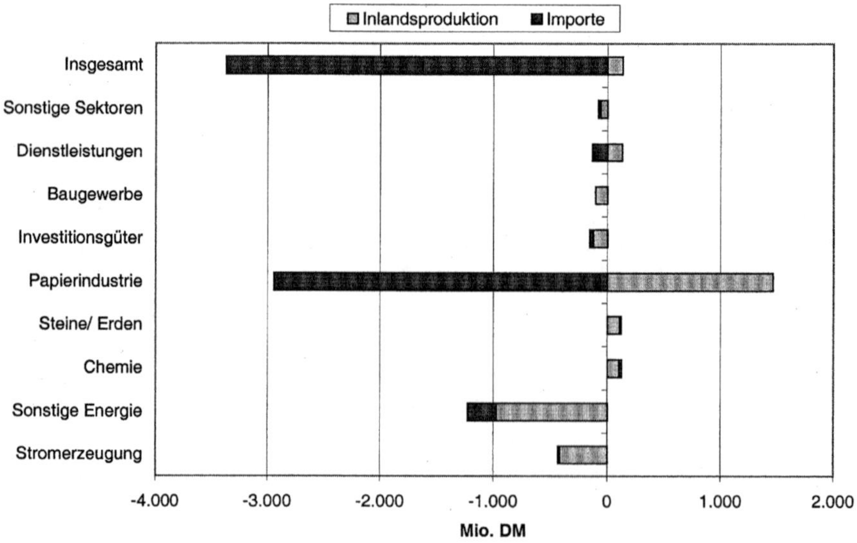

Quelle: Eigene Berechnung

Die indirekten Effekte sind eher gering. Dabei gleichen sich zwei gegenläufige Tendenzen aus. Einerseits führt die steigende Inlandsproduktion der Papierindustrie zu einer steigenden Produktion in den übrigen Sektoren. Demgegenüber sinkt die Endnachfrage und die Produktion in den Energiesektoren.

Im Referenzszenario geht mit den Verschiebungen bei der Produktion grundsätzlich auch ein veränderter Bedarf an Papier in den einzelnen Sektoren der Volkswirtschaft einher. Damit stellt sich die Frage, ob dadurch auch die Ausgangswerte für die Ermittlung der für das Stoffstrommodell vorzugebenden modellexogenen Nachfrage verändert werden. Dieser Rückkopplungseffekt würde gegebenenfalls eine erneute Simulation mit dem Stoffstrommodell erfordern. Zur Klärung dieser Frage wurde der Wert der Inlandsnachfrage nach Papier zwischen Referenz- und Basisszenario verglichen. Wie Tabelle 37 zeigt, sind die Abweichungen minimal, so dass eine weitere Simulationsrunde entfallen kann.

Tabelle 37: Inlandsnachfrage nach Papier im Basis- und Referenzszenario

	2005 (Mio. DM)	2020 (Mio. DM)
Basisszenario	25.945,6	34.069,1
Referenzszenario	25.946,2	34.068,5
Differenz	0,5	-0,5

Quelle: Eigene Berechnung

Der Übergang vom Basis- zum Referenzszenario ist mit Kosteneinsparungen verbunden, insbesondere für die Papierindustrie (vgl. Tabelle 38). Diese kommen einerseits durch die autonome Steigerung der Energieeffizienz zustande. Andererseits ist auch der zunehmende Altpapiereinsatz mit geringeren Kosten verbunden. Da sich damit auch die Qualität der hergestellten Papiere verändert, trifft hier der Begriff der Kosteneinsparungen nur eingeschränkt zu.

Tabelle 38: Kosteneinsparungen der direkt betroffenen Sektoren im Referenzszenario

	2005 (Mio. DM)	2020 (Mio. DM)
Papierindustrie	1.460	3.312
Stromerzeugung	78	140
Dienstleistungen	44	62
Summe	1.582	3.514

Quelle: Eigene Berechnung

Die möglichen Folgeeffekte der Kosteneinsparungen wurden mit zwei Simulationsrechnungen nach der oben erläuterten Vorgehensweise abgeschätzt. Die Ergebnisse der Berechnung mit dem Preismodell zeigen, dass in erster Linie die Preise der papierbasierten Sektoren in nennenswertem Umfang sinken (vgl. Tabelle 39). In der ersten Kompensationsvariante steigt annahmegemäß die Nachfrage nach diesen Gütern in der Höhe der Einsparungen. In anderen Sektoren sind die Preiswirkungen wegen der Größe und Inhomogenität dieser Sektoren nicht so ausgeprägt (Chemie, Dienstleistungen). Dennoch führen auch hier die Preissenkungen zu einer deutlich zunehmenden Nachfrage. Die Summe der Nachfragezuwächse liegt dabei unter der der in Tabelle 38 aufgeführten Kosteneinsparungen, da die Kompensation von Preissenkungen nur für die Bereiche der exogenen Endnachfrage und nicht für die Endnachfrage nach Investitionsgütern berücksichtigt wurde.

Tabelle 39: Preiswirkungen der Kosteneinsparungen und kompensierende Nachfrage im Referenzszenario – Kompensationsvariante „Preis"

Gütergruppe / Sektor	Veränderung der Preise für die exogene Endnachfrage nach Gütergruppen		Kompensierende exogene Endnachfrage	
	2005	2020	2005 (Mio. DM)	2020 (Mio. DM)
Papierindustrie	-3,55%	-5,79%	545	1.355
Papierverarbeitung	-0,78%	-1,28%	112	230
Druckereien	-0,44%	-0,72%	16	32
Stromerzeugung	-0,07%	-0,11%	24	38
Chemie	-0,04%	-0,06%	73	163
Steine/Erden	-0,03%	-0,04%	3	5
Nahrungs-/ Genussmittel	-0,03%	-0,04%	64	114
Dienstleistungen	-0,02%	-0,04%	251	631
Sonstige Sektoren			347	688
Insgesamt			1435	3256

Quelle: Eigene Berechnung

In der zweiten Simulationsrechnung liegt die Höhe der kompensierenden Nachfrage unter dem Wert für die erste Kompensationsvariante, da eine Versickerung des Realeinkommenszuwachses im Ausland unterstellt wird. Wegen des hohen Anteils der Exporte an der Endnachfrage nach Papier ergibt sich für das Jahr 2005 lediglich eine zusätzliche Nachfrage von 650 Mio. DM, während die exogene Endnachfrage in 2020 um gut 1,4 Mrd. DM steigt. Die sektorale Zusammensetzung entspricht der Lieferstruktur der privaten Haushalte bzw. des Staates im jeweiligen Jahr.

Die Ergebnisse der Simulationsrechnungen für das Jahr 2020 zeigt Abbildung 32 (vgl. auch Tabelle A-14). Darin sind die Veränderungen des Güteraufkommens ohne Kompensationsrechnung und mit den zwei erläuterten Kompensationsvarianten dargestellt. Während sich in der Modellrechnung ohne Kompensation ein Rückgang des Güteraufkommens um rund 3,2 Mrd. DM ergibt, steigt dieses in der ersten Kompensationsvariante („Preis") um fast 4 Mrd. DM. Für die Papierindustrie zeigt das Ergebnis, dass der Rückgang des Güteraufkommens, der sich in der Variante ohne Kompensation ergibt, nicht nur ausgeglichen wird, sondern sogar in einen leichten Zuwachs gegenüber dem Basisszenario umgewandelt wird. Hinter diesem Zuwachs verbergen sich stark sinkende Importe wie in der Variante ohne Kompensation, die jedoch durch eine deutlich stärker steigende Inlandsproduktion – ausgelöst durch die zusätzliche Endnachfrage - überkompensiert werden. In dieser Variante führen die Kostensenkungen in der Papierindustrie also indirekt zu einer wachsenden Papierproduktion („Rebound-Effekt"). De facto erfolgt eine Substitution von Importvorleistungen der Papierindustrie durch die inländische Papierproduktion. Weitere Sektoren mit steigendem Güteraufkommen sind insbesondere die Dienstleistungen und der Investitionsgütersektor. Nur für die Energiesektoren bleibt die Bilanz auch in der Kompensationsvariante negativ.

Abbildung 32: Veränderung des Güteraufkommens im Referenzszenario gegenüber dem Basisszenario in 2020 mit und ohne Kompensationsrechnung

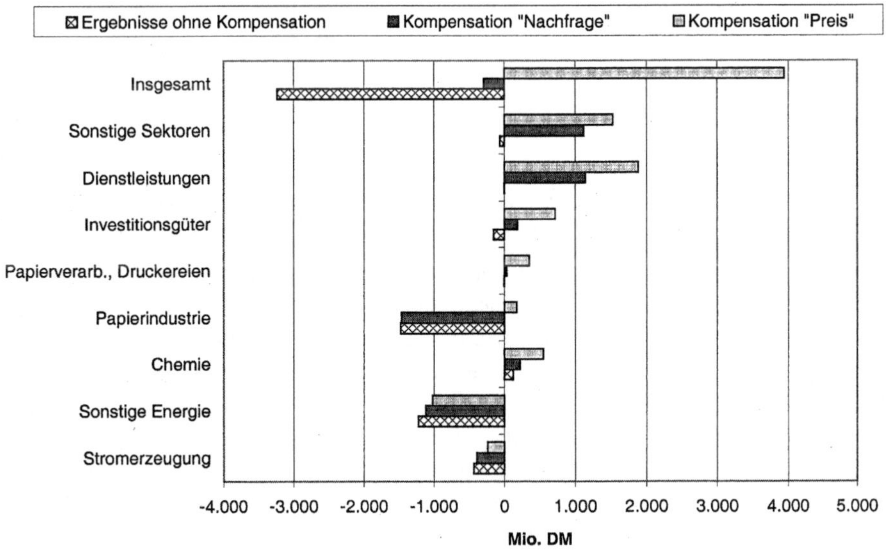

Quelle: Eigene Berechnung

In der zweiten Kompensationsvariante („Nachfrage") reicht die zusätzliche Endnachfrage nicht aus, um einen Zuwachs des Güteraufkommens zu bewirken. Es liegt jedoch nur knapp 300 Mio. DM unter dem Wert für das Basisszenario. Ein weiterer wesentlicher Unterschied zur ersten Kompensationsvariante betrifft die Papierindustrie, die von der zusätzlichen Endnachfrage kaum profitiert. In dieser Variante bleibt der Rebound-Effekt aus.

In beiden Kompensationsvarianten findet insgesamt eine starke Substitution von Importen durch inländische Produktion statt. Während in der Variante „Ohne Kompensation" die Importe gegenüber dem Basisszenario stark zurückgehen, und die Inlandsproduktion leicht anwächst, profitiert in den Kompensationsvarianten vor allem die heimische Produktion von der gestiegenen Endnachfrage (vgl. Tabelle 40). Die Importe steigen zwar im Vergleich zur Variante „Ohne Kompensation", liegen jedoch weiter unter den Werten des Basisszenarios.

Tabelle 40: Entwicklung der Inlandsproduktion und der Importe in den Varianten des Referenzszenarios in 2020 – Veränderungen gegenüber dem Basisszenario

	Variante ohne Kompensation	Variante Kompensation „Preis"	Variante Kompensation „Nachfrage"
	Mio. DM	Mio. DM	Mio. DM
Inlandsproduktion	131	6.108	2.822
Importe	-3.366	-2.166	-3.113
Güteraufkommen	-3.235	3.942	-290

Quelle: Eigene Berechnung

Die Entwicklung der Inlandsproduktion ist auch für den Energieverbrauch entscheidend. Abbildung 33 zeigt, dass sich die Veränderungen fast ausschließlich in der Papierindustrie und den Energiesektoren abspielen (vgl. auch Tabelle A-14). Insbesondere die deutliche Erhöhung der Energieeffizienz in der Papierindustrie, die im Referenzszenario autonom erfolgt, führt dazu, dass der Energieverbrauch dieses Sektors in 2020 um gut 65 PJ unter dem Wert für das Basisszenario liegt. Insgesamt werden rund 86 PJ weniger Energie benötigt. In den Varianten mit Kompensation sinkt der Energieverbrauch aufgrund der zusätzlichen Produktionstätigkeit in geringerem jedoch immer noch deutlichem Umfang. Der Grund dafür liegt in der weitaus geringeren Energieintensität der an Bedeutung zunehmenden Sektoren. Deren Zuwachs reicht bei weitem nicht aus, um den Rückgang des Energieverbrauchs in der Papierindustrie auszugleichen. Dies gilt auch für die erste Kompensationsvariante, bei der das Güteraufkommen der Papierindustrie gegenüber dem Basisszenario leicht steigt.

Abbildung 33: Veränderung des Energieverbrauchs im Referenzszenario gegenüber dem Basisszenario in 2020 mit und ohne Kompensationsrechnung

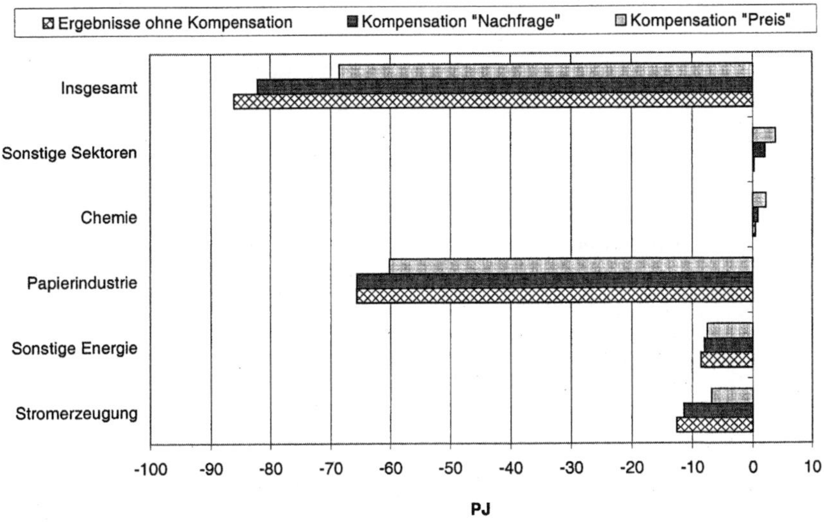

Quelle: Eigene Berechnung

6.2.3.3 Öko-Effizienzszenario

Die Ergebnisse der Modellrechnungen für das Öko-Effizienzszenario werden wie auch später diejenigen für das Nachhaltigkeitsszenario mit den Ergebnissen für das Referenzszenario verglichen. Der Vergleich gibt damit die strukturellen Auswirkungen einer Strategie wieder, die gegenüber der zu erwartenden Referenzentwicklung verstärkt auf Energieeffizienz und Materialrecycling setzt.

Im Öko-Effizienzszenario verändert sich die Endnachfrage nur leicht gegenüber dem Referenzszenario (vgl. Tabelle 41).

Die weitere Erläuterung der Modellergebnisse bezieht sich auf das Jahr 2020. Die Auswirkungen auf das Güteraufkommen sind in Abbildung 34 und in Tabelle A-15 zusammengefasst. Insgesamt ist eine weitere Verstärkung der im Referenzszenario auftretenden Effekte festzustellen. Im Öko-Effizienzszenario verringern sich sowohl die Importe als auch die Inlandsproduktion. Insgesamt nimmt das Güteraufkommen um über 2,6 Mrd. DM ab, wobei die Importe um über 2,1 Mrd. DM sinken, während sich die Inlandsproduktion um gut 500 Millionen DM verringert. Zu dieser Entwicklung trägt wiederum vor allem die Papierindustrie bei. Weitere Sektoren, die an Bedeutung verlieren, sind die Energiesektoren. Der Dienstleistungssektor kann hingegen nennenswerte Zuwächse verbuchen, die vor allem auf das verstärkte Altpapierrecycling zurückzuführen sind. Bei den Investitionsgütern wäre ein stärkerer Rückgang wegen der insgesamt geringeren Produktionstätigkeit zu erwarten. Dieser wird jedoch durch den höheren spezifischen Kapitalbedarf in der Papierindustrie weitgehend ausgeglichen.

Tabelle 41: Veränderung der Endnachfrage im Öko-Effizienzszenario gegenüber dem Referenzszenario

	2005 (Mio. DM)	2020 (Mio. DM)
Investitionsgüter	86	45
Baugewerbe	-7	-43
Dienstleistungen	3	-8
Sonstige Sektoren	1	-5
Insgesamt	83	-11

Quelle: Eigene Berechnung

Abbildung 34: Veränderung des Güteraufkommens im Öko-Effizienzszenario gegenüber dem Referenzszenario in 2020

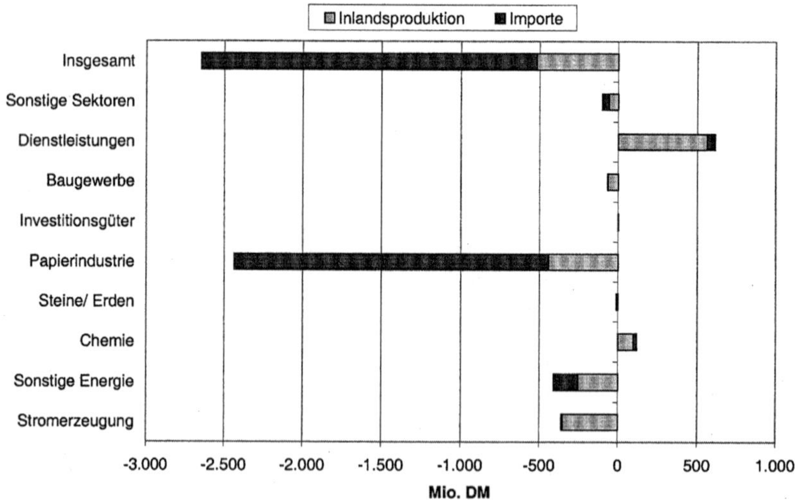

Quelle: Eigene Berechnung

Auch im Öko-Effizienzszenario ist der Rückkopplungseffekt vom IO-Modell zum Stoffstrommodell vernachlässigbar, da sich der Ausgangswert für die Ableitung der im Stoffstrommodell vorzugebenden modellexogenen Nachfrage durch die sektoralen Strukturverschiebungen kaum verändert.

Ebenso wie für das Referenzszenario wurden auch für das Öko-Effizienzszenario zwei Kompensationsvarianten gerechnet, in denen die Kosteneinsparungen zu einer zusätzlichen Endnachfrage führen. Die resultierenden Preisnachlässe für die Endnachfrage nach ausgewählten Gütergruppen zeigt Tabelle 42. Sie enthält darüber hinaus die zusätzliche exogene Endnachfrage, die sich in der ersten Kompensationsvariante ergibt. Im Öko-Effizienzszenario sinken die Preise wegen des höheren Altpapiereinsatzes und der gestiegenen Energieeffizienz stärker als im Referenzszenario. Dementsprechend liegt die zusätzliche Endnachfrage über der im Referenzszenario angenommenen. In der zweiten Kompensationsvariante, die nur die Einsparungen für die Privaten Haushalte und den Staat einbezieht, liegen diese mit gut 800 Mio. DM in 2005 und knapp 2,2 Mrd. DM in 2020 deutlich niedriger. Sie werden entsprechend der durchschnittlichen Lieferstruktur der beiden Endnachfragebereiche sektoral aufgeteilt.

Tabelle 42: Preiswirkungen der Kosteneinsparungen und kompensierende Endnachfrage im Öko-Effizienzszenario - Kompensationsvariante „Preis“

Gütergruppe / Sektor	Veränderung der Preise für die exogene Endnachfrage nach Gütergruppen		Kompensierende exogene Endnachfrage	
	2005	2020	2005 (Mio. DM)	2020 (Mio. DM)
Papierindustrie	-4,52 %	-9,24 %	693	2.162
Papierverarbeitung	-1,00 %	-2,04 %	143	367
Druckereien	-0,56 %	-1,15 %	20	51
Stromerzeugung	-0,08 %	-0,15 %	27	53
Chemie	-0,04 %	-0,09 %	92	258
Steine/Erden	-0,03 %	-0,06 %	4	7
Nahrungs-/ Genussmittel	-0,03 %	-0,06 %	80	179
Dienstleistungen	-0,03 %	-0,06 %	312	980
Sonstige Sektoren			433	1076
Insgesamt			1803	5132

Quelle: Eigene Berechnung

Das Ergebnis dieser Simulationsrechnungen im Vergleich zur Variante ohne Kompensation zeigt Abbildung 35 (vgl. auch Tabelle A-16). In beiden Kompensationsvarianten steigt das Güteraufkommen gegenüber dem Referenzszenario. In der ersten Kompensationsvariante liegt es um knapp 9 Mrd. DM über dem Wert im Referenzfall. Im wesentlichen ist eine Verstärkung der im Referenzszenario ermittelten Effekte festzustellen. Entsprechend zählen auch die gleichen Sektoren zu den Gewinnern und Verlierern der angenommenen Entwicklung. Mit rund 2 Mrd. DM fällt der Zuwachs des Güteraufkommens in der zweiten Kompensationsvariante zwar immer noch positiv, aber deutlich bescheidener aus, was auch hier auf den Ausfall der Auslandsnachfrage zurückzuführen ist. Der wesentliche Unterschied zur ersten Kompensationsvariante zeigt sich auch hier bei der Papierindustrie, deren Güteraufkommen in der zweiten Variante kaum steigt und gegenüber dem Referenzszenario weiter negativ bleibt. Bei der getrennten Betrachtung der Auswirkungen auf die Inlandsproduktion und die Importe zeigen sich ebenfalls ähnliche Tendenzen wie im Referenzszenario. Von der zusätzlichen Nachfrage profitiert in erster Linie die Inlandsproduktion (vgl. Tabelle 43).

Abbildung 35: Veränderung des Güteraufkommens im Öko-Effizienzszenario gegenüber dem Referenzszenario in 2020 mit und ohne Kompensationsrechnung

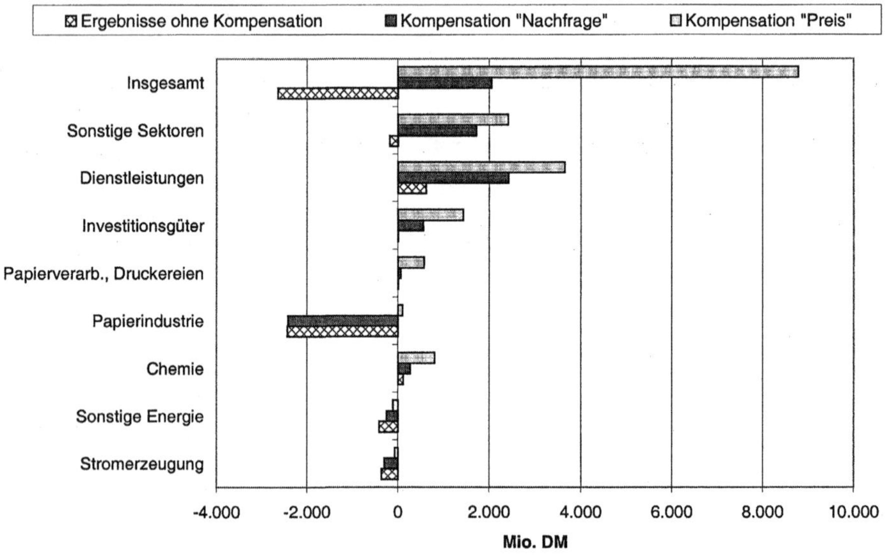

Quelle: Eigene Berechnung

Tabelle 43: Entwicklung der Inlandsproduktion und der Importe in den Varianten des Öko-Effizienzszenarios in 2020 – Veränderungen gegenüber dem Referenzszenario

	Variante „Ohne Kompensation“	Kompensationsvariante „Preis“	Kompensationsvariante „Nachfrage“
	Mio. DM	Mio. DM	Mio. DM
Inlandsproduktion	-518	9.072	3.775
Importe	-2.128	-287	-1.722
Güteraufkommen	-2.646	8.785	2.053

Quelle: Eigene Berechnung

Im Öko-Effizienzszenario verringert sich der gesamtwirtschaftliche Energieverbrauch in der Variante ohne Kompensation gegenüber dem Referenzszenario um weitere 53 PJ (vgl. Abbildung 36 und Tabelle A-16). Davon entfallen gut 41 PJ auf die Papierindustrie und fast 11 PJ auf den Stromerzeugungssektor. In der ersten Kompensationsvariante, die von einer vollständigen Kompensation der Preisreduktionen ausgeht, fällt der Energieverbrauchsrückgang mit gut 27 PJ um die Hälfte geringer aus, während in der anderen Variante der Energieverbrauch um immerhin fast 47 PJ sinkt. Die Gründe für die unterschiedliche Entwicklung zwischen den beiden Kompensationsvarianten liegen neben dem unterschiedlichen Kompensationsniveau auch hier bei den unterschiedlichen Annahmen zur Lieferstruktur der kompensierenden Endnachfrage. Diese führt in der ersten Variante zu einer stärker steigenden Produktion in den energieintensiven Sektoren Papierindustrie und Stromerzeugung.

Abbildung 36: Veränderung des Energieverbrauchs im Öko-Effizienzszenario gegenüber dem Referenzszenario in 2020 mit und ohne Kompensationsrechnung

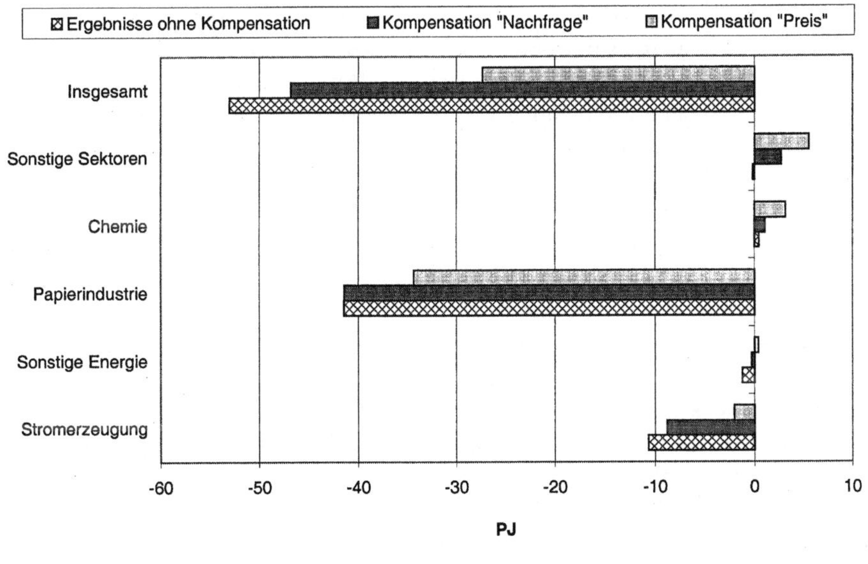

Quelle: Eigene Berechnung

6.2.3.4 Nachhaltigkeitsszenario

Während die Papiernachfrage im Referenz- und im Öko-Effizienzszenario mit der im Basisszenario identisch ist, fällt sie im Nachhaltigkeitsszenario deutlich geringer aus. Die daraus resultierenden Veränderungen der exogenen Endnachfrage wurden bereits in Tabelle 34 aufgeführt. Die veränderten Inputstrukturen und Kapitalkoeffizienten wirken sich darüber hinaus auf die Nachfrage nach Investitionsgütern aus (vgl. Tabelle 44). Insgesamt liegt die Endnachfrage im Jahr 2005 um rund 1,7 Mrd. DM und im Jahr 2020 um über 10 Mrd. DM unter den entsprechenden Werten für das Referenzszenario.

Tabelle 44: Veränderung der Endnachfrage im Nachhaltigkeitsszenario gegenüber dem Referenzszenario

	2005 (Mio. DM)	2020 (Mio. DM)
Investitionsgüter	-145	-922
Baugewerbe	22	180
Dienstleistungen	-261	-1.162
Papierindustrie	-704	-5.207
Papierverarbeitung/ Druckereien	-355	-2.597
Sonstige Sektoren	-287	-809
Insgesamt	-1.730	-10.517

Quelle: Eigene Berechnung

Die stärkeren Veränderungsimpulse, die vom Nachhaltigkeitsszenario ausgehen, führen im Vergleich zu Referenz- und Öko-Effizienzszenario zu deutlich stärkeren Auswirkungen auf das Güteraufkommen. Neben der Papierindustrie sind hier vor allem die Druckereien von sinkenden Outputs betroffen (vgl. Abbildung 37 und Tabelle A-17). Die hauptsächlichen Gewinner dieses Szenarios sind die im Dienstleistungssektor angesiedelten EDV- und Mediendienstleister, die von der Verschiebung von papierbasierter Information und Kommunikation hin zu elektronischen Medien profitieren. Insgesamt ergibt sich jedoch gegenüber dem Referenzszenario ein Rückgang des Güteraufkommens um gut 35 Mrd. DM, wovon gut 25 Mrd. DM auf die Inlandsproduktion entfallen und knapp 10 Mrd. DM auf importierte Güter (vgl. Tabelle 49).

Die Rückwirkung der Modellergebnisse auf die für das Stoffstrommodell anzusetzende modellexogene Nachfrage fällt stärker als in den anderen Szenarien aus, ist aber dennoch nicht sehr bedeutsam.

Abbildung 37: Veränderung des Güteraufkommens im Nachhaltigkeitsszenario gegenüber dem Referenzszenario in 2020

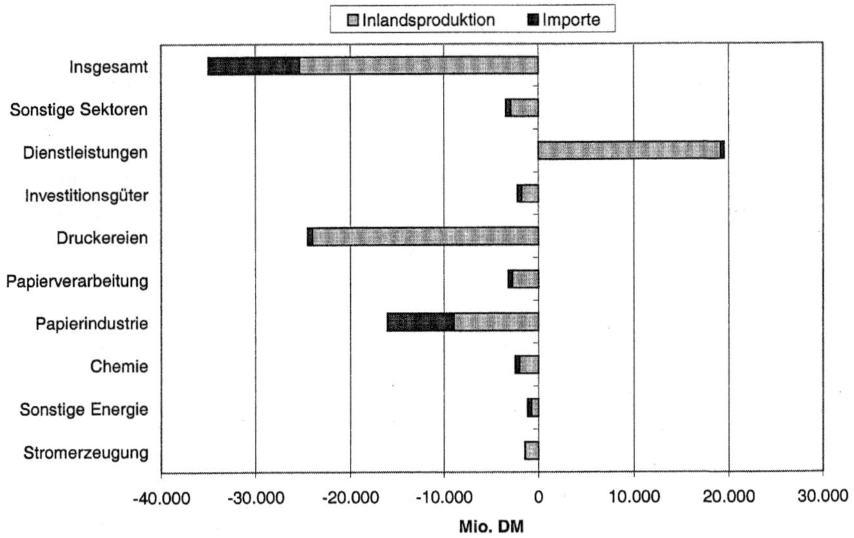

Quelle: Eigene Berechnung

Tabelle 45 enthält die Werte, die sich vor und nach der gekoppelten Modellrechnung für die Inlandsnachfrage nach Papier ergeben. Der Vergleich zeigt für beide Untersuchungsjahre eine Abweichung von unter einem halben Prozent. Da diese Abweichungen keine nennenswerten Auswirkungen auf die Modellergebnisse insgesamt erwarten lassen, wurde eine weitere Simulationsrunde nicht durchgeführt.

Tabelle 45: Inlandsnachfrage nach Papier vor und nach der gekoppelten Modellrechnung im Nachhaltigkeitsszenario

	2005 (Mio. DM)	2020 (Mio. DM)
vor Modellrechnung [1)]	24.710	27.090
nach Modellrechnung	24.674	26.965
Differenz	-36	-125
- in %	-0,15%	-0,46%

1) ermittelt durch Monetarisierung der im Stoffstrommodell in physischen Einheiten angesetzten inländischen Papiernachfrage für das Nachhaltigkeitsszenario

Quelle: Eigene Berechnung

Im Nachhaltigkeitsszenario sind zwei Kompensationsmechanismen zu berücksichtigen. Zum einen betrifft dies wie in den anderen Szenarien die Kompensation der

Kosteneinsparungen in den Sektoren des Produzierenden Bereichs. Darüber hinaus sinken im Nachhaltigkeitsszenario die Nachfrage der Privaten Haushalte und die Auslandsnachfrage nach Papier und Papierprodukten.

Der effiziente Einsatz von Papier führt in einer Vielzahl von Sektoren zu Kosteneinsparungen (vgl. Tabelle 46). Die sich daraus ergebenden Veränderungen der Güterpreise sind in Tabelle 47 zusammengefasst. Darüber hinaus sind die Werte für die in der ersten Kompensationsvariante anzusetzende zusätzliche exogene Endnachfrage aufgeführt. Die Preisnachlässe für Papier und Druckerzeugnisse entsprechen ungefähr den Werten im Öko-Effizienzszenario. Für die anderen Gütergruppen liegen sie teilweise mehr als doppelt so hoch. Insgesamt ergibt sich für das Jahr 2005 eine zusätzliche Nachfrage in Höhe von 2,6 Mrd. DM. Für das Jahr 2020 liegt der entsprechende Wert bei knapp 8,5 Mrd. DM. In der zweiten Kompensationsvariante wird wiederum ein geringerer Anstieg der Endnachfrage angenommen. Zu diesen Werten sind jeweils die Einsparungen der Privaten Haushalte hinzuzurechnen, so dass sich insgesamt die in Tabelle 48 aufgeführten Werte für die gesamte kompensierende Endnachfrage ergeben.

Tabelle 46: Sektorale Kosteneinsparungen im Nachhaltigkeitsszenario

	2005 (Mio. DM)	2020 (Mio. DM)
Zellstoff, Papier	1.748	3.973
Dienstleistungen	343	1.800
Papierverarbeitung	235	1.064
Chemie	155	765
Staat	109	548
Fahrzeugbau	85	417
Nahrungs-/ Genußmittel	60	255
Sonstige Sektoren	169	524
Summe	2.904	9.346

Quelle: Eigene Berechnung

Die Ergebnisse der Simulationsrechnungen, die mit den neuen Werten für die exogene Endnachfrage durchgeführt wurden, zeigt Abbildung 38 für das Jahr 2020. Der starke Rückgang des Güteraufkommens in der Variante „Ohne Kompensation" wird in den Kompensationsvarianten abgemildert, jedoch nicht aufgehoben. Die Differenz zum Referenzszenario bleibt mit fast 14 Mrd. DM in der ersten und mit rund 22 Mrd. DM in der zweiten Kompensationsvariante negativ. Die negative Entwicklung zeigt sich auch für die heimische Produktion, die zwar überproportional von der zunehmenden Endnachfrage profitiert, aber dennoch im Vergleich zum Referenzszenario deutlich sinkt (vgl. Tabelle 49).

Tabelle 47: Preiswirkungen der Kosteneinsparungen und kompensierende Endnachfrage im Nachhaltigkeitsszenario

Gütergruppe / Sektor	Veränderung der Preise für die exogene Endnachfrage nach Gütergruppen		Kompensierende exogene Endnachfrage	
	2005	2020	2005 (Mio. DM)	2020 (Mio. DM)
Papierindustrie	4,48%	8,87%	656	1.614
Papierverarbeitung	1,62%	4,20%	229	696
Druckereien	0,57%	1,15%	19	38
Chemie	0,09%	0,15%	28	52
Steine/Erden	0,09%	0,27%	195	757
Nahrungs-/ Genussmittel	0,07%	0,19%	7	21
Stromerzeugung	0,06%	0,18%	164	502
Staat	0,05%	0,13%	370	1.258
Dienstleistungen	0,05%	0,12%	503	2.073
Sonstige Sektoren			429	1.466
Insgesamt			2.601	8.476

Quelle: Eigene Berechnung

Tabelle 48: Gesamte kompensierende Endnachfrage im Nachhaltigkeitsszenario

	2005 (Mio. DM)	2020 (Mio. DM)
Kompensierende Nachfrage aus Kosteneinsparungen der Sektoren des Produzierenden Bereichs		
Variante „Preis“	2.601	8.476
Variante „Nachfrage“	1.394	4.933
Kompensierende Nachfrage aus Einsparungen der Endnachfragebereiche		
Private Haushalte	103	952
Auslandsnachfrage	0	0
Summe	103	952
Kompensierende Nachfrage insgesamt		
Variante „Preis“	2.704	9.428
Variante „Nachfrage“	1.497	5.885

Quelle: Eigene Berechnung

Als wesentliche Ursache für diese Entwicklung ist die im Nachhaltigkeitsszenario deutlich schwächere Auslandsnachfrage nach Papierprodukten zu nennen. Das Ausmaß der Exportrückgänge ist dabei in hohem Maße von der Annahme abhängig, dass die deutsche Papierindustrie ihre Exportorientierung bis zum Jahr 2020 weiter verstärkt und die Exporte dann über den Papierimporten liegen. Dadurch werden die Papierimporte durch Dienstleistungen und andere Güter im Inland substituiert, die Substitution der exportierten Papiermengen findet jedoch im Ausland statt. Durch den Exportüberschuss ergibt sich insgesamt eine negative Bilanz bei Güteraufkommen und Produktion.

Mit einer Sensitivitätsrechnung wurde dieser Außenhandelseffekt isoliert. Dazu wurden die Exporte der Papierindustrie, der Papierverarbeitung und der Druckereien auf dem Niveau des Referenzszenarios belassen. Die Endnachfrage in 2020 steigt dadurch um rund 6,9 Mrd. DM. Für diesen Fall würde sich die Veränderung des Güteraufkommens je nach Kompensationsvariante zwischen einem Rückgang um knapp 4,5 Mrd. DM und einem Zuwachs um rund 4 Mrd. DM bewegen (vgl. Abbildung 39). Allerdings ergibt sich für die inländische Produktion ein Plus von rund 7,8 Mrd. DM bzw. 900 Mio. DM (vgl. Tabelle 50).

Im Hinblick auf die sektoralen Schwerpunkte bei den Strukturveränderungen unterscheiden sich die beiden Kompensationsvarianten nicht sehr. Dies liegt vermutlich an der breiten Streuung der Sektoren, die in der ersten Variante von der die Preisnachlässe kompensierenden Endnachfrage profitieren. Dadurch scheint sich die Struktur der profitierenden Sektoren in den beiden Varianten anzunähern.

Tabelle 49: Entwicklung der Inlandsproduktion und der Importe in den Varianten des Nachhaltigkeitsszenarios in 2020 – Veränderungen gegenüber dem Referenzszenario

	Variante „Ohne Kompensation“	Kompensationsvariante „Preis“	Kompensationsvariante „Nachfrage“
	Mio. DM	Mio. DM	Mio. DM
Inlandsproduktion	-25.345	-6.722	-13.551
Importe	-9.662	-6.918	-8.516
Güteraufkommen	-35.007	-13.640	-22.067

Quelle: Eigene Berechnung

Abbildung 38: Veränderung des Güteraufkommens im Nachhaltigkeitsszenario gegenüber dem Referenzszenario in 2020 mit und ohne Kompensationsrechnung

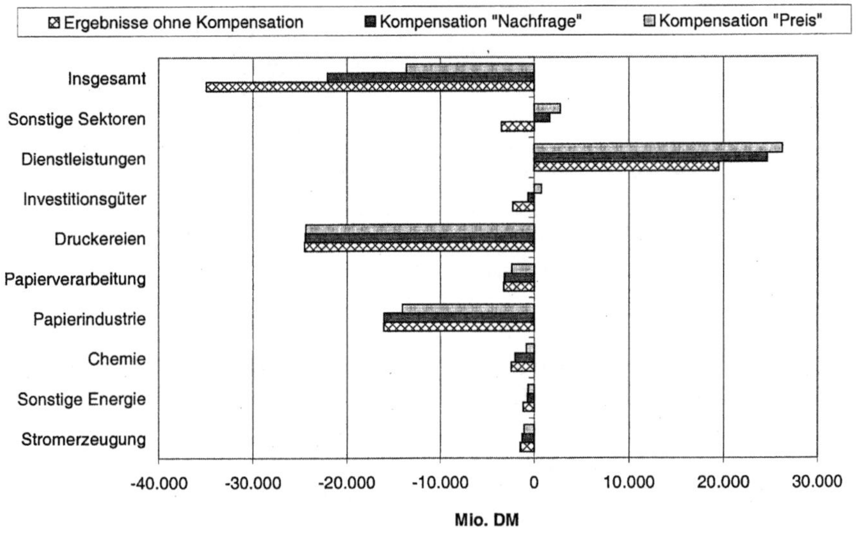

Quelle: Eigene Berechnung

Abbildung 39: Sensitivitätsrechnung für die Kompensationsvarianten: Veränderung des Güteraufkommens im Nachhaltigkeitsszenario in 2020 ohne Rückgang der Exporte

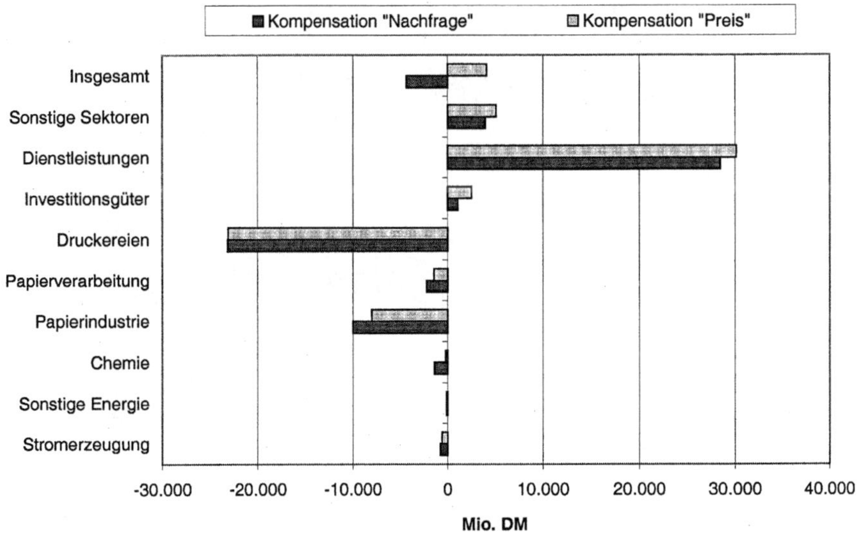

Quelle: Eigene Berechnung

Tabelle 50: Sensitivitätsrechnung für die Kompensationsvarianten: Veränderung von Inlandsproduktion und Importen im Nachhaltigkeitsszenario in 2020 ohne Rückgang der Exporte

	Kompensationsvariante „Preis"	Kompensationsvariante „Nachfrage"
	Mio. DM	Mio. DM
Inlandsproduktion	7.765	922
Importe	-3.680	-5.280
Güteraufkommen	4.085	-4.358

Quelle: Eigene Berechnung

Der gesamtwirtschaftliche Energieverbrauch verringert sich in der Variante ohne Kompensation gegenüber dem Referenzszenario deutlich um fast 130 PJ (vgl. Abbildung 40 und Tabelle A-18). Zu diesem Rückgang tragen alle Sektoren bei, am stärksten wiederum die Papierindustrie und der Stromsektor. In den Kompensationsvarianten fällt der Rückgang um rund 40 PJ (Variante „Preis") bzw. 20 PJ (Variante „Nachfrage") geringer aus.

Abbildung 40: Veränderung des Energieverbrauchs im Nachhaltigkeitsszenario gegenüber dem Referenzszenario in 2020 mit und ohne Kompensationsrechnung

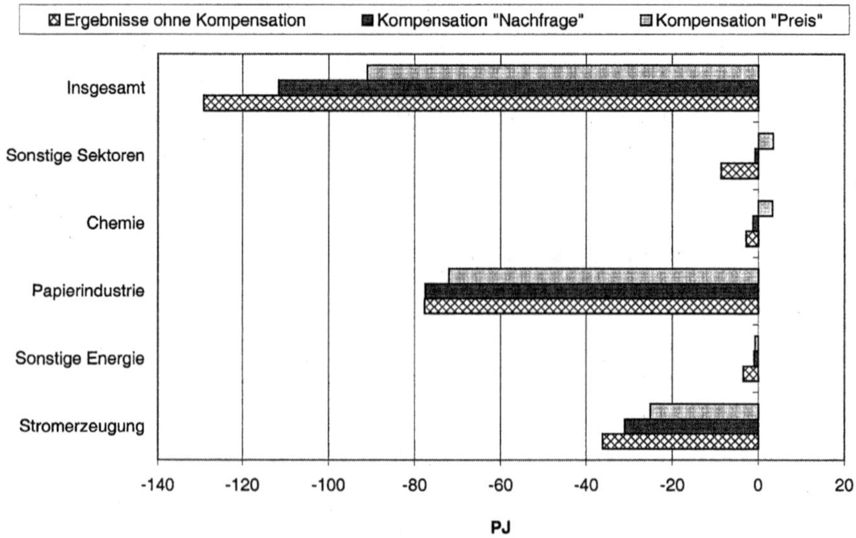

Quelle: Eigene Berechnung

6.3 Zusammenfassung und Diskussion der Modellrechnungen

Die Simulationsrechnungen mit dem Stoffstrommodell führen zu vielfältigen Veränderungen der Stoff- und Energieströme innerhalb der Papierkette. Dies gilt u.a. für den Holz- und Faserstoffbedarf, den Altpapierbedarf, verschiedene chemische Hilfsstoffe und Pigmente, Transportleistungen und Energieträger. Hinsichtlich des Energiebedarfs ergibt sich im Referenzszenario bis 2020 trotz Steigerung der Energieeffizienz eine merkliche Zunahme infolge des steigenden Papierverbrauchs. Es bedarf eines verstärkten Papierrecyclings und erheblicher weiterer Anstrengungen bei der Energieeffizienz, um nach 2005 eine Verlangsamung des Energiebedarfszuwachses zu erreichen. Eine Verringerung des Energiebedarfs ist erst bei deutlich geringer wachsendem Papierverbrauch, der durch die Ausschöpfung von Möglichkeiten zur effizienteren Papiernutzung erreichbar erscheint, zu erwarten.

Bei der Anpassung der IO-Modellparameter auf der Basis der Ergebnisse des Stoffstrommodells zeigt sich für das Referenzszenario im Vergleich zum Basisszenario eine merkliche Veränderung der Inputstruktur der Papierindustrie. Betroffen sind insbesondere die Zellstoffimporte und Altpapiervorleistungen, der Einsatz an Energieträgern sowie die Transportvorleistungen. Auch der Output der Papierindustrie ist anzupassen, um die zu erwartende Veränderung des Produkt-Mix mit einem Trend zu höheren Papierqualitäten abzubilden. In geringem Umfang sind Anpassungen bei den Sektoren Stromerzeugung und Dienstleistungen (inkl. Altpapierhandel) erforderlich. Der Übergang vom Basis- zum Referenzszenario ist dabei mit Kosteneinsparungen für die Papierindustrie verbunden. Im Öko-Effizienzszenario findet im wesentlichen eine Verstärkung der für das Referenzszenario konstatierten Trends statt, wobei gegenüber dem Referenzszenario keine Veränderung des Papiersortenmix erfolgt. Im Nachhaltigkeitsszenario ist nicht nur die Papierindustrie von den Veränderungen betroffen. Mit dem Rückgang des Papierverbrauchs um rund 20 % geht auch im Papier verarbeitenden Sektor und bei den Druckereien ein Produktionsrückgang einher. Dieser ist im IO-Modell bei den Abnehmersektoren durch eine entsprechende Anpassung der Vorleistungsnachfrage nach Papier und Papierprodukten umzusetzen. Stattdessen steigt die Nachfrage nach EDV- und Mediendienstleistungen sowie Geräten der IuK-Technik. Teilweise kommt es auch bei den Abnehmersektoren zu Kosteneinsparungen infolge der effizienteren Nutzung von Papier und Papierprodukten.

Für das Nachhaltigkeitsszenario erfolgt dabei die Anpassung der Parameter der Abnehmersektoren nicht auf der Basis von Stoffstrommodellergebnissen, sondern direkt im IO-Modell. Hier zeigt sich ein Trade-Off zwischen den Veränderungen, die sich besser in einem Stoffstrommodell abbilden lassen und denen, für die eher die Anpassung im IO-Modell geeignet ist. Die Abbildung in einem technikbasierten, disaggregierten Stoffstrommodell bietet sich bei einem technisch bestimmten und hinsichtlich der Zahl der Aktivitäten relativ überschaubaren Bereich an. Für das hier beschriebene Modell gilt dies für die Prozesse von der Rohstoffgewinnung bis zur Papierherstellung und von der Altpapiererfassung zurück in die Papierindustrie. Bereits die umfassende quantitative Beschreibung der vielfältigen Verarbeitungsprozesse von Papier wäre mit einem hohen Aufwand verbunden. Dies gilt noch mehr für die Abbildung der weiteren Verteilung der Papierprodukte auf die Endverbraucher. Bei diesen eher absatzorientierten Verflechtungen ist es häufig aus Datengründen schwierig, ein sektorales Disaggregationsniveau zu erreichen, welches über das eines IO-Modells hinausgeht.

Bei der Analyse der Ergebnisse der Modellrechnungen mit den angepassten Variablen und Parametern des IO-Modells wurden zunächst Basis- und Referenzszenario miteinander verglichen, um den Methodeneffekt herauszuarbeiten, der aus dem Einsatz des ungekoppelten IO-Modells einerseits und des gekoppelten Modellsystems andererseits resultiert. Dieser lässt sich jedoch nicht vollständig isolieren, da die für das Referenzszenario getroffenen Annahmen die Ergebnisse ebenfalls beeinflussen. Der Ergebnisvergleich zeigt für 2020 merkliche Rückgänge beim Güteraufkommen der Papierindustrie und der Energiesektoren und moderate Veränderungen für die übrigen, indirekt betroffenen Sektoren. Importgüter, insbesondere Faserstoffe für die Papierindustrie sind besonders stark rückläufig. Im Öko-Effizienzszenario, dessen Ergebnisse mit denen des Referenzszenarios verglichen werden, ergeben sich ähnliche Tendenzen. Hier verringern sich ebenfalls die Faserstoffimporte und die Produktion in den Energiesektoren, während die Produktion im Dienstleistungssektor steigt. In beiden Szenarien sinkt das Güteraufkommen, wobei die Inlandsproduktion im Referenzszenario leicht steigt und im Ökoeffizienzszenario moderat sinkt (vgl. Tabelle 51). Sowohl im Referenz- als auch im Öko-Effizienzszenario dominieren die direkten Effekte, während sich die Auswirkungen auf vorgelagerte Sektoren in Grenzen halten. Dies liegt zum einen daran, dass die stark sinkenden Faserstoffimporte im Inland keine weiteren Vorleistungseffekte haben. Zum anderen gleichen sich gegenläufige Sektorentwicklungen teilweise aus.

Im Nachhaltigkeitsszenario, dessen Ergebnisse wiederum mit denen des Referenzszenarios verglichen werden, sind für 2020 deutlich stärkere sektorale Verschiebungen festzustellen. Auch ist die Bedeutung indirekter Effekte größer. Die Papierindustrie und die Druckereien haben deutliche, die Papierverarbeitung moderate Produktionsrückgänge zu verzeichnen. Der Dienstleistungssektor, der sowohl die stark an Bedeutung gewinnenden EDV- und Mediendienstleister als auch den weiter zunehmenden Altpapierhandel beinhaltet, erzielt deutliche Zuwächse, die jedoch die Produktionsrückgänge in den übrigen Sektoren nicht auszugleichen vermögen. Insgesamt sinken sowohl die Inlandsproduktion als auch die Importe in deutlichem Umfang (vgl. Tabelle 51).

Tabelle 51: Übersicht über die Veränderung des Güteraufkommens in den betrachteten Szenarien ohne Kompensationsrechnung

	Referenz-szenario[1)]	Öko-Effizienz-szenario[2)]	Nachhaltig-keits-szenario[2)]
	Mio. DM	Mio. DM	Mio. DM
Inlandsproduktion	131	-518	-25.345
Importe	-3.366	-2.128	-9.662
Güteraufkommen	-3.235	-2.646	-35.007

1) Abweichungen vom Basisszenario

2) Abweichungen vom Referenzszenario

Quelle: Eigene Berechnung

Die bisher zusammengefassten Ergebnisse stellen reine Strukturwirkungen dar, die sich mit den angepassten Variablen und Parametern des IO-Modells ergeben. In allen drei Szenarien führen die untersuchten Maßnahmen zu Kosteneinsparungen, insbesondere die Maßnahmen zur effizienteren Papierverwendung im Nachhaltigkeitsszenario. Die oben erläuterten Ergebnisse geben insofern einen Teileffekt wieder, als sie die potentiell Nachfrage steigernden Folgewirkungen der Kosteneinsparungen nicht berücksichtigen. Die Wirkungen dieser Einsparungen wurden durch nachträgliche Simulationsrechnungen abgeschätzt. Hierbei wurde angenommen, dass die Kosteneinsparungen in Form von Preisnachlässen weitergegeben werden und letztendlich zu einem steigenden verfügbaren Einkommen der exogenen Endnachfragebereiche führen. Für die Verausgabung der eingesparten Mittel wurden zwei Kompensationsvarianten betrachtet, die sich einerseits durch die Annahmen zu den von der zusätzlichen Endnachfrage profitierenden Sektoren unterscheiden. Angesichts der hohen Kosteneinsparungen der Auslandsnachfrage und der Unsicherheit, in welchem Umfang die im Ausland eingesparten Mittel im Inland nachfragewirksam werden, wurden andererseits unterschiedliche Annahmen zum Rückfluss dieser Mittel getroffen.

In der ersten Kompensationsvariante („Preis“) wurde angenommen, dass die eingesparten Beträge in voller Höhe den preisreduzierten Gütergruppen zugute kommen. Dadurch fließen auch die im Ausland eingesparten Mittel in voller Höhe zurück. Die zweite Variante („Nachfragestruktur“) ging davon aus, dass die Bereiche der exogenen Endnachfrage vollkommen preisunelastisch reagieren und die eingesparten Mittel entsprechend der im jeweiligen Jahr durchschnittlichen sektoralen Lieferstruktur verausgabt werden. Für die Auslandsnachfrage wurde nun unterstellt, dass ein Rückfluss der eingesparten Mittel nicht stattfindet. Im Nachhaltigkeitsszenario kommt es zudem zu einem starken Rückgang der Exporte von Papier und Papierprodukten. In beiden Kompensationsvarianten wurde die vorsichtige Annahme getroffen, dass eine Kompensation des Exportrückgangs nicht erfolgt.

In Tabelle 52 sind die für die betrachteten Szenarien ermittelten Kosteneinsparungen sowie die sich im Nachhaltigkeitsszenario verringernden Exporte aufgeführt. Außerdem ist die sich jeweils in den beiden betrachteten Kompensationsvarianten ergebende zusätzliche Endnachfrage enthalten. Annahmegemäß ist diese in der zweiten Variante geringer. Die Differenz stellt die in der zweiten Kompensationsvariante im Ausland „versickernde“ Nachfrage dar.

Tabelle 52: Kosteneinsparungen und zusätzliche exogene Endnachfrage in den betrachteten Kompensationsvarianten für das Jahr 2020

	Referenz-szenario	Öko-Effizienz-szenario	Nachhaltig-keits-szenario
	Mio. DM	Mio. DM	Mio. DM
Kosteneinsparungen und Exportveränderungen			
Kosteneinsparungen	3.514	5.537	10.298
Rückgang Exportnachfrage			7.808[1)]
Zusätzliche Endnachfrage			
Variante „Preis“	3.256	5.132	9.428
Variante „Nachfrage“	1.397	2.177	5.885
„Versickerung“ im Ausland in der Variante „Nachfrage“	1.859	2.955	3.543

1) Abweichung vom Referenzszenario

Quelle: Eigene Berechnung

Im Referenz- und im Öko-Effizienzszenario bewirkt die zusätzliche Endnachfrage vor allem eine deutlich steigende Inlandsproduktion, während die Importe in geringerem Umfang profitieren und weiter unter den Werten der jeweiligen Vergleichsszenarien liegen (vgl. Tabelle 53). In der ersten Variante („Preis“) gewinnen vor allem die auf Papier basierenden Gütergruppen durch die zusätzliche Endnachfrage, während in der zweiten Variante eine größere Vielfalt von Sektoren profitiert. Im Nachhaltigkeitsszenario bewirkt die hohe zusätzliche Endnachfrage, die aus den Kosteneinsparungen resultiert, eine deutliche Verringerung der Produktions- und Importrückgänge, die sich in der Variante ohne Kompensation ergeben. Wegen des starken Rückgangs der Exportnachfrage bleibt die Bilanz jedoch sowohl für die Inlandsproduktion als auch für die Importe gegenüber dem Referenzszenario negativ. Dieses Ergebnis ist in hohem Maße von der Annahme abhängig, dass sich Deutschland bis zum Jahr 2020 zu einem Nettoexporteur von Papier entwickeln wird. Die Maßnahmen zur effizienteren Nutzung von Papier und Papierprodukten sowie zur Substitution durch Dienstleistungen und IuK-Technik können sich dadurch in der Bilanz negativ auf die Inlandsproduktion auswirken (vgl. Abschnitt 6.2.3.4). Mit einer Sensitivitätsrechnung wurde der Einfluss des Exportrückgangs ermittelt. Unter der Annahme konstanter Exporte von Papier und

Papierprodukten ergäbe sich für die Inlandsproduktion je nach Kompensationsvariante ein leichtes bis deutliches Plus und für die Importe weiter eine negative Bilanz.

Tabelle 53: Übersicht über die Veränderung des Güteraufkommens in den betrachteten Szenarien mit Kompensationsrechnung

	Referenz-szenario[1)]	Öko-Effizienz-szenario[2)]	Nachhaltigkeits-szenario[2)]
	Mio. DM	Mio. DM	Mio. DM
Variante "Preis"			
Inlandsproduktion	6.108	9.072	-6.722
Importe	-2.166	-287	-6.918
Güteraufkommen	3.942	8.785	-13.640
Variante "Nachfrage"			
Inlandsproduktion	2.822	3.775	-13.551
Importe	-3.113	-1.722	-8.516
Güteraufkommen	-290	2.053	-22.067

1) Abweichungen vom Basisszenario

2) Abweichungen vom Referenzszenario

Quelle: Eigene Berechnung

In Bezug auf den Primärenergieverbrauch resultieren in allen Szenarien deutliche Einsparungen durch die betrachteten Energie- und Materialeffizienzstrategien. Der Energieverbrauch sinkt auch in den Kompensationsvarianten mit steigender Inlandsproduktion. Dazu tragen die deutlich steigende Energieeffizienz in der Papierindustrie bei, sowie die geringe Energieintensität der an Bedeutung gewinnenden Sektoren, die den rückläufigen Energiebedarf der Papierindustrie nicht auszugleichen vermögen. Gegenüber einer „frozen-structure"-Entwicklung, die das Basisszenario widerspiegelt, kann bei einer Referenzentwicklung in 2020 mit Einsparungen zwischen 68 und 86 PJ[38] gerechnet werden. Eine stärkere Diffusion energiesparender Techniken und verstärktes Recycling würden weiter zwischen 27 und 53 PJ einsparen. Mit der im Nachhaltigkeitsszenario unterstellten effizienteren Nutzung von Papierprodukten wären Energiebedarfsrückgänge um weitere 60 bis 80 PJ möglich.

Die Ergebnisse der Modellrechnungen sind generell vor dem Hintergrund des gewählten Modellansatzes und der getroffenen Annahmen zu interpretieren. Die folgenden Aspekte dürften sich besonders auf die Ergebnisse auswirken:

38 je nach Kompensationsvariante

- Zunächst sind Einschränkungen zu nennen, die mit dem auf der Basis eines IO-Modells gewählten Modellansatz verbunden sind und die bereits in Kapitel 4.5 erläutert wurden.
- Die Verwendung des statischen offenen Preismodells zur Abschätzung der Preiswirkungen von Kosteneinsparungen in ausgewählten Sektoren beinhaltet ebenfalls Annahmen, die zur eingeschränkten Abbildung der Realität führen. Eine starke Vereinfachung stellt insbesondere die fehlende Einbeziehung von Mengenanpassungsreaktionen bei Preisveränderungen dar.
- Einen relativ großen Einfluss auf die Modellergebnisse haben die Annahmen zur Entwicklung des Papierverbrauchs und der Papierproduktion in Deutschland. Da die zukünftige Entwicklung in diesem Bereich wegen der vielfältigen technischen, wirtschaftlichen, kulturellen und politischen Einflussfaktoren schwierig einzuschätzen ist, wurden zwei verschiedene Entwicklungsverläufe in die Untersuchung einbezogen. Dennoch bleiben diese Annahmen zwangsläufig mit einer gewissen Unsicherheit behaftet.
- Die gleiche Unsicherheit besteht auch für die Entwicklung des Außenhandels mit Papier. Auch hier wurde daher versucht, den Einfluss dieser Größe mit einer Sensitivitätsrechnung zu ermitteln.

7 Zusammenfassung, Schlussfolgerungen und Ausblick

Zusammenfassung

Neuere Arbeiten zeigen, dass Strategien, die auf einen effizienteren Materialeinsatz und die Schließung von Stoffkreisläufen setzen, im Bereich des Klimaschutzes eine wichtige Ergänzung zu reinen Energieeffizienzmaßnahmen darstellen können. Im Unterschied zu letzteren setzen sie nicht nur isoliert bei einzelnen technischen Verfahren an, sondern haben ganze Wertschöpfungsketten im Blick, die sie gezielt im Sinne einer höheren Materialeffizienz verändern. Es ist zu erwarten, dass eine weitgehende Umsetzung von Kreislaufwirtschafts- und Materialeffizienzstrategien mit einem erheblichen technischen und strukturellen Wandel in der Volkswirtschaft verbunden wäre. Die zu erwartenden Auswirkungen auf die sektorale Struktur einer Volkswirtschaft sind bisher empirisch kaum untersucht worden.

Die Untersuchung dieser Fragestellung erfordert ein geeignetes Analyseinstrumentarium. Das Ziel dieser Arbeit war die Entwicklung eines methodischen Ansatzes, der ein volkswirtschaftliches Input-Output-Modell mit einem prozessanalytischen Stoffstrommodell verknüpft. Zudem sollten die Potentiale und Grenzen dieses Ansatzes am Beispiel der materialeffizienten Gestaltung der Wertschöpfungskette „Papier" empirisch überprüft werden.

Der methodische Teil der Arbeit hatte daher die Entwicklung eines Konzepts zur Kopplung der beiden Modelle zum Gegenstand. Die Wahl des Modellansatzes erfolgte nach einer Analyse bestehender Arbeiten zur Einbeziehung des technischen und intrasektoralen Wandels in Input-Output-Modellen. Sie lassen sich nach Richter (1990) in formale und pragmatische Ansätze unterteilen. Die formalen Ansätze versuchen, die Veränderung der Inputkoeffizienten im IO-Modell zu endogenisieren, wobei überwiegend eine Einbeziehung von Vergangenheitstrends oder Preisabhängigkeiten erfolgt. In den pragmatischen Ansätzen wird das IO-Modell hingegen als ein konsistenter Rahmen für Simulationsrechnungen verwendet, in dem ausgewählte Modellparameter gezielt angepasst werden, um erwartete technische oder intrasektorale Veränderungen konsistent aufzunehmen.

Für die vorliegende Fragestellung bietet ein pragmatischer Ansatz Vorteile, da davon ausgegangen werden muss, dass der Übergang zu einer materialeffizienten Kreislaufwirtschaft mit Strukturbrüchen gegenüber der Vergangenheitsentwicklung verbunden sein würde. Zudem dürften reine Preisabhängigkeiten als Einflussfaktor für die Abbildung dieser Entwicklung nicht ausreichend sein. Nach Klemmer et al. (1999) wirkt eine Vielzahl von Einflussfaktoren auf die Diffusion von Umweltinnovationen (Multi-Impuls-Hypothese). Bei Materialeffizienzmaßnahmen ist zudem von einer hohen Kontextabhängigkeit der Gestaltungsoptionen und Diffusionspotentiale auszugehen. Die Wahl eines pragmatischen Ansatzes erlaubt höhere Freiheitsgrade bei der Einbeziehung der relevanten Einflussfaktoren und die Berücksichtigung fallspezifischer

Zusammenhänge, die sich aus dem jeweiligen Untersuchungsgegenstand ergeben. Die Analyse bestehender pragmatischer Ansätze ergab, dass Arbeiten zur Kopplung von IO-Modellen mit Bottom-Up-Modellen bereits in unterschiedlicher Ausprägung und mit unterschiedlichen Zielsetzungen bestehen. Diese Ansätze konnten zwar methodische Hinweise liefern, mussten jedoch für die Fragestellung der vorliegenden Arbeit weiterentwickelt werden.

Die Entwicklung des gekoppelten Modellansatzes erfolgte am Beispiel des dynamischen Input-Output-Modells MIS, das zur Projektion der bundesdeutschen Input-Output-Tabelle für die Jahre 2005 und 2020 einsetzbar ist, wobei für verschiedene exogene Größen, darunter insbesondere die exogene Endnachfrage, Vorgaben zu machen sind. Die Investitionen werden modellendogen über einen sektoral disaggregierten Kapitalstock erklärt. Im Stoffstrommodell wird ein Ausschnitt aus der Volkswirtschaft detailliert abgebildet. Formal ist es ein statisches Prozesskettenmodell, in dem die innerhalb der Systemgrenzen liegenden Prozesse und Aktivitäten durch Stoff- und Energieströme für einen jeweils gewählten Zeitschritt miteinander verknüpft sind. Damit lassen sich die Auswirkungen von Kreislaufwirtschafts- und Materialeffizienzmaßnahmen innerhalb des Subsystems analysieren.

In dem entwickelten Modellsystem sind die beiden Modelle per Soft-Link miteinander verbunden. Das Stoffstrommodell nimmt dabei die Rolle eines Satellitenmodells zum IO-Modell ein. Es deckt Teile der im IO-Modell abgebildeten Sektoren und Güterströme mit einem höheren Detaillierungsgrad ab. Beide Modelle beeinflussen sich wechselseitig. Die Dynamik des gekoppelten Modellsystems geht dabei vom IO-Modell aus, das bestimmte benötigte Nachfragegrößen exogen für das Stoffstrommodell vorgibt. Mit dem Stoffstrommodell können nun Simulationsrechnungen durchgeführt werden, in denen ausgelotet wird, wie die vorgegebene Nachfrage unter Berücksichtigung von Kreislaufwirtschafts- und Materialeffizienzstrategien gedeckt werden kann. Dazu werden verschiedene Annahmen z.B. zum technischen und strukturellen Wandel im Subsystem sowie zu Veränderungen der Rahmenbedingungen oder des Akteursverhaltens getroffen.

Die Ergebnisse der Simulationsrechnungen werden anschließend in das IO-Modell zurückgespielt und führen dort zur Veränderung ausgewählter Variablen- und Parameterwerte für die Projektionsjahre. Als abhängige IO-Modellgrößen kommen die exogene Endnachfrage, die Input- und Kapitalkoeffizienten der Sektoren sowie gegebenenfalls die Investitionsverflechtungsmatrizen in Frage. Anschließend erfolgt eine Modellrechnung mit dem angepassten IO-Modell. Der Vergleich der dabei erzielten Ergebnisse mit denen des Modelllaufs ohne Einkopplung des Stoffstrommodells gibt dann Aufschluss über die gesamtwirtschaftlichen sektoralen Struktureffekte, die durch die Veränderungen im Subsystem angestoßen werden.

Die mit dem angepassten IO-Modell ermittelten Projektionsergebnisse wirken sich wiederum auf die für das Stoffstrommodell anzusetzende modellexogene Nachfrage aus. Diese Rückkopplung kann einen neuerlichen Lauf des Stoffstrommodells erfordern, der wiederum zu veränderten Werten für die Größen des IO-Modells führen kann. Die beiden Modelle sind gegebenenfalls iterativ zu lösen, bis die Ergebnisveränderungen ein festzulegendes Abbruchkriterium erfüllen.

Für die Kopplung der beiden Modelle ist vorteilhaft, dass sie eine ähnliche Grundstruktur aufweisen. In beiden Modellen wird ein System von Aktivitäten abgebildet, die durch Güterströme im einen Fall und durch Stoff- und Energieströme im anderen Fall miteinander vernetzt sind. Es existieren jedoch auch wesentliche Unterschiede, die sich auf das Kopplungskonzept auswirken. Zunächst sind das höhere Aggregationsniveau in IO-Modellen und die verwendeten Einheiten – monetäre Einheiten im IO-Modell versus physischen Einheiten im Stoffstrommodell - zu nennen. Darüber hinaus unterscheiden sich auch die Aktivitätskonzepte, z.B. hinsichtlich der Einbeziehung von Produktnutzungs- und Entsorgungsprozessen, die in den bestehenden IO-Modellen nur eingeschränkt möglich ist. Für die Modellkopplung ist die Kompatibilität zwischen beiden Modellen eine notwendige Voraussetzung. Die Ergebnisse des Stoffstrommodells müssen daher in mehreren Überleitungsschritten in eine Form gebracht werden, in der sie zur Anpassung der abhängigen IO-Modellgrößen verwendet werden können.

Durch die Einbindung der Ergebnisse des Stoffstrommodells können sich im IO-Modell die Kostenstrukturen und als Folge eines veränderten Produkt-Mix auch die Outputs der Sektoren verändern. Die daraus resultierenden gesamtwirtschaftlichen Effekte (z.B. Preis-, Einkommens- oder Wettbewerbseffekte) können im Rahmen der meisten IO-Modelle nur sehr eingeschränkt endogen abgebildet werden. In der vorliegenden Arbeit wurde versucht, sie durch nachträgliche Simulationen grob abzuschätzen. Dazu werden die entstehenden Residualwerte zwischen Outputs und Inputs mit einer Ausgleichsvariable festgehalten und modelltechnisch als Teil der primären Inputs behandelt.

Der empirische Teil der vorliegenden Arbeit enthält die Erprobung des Kopplungskonzepts am Beispiel der Wertschöpfungskette „Papier". Dieses Fallbeispiel wurde ausgewählt, da es sich bei Papier um einen Werkstoff handelt, dessen Herstellung mit einem hohen Energieverbrauch und verschiedenen Umweltbelastungen verbunden ist. Die Papierkette bietet vielfältige Möglichkeiten zur weiteren Schließung von Stoffkreisläufen und zur Steigerung der Materialeffizienz. Zur Abbildung der Auswirkungen dieser Maßnahmen auf die Papierkette wurde ein technikbasiertes Stoffstrommodell aufgebaut, das die relevanten Aktivitäten und ihre Vernetzung abbildet. Es reicht von der Bereitstellung von Holz über die Faserstoff- und Papierproduktion, die Herstellung von Papierprodukten, ihre Nutzung bis zur Entsorgung von Altpapier einerseits und dem Rückfluss des Altpapiers zurück in die Produktion andererseits. Um Veränderungen des Produkt-Mix berücksichtigen zu können, wurden verschiedene Papiersorten und Papierproduktgruppen unterschieden.

Mit dem Stoffstrommodell wurden dann Simulationsrechnungen zur zukünftigen Entwicklung der Papierkette durchgeführt. Dabei wurde versucht, mögliche Entwicklungspfade auf der Basis des vorhandenen Fachwissens und von Erwartungen zum technischen Wandel sowie zu Veränderungen der Nachfrage und des Nutzerverhaltens zu skizzieren. Um beurteilen zu können, wie sich die verschiedenen Entwicklungspfade der Papierkette auf die übrige Volkswirtschaft und insbesondere deren sektorale Struktur auswirken, wurden Modellrechnungen mit dem in dieser Arbeit entwickelten gekoppelten Modell durchgeführt. Als Vergleich diente eine Basisprojektion mit dem ungekoppelten IO-Modell MIS bis 2020. Diese Basisprojektion lieferte auch die Vorgabe für die im Stoffstrommodell anzusetzende modellexogene Nachfrage.

Zusätzlich zum Basisszenario als Grundlage der Basisprojektion wurden drei verschiedene Szenarien zur Entwicklung der Papierkette bis 2020 betrachtet, mit jeweils verschiedenen Annahmen zur Entwicklung des Altpapierrecyclings sowie der materialeffizienten Gestaltung und Nutzung von Papierprodukten. Um Aussagen über die Auswirkungen dieser Maßnahmen auf den Energieverbrauch machen zu können, wurde auch die Entwicklung der Energieeffizienz mit einbezogen.

- Das *Referenzszenario* übernimmt die Annahmen des Basisszenarios zur Entwicklung des gesamtwirtschaftlichen Umfelds, unterscheidet sich jedoch hinsichtlich der Annahmen zur Entwicklung der Papierkette als Gegenstandsbereich der Szenarioanalyse. Hier wird der heute bereits zu erwartende technische und intrasektorale Wandel hinsichtlich der Veränderung des Produkt-Mix, steigender Energieeffizienz und eines weiter zunehmenden Altpapierrecyclings einbezogen.
- Das *Öko-Effizienzszenario* geht von einer weiteren Durchsetzung technischer Maßnahmen zur Energieeinsparung sowie einer forcierten Schließung von Stoffkreisläufen aus. Die Entwicklung des Papierverbrauchs entspricht der des Referenzszenarios.
- Im *Nachhaltigkeitsszenario* wird zusätzlich angenommen, dass sich die materialeffiziente Gestaltung und Nutzung von Papierprodukten stärker durchsetzt und insbesondere neue Dienstleistungen auf der Basis von Informations- und Kommunikationstechnologien zur Substitution von Papierprodukten führen. In diesem Szenario wird ein deutlich geringeres Wachstum des Papierverbrauchs unterstellt, so dass dieser in 2020 gegenüber dem Referenzszenario um rund 20 % niedriger liegt. Die Annahmen zur Energieeffizienz sowie zum Altpapierrecycling entsprechen den im Öko-Effizienzszenario getroffenen Annahmen.

Die Simulationsrechnungen mit dem Stoffstrommodell führten zu vielfältigen Veränderungen der Stoff- und Energieströme innerhalb der Papierkette. Betroffen sind u.a. der Holz- und Faserstoffbedarf, der Altpapierbedarf, verschiedene chemische Hilfsstoffe und Pigmente, Transportleistungen und Energieträger. Hinsichtlich des Energiebedarfs ergibt sich im Referenzszenario bis 2020 trotz Steigerung der Energieeffizienz eine merkliche Zunahme infolge des steigenden Papierverbrauchs. Es bedarf eines verstärkten Papierrecyclings und erheblicher weiterer Anstrengungen bei der Energieeffizienz, um nach 2005 eine Verlangsamung des Energiebedarfszuwachses zu erreichen (Öko-Effizienzszenario). Eine Verringerung des Energieverbrauchs ist erst bei dem im Nachhaltigkeitsszenario unterstellten, deutlich geringer wachsenden Papierverbrauch, der durch die Ausschöpfung von Möglichkeiten zur effizienteren Papiernutzung erreichbar erscheint, zu erwarten.

Die für die einzelnen Szenarien ermittelten Ergebnisse der Simulationsrechnungen dienten jeweils zur Anpassung der betroffenen Variablen und Parameter im IO-Modell. Bei der Auswertung der anschließenden Modellrechnungen wurden die Ergebnisse des Referenzszenarios mit denen des Basisszenarios verglichen, um den Methodeneffekt herauszuarbeiten, der aus der Anwendung des ungekoppelten IO-Modells einerseits und des gekoppelten Modellsystems andererseits resultiert. Die Ergebnisse des Öko-Effizienz- und des Nachhaltigkeitsszenarios wurden denen des Referenzszenarios gegenübergestellt, um die Wirkungen der unterschiedlichen Maßnahmen analysieren zu können.

Während das Basisszenario implizit die Struktur innerhalb der Papierkette einfriert, spiegelt das Referenzszenario realistischere Annahmen über den technischen und strukturellen Wandel im Zeitverlauf wider. Die Ergebnisse der Simulationsrechnungen mit dem Stoffstrommodell wirken sich vor allem auf die Parameter für die Papierindustrie im IO-Modell aus. Sie führen zu einer deutlichen Veränderung der Inputs und infolge eines veränderten Produkt-Mix auch des Sektoroutputs gegenüber dem Basisszenario. In geringerem Umfang sind auch der Stromerzeugungs- und der Dienstleistungssektor von Anpassungen betroffen. Betrachtet man die Ergebnisse der Modellrechnungen mit dem angepassten IO-Modell, so resultiert eine insgesamt moderate Verringerung des Güteraufkommens aus den Veränderungen innerhalb der Papierkette. Davon sind besonders die Importe der Papierindustrie und die Produktion in den Energiesektoren betroffen.

Die Ergebnisse für das Öko-Effizienzszenario zeigen im wesentlichen eine Verstärkung der Ergebnisse für das Referenzszenario. Auch hier betreffen die wesentlichen Veränderungen die Inputs der Papierindustrie, wobei zum einen eine Verschiebung von importiertem Zellstoff zu heimischem Altpapier erfolgt und zum anderen die Nachfrage nach Energie wegen der steigenden Energieeffizienz zurückgeht. Auch hier ist eine moderate Verringerung des Güteraufkommens zu verzeichnen. Sowohl im Referenz- als auch im Öko-Effizienzszenario sind die indirekten Effekte nicht sehr stark ausgeprägt. In beiden Szenarien führen die betrachteten Maßnahmen zu Kosteneinsparungen, vor allem für die Papierindustrie.

Das Nachhaltigkeitsszenario erzeugt erheblich stärkere ökonomische Impulse als die anderen betrachteten Szenarien. Darüber hinaus ist eine größere Zahl von Sektoren tangiert. Die geringere Nachfrage nach Papier und Papierprodukten hat hier zunächst direkte Auswirkungen auf die Outputs der Papierindustrie sowie des Papier verarbeitenden Gewerbes und der Druckereien, die in deutlichem Umfang sinken. Bei den Abnehmern dieser Produkte findet zum Teil eine Verlagerung von papierbasierten Produkten zu anderen Produkten, insbesondere IuK- und Mediendienstleistungen statt. Zum Teil ist die effizientere Nutzung von Papierprodukten auch mit Einsparungen verbunden. Diese Impulse führen insgesamt zu einer merklichen Verringerung des Güteraufkommens. Der Dienstleistungssektor, in dem die neu nachgefragten IuK- und Mediendienstleistungen angesiedelt sind, profitiert als einziger von dieser Entwicklung und kann seine Produktion deutlich ausweiten.

Die bisher dargestellten Ergebnisse stellen reine Strukturwirkungen dar, die sich mit den angepassten Variablen und Parametern des IO-Modells ergeben. In allen Szenarien führt die Umsetzung der Maßnahmen zu Kosteneinsparungen, die auf den sinkenden Energiebedarf, den kostengünstigeren Einsatz von Altpapier als Rohstoff sowie die mit dem effizienteren Materialeinsatz verbundenen Kostenvorteile zurückzuführen sind. Die oben erläuterten Ergebnisse geben insofern einen Teileffekt wieder, als sie die potentiell Nachfrage steigernden Folgewirkungen der Kosteneinsparungen nicht berücksichtigen. Da die endogene Modellierung der resultierenden Folgeeffekte mit einem Input-Output-Modell auf methodische und empirische Grenzen stößt, wurde versucht, sie mittels nachträglicher Simulationsrechnungen abzuschätzen. Diese beruhen auf den nachfolgend erläuterten vereinfachenden Überlegungen, die versuchen, einer plausiblen Wirkungskette zu folgen, auch wenn im Rahmen dieser Arbeit nicht alle denkbaren Wirkungsmechanismen einbezogen werden können.

Zunächst wurde angenommen, dass Kosteneinsparungen grundsätzlich als Preisnachlässe an die Abnehmersektoren weitergegeben werden. Mit dem statischen offenen Preismodell der Input-Output-Analyse wurde ermittelt, zu welchen Preiseffekten dies für die Bereiche der exogenen Endnachfrage führt, wenn man unterstellt, dass sich der Preissenkungsmechanismus weiter zwischen den Produktionsbereichen fortsetzt. Mit den Preisreduktionen ist eine Erhöhung des real verfügbaren Einkommens verbunden. Für die Verausgabung der zusätzlich verfügbaren Mittel wurden zwei Kompensationsvarianten betrachtet, die sich einerseits durch die Annahmen zu den von der zusätzlichen Endnachfrage profitierenden Sektoren unterscheiden. Angesichts der hohen Kosteneinsparungen der Auslandsnachfrage und der Unsicherheit, in welchem Umfang die vom Ausland eingesparten Mittel im Inland nachfragewirksam werden, wurden unterschiedliche Annahmen zur Höhe des Rückflusses dieser Mittel getroffen.

Im Referenz- und im Öko-Effizienzszenario bewirkt die zusätzliche Endnachfrage vor allem eine deutlich steigende Inlandsproduktion, während die Importe in geringerem Umfang profitieren und weiter unter den Werten der jeweiligen Vergleichsszenarien liegen. In der ersten, preisgetriebenen Kompensationsvariante profitieren vor allem die auf Papier basierenden Gütergruppen von der zusätzlichen Endnachfrage. Die mit der steigenden Material- und Energieeffizienz verbundenen Einsparungen führen hier also indirekt zu einer steigenden Papiernachfrage (Rebound-Effekt). In der zweiten Variante verteilt sich die zusätzliche Endnachfrage auf eine größere Vielfalt von Sektoren. Entsprechend der durchschnittlichen Sektorstruktur der Privaten Haushalte und des Staates profitieren vor allem Dienstleistungen und Investitionsgüterhersteller, aber auch eine Vielzahl weiterer Sektoren.

Im Nachhaltigkeitsszenario bewirkt die hohe zusätzliche Endnachfrage, die sich aus den Kosteneinsparungen ergibt, eine deutliche Verringerung der Produktions- und Importrückgänge, die sich in der Variante ohne Kompensation ergeben. Wegen des starken Rückgangs der Exportnachfrage bleibt die Bilanz jedoch sowohl für die Inlandsproduktion als auch für die Importe gegenüber dem Referenzszenario negativ. Dieses Ergebnis ist in hohem Maße von der Annahme abhängig, dass sich Deutschland bis zum Jahr 2020 zu einem Nettoexporteur von Papier entwickeln wird.

Da die Materialeffizienzmaßnahmen zum Teil zu einer Substitution von Papierprodukten durch Dienstleistungen führen und letztere stärker inlandsbasiert sind, ist mit dem Rückgang der Exportnachfrage eine sinkende Papierproduktion in Deutschland verbunden, während die vermehrt nachgefragten Dienstleistungen überwiegend im Ausland entstehen. Dies führt zu dem insgesamt negativen Effekt. Mit einer Sensitivitätsrechnung wurde der Einfluss des Exportrückgangs ermittelt. Unter der Annahme von auf dem Niveau des Referenzszenarios verbleibender Exporte von Papier und Papierprodukten ergäbe sich für die Inlandsproduktion ein leichtes bis deutliches Plus und für die Importe weiter eine negative Bilanz. Dieser Effekt deutet darauf hin, dass Staaten mit hoher Exportorientierung bei materialintensiven Produkten zu den Verlierern einer Materialeffizienzstrategie gehören können, die zu einer Substitution materieller Produkte durch in der Regel stärker inlandsbasierte Dienstleistungen führt.

In Bezug auf den Primärenergieverbrauch resultieren in allen Szenarien deutliche Einsparungen durch die betrachteten Energie- und Materialeffizienzstrategien. Der Energieverbrauch sinkt auch in den Kompensationsvarianten mit steigender Inlandsproduktion. Im Referenz- und Öko-Effizienzszenario trägt hierzu vor allem die steigende Energieeffizienz in der Papierindustrie bei. Die im Nachhaltigkeitsszenario betrachteten Maßnahmen zur Steigerung der Materialeffizienz können im Jahr 2020 mit ungefähr 40 % einen erheblichen Beitrag zu den insgesamt erzielbaren Energieeinsparungen leisten.

Schlussfolgerungen

Insgesamt haben die empirischen Arbeiten gezeigt, dass der gewählte Ansatz der Modellkopplung grundsätzlich dafür geeignet ist, die Auswirkungen von Kreislaufwirtschafts- und Materialeffizienzstrategien auf die sektorale Struktur der Volkswirtschaft zu analysieren. Die Kopplung eines Input-Output-Modells mit einem Stoffstrommodell ermöglicht es, die spezifischen Vorteile der beiden isolierten Ansätze miteinander zu kombinieren. Die Vorzüge des gekoppelten Ansatzes lassen sich jeweils aus der Perspektive der Einzelmodelle benennen. Aus Sicht des IO-Modells ergeben sich die folgenden Vorteile:

- Die Kopplung mit einem Submodell auf niedrigerem Aggregationsniveau ermöglicht die explizite Einbeziehung von technischen und intrasektoralen Veränderungen, insbesondere Veränderungen des Prozess- und des Produkt-Mix und verringert Aggregationsfehler. Der Simulationsansatz macht die dabei getroffenen Annahmen und Wechselwirkungen transparent und nachvollziehbar.
- Die Auslegung des Submodells als Stoffstrommodell erlaubt eine adäquatere und problemgerechte Abbildung der tatsächlichen Interdependenzen innerhalb von Wertschöpfungsketten, ohne die für IO-Modelle geltenden konzeptionellen Einschränkungen. Damit lassen sich die Veränderungen innerhalb eines ausgewählten Subsystems der Volkswirtschaft erfassen und analysieren, die durch Maßnahmen zur Erhöhung der Materialeffizienz und zur Kreislaufführung von Stoffströmen ausgelöst werden.

Die für die meisten Input-Output-Modelle geltenden Einschränkungen hinsichtlich der Flexibilität der Produktionsfunktion und der fehlenden Einbeziehung von Preis-Mengen-Abhängigkeiten bleiben für die Bereiche ausserhalb des detailliert betrachteten Subsystems bestehen. Dies gilt auch für die eingeschränkte endogene Abbildung verschiedener gesamtwirtschaftlicher Kreislaufeffekte, die sich zum Teil durch nachträgliche Simulationsrechnungen abschätzen lassen.

Im Vergleich zum isolierten partialanalytischen Einsatz eines Stoffstrommodells ergeben sich die folgenden Vorteile:

- Die Einbindung in den gesamtwirtschaftlichen Rahmen ermöglicht zum einen bei der Generierung zukünftiger Nachfragegrößen, diese in den gesamtwirtschaftlichen Kontext zu stellen. Zum anderen lassen sich die Auswirkungen der Veränderungen innerhalb des Subsystems auf die übrige Volkwirtschaft, insbesondere deren sektorale Struktur erfassen.
- Im Vergleich zur üblicherweise rein auf physischen Einheiten basierenden Betrachtungsweise in Stoffstrommodellen hat die Einbeziehung monetärer Größen den Vorteil, dass die Wirkung von Maßnahmen auf die Kostenstrukturen und Budgets der Akteure deutlich wird und die mit Budget- und Kostenveränderungen verbundenen Kompensationseffekte szenarienhaft abgeschätzt werden können.

Die Modellkopplung wird durch die ähnliche Grundstruktur der beiden Modelle erleichtert. Die unterschiedlichen Aktivitätskonzepte machen dabei einige Überleitungsschritte nötig, bevor die Ergebnisse des Stoffstrommodells zur Anpassung der IO-Modellparameter verwendet werden können.

Bei der empirischen Umsetzung des Kopplungsansatzes für das Fallbeispiel der Wertschöpfungskette „Papier" erwies sich die Datengewinnung zum Aufbau des Stoffstrommodells als aufwendig. Die benötigten Daten sind nur zum Teil statistisch erfasst. Sie mussten daher aus verschiedenen Quellen wie z.B. technischen Prozessbeschreibungen, Marktuntersuchungen oder Experteneinschätzungen zusammengeführt werden. Die so gewonnenen Daten haben in der Regel unterschiedliche zeitliche und räumliche Bezüge und sind nur eingeschränkt repräsentativ. Statistische Daten sind zudem häufig mit verschiedenen, dem eigentlichen Erhebungszweck angepassten Systematiken ermittelt worden. Um diese Daten für das Modell nutzbar zu machen und die Konsistenz mit der Systematik des IO-Modells herzustellen, war daher ein nicht unerheblicher Aufwand erforderlich.

Die fehlende empirische Basis erwies sich insbesondere für die benötigten Preisinformationen als problematisch. Diese werden benötigt, um die Verbindung zwischen dem in physischen Einheiten aufgebauten Stoffstrommodell und dem monetären Input-Output-Modell zu schaffen. Als besonders schwierig erwies sich die Gewinnung von Preisen für primäre und sekundäre Rohstoffe wegen der vorhandenen Inhomogenität und starken Volatilität.

Vor diesem Hintergrund ergibt sich ein Trade-Off zwischen den Veränderungen, die sich besser in einem Stoffstrommodell abbilden lassen und denen, für die eher die Anpassung im IO-Modell geeignet ist. Die Abbildung in einem technikbasierten, disaggregierten Stoffstrommodell bietet sich bei einem technisch bestimmten und hinsichtlich der Zahl der Aktivitäten relativ überschaubaren Bereich an. Je größer die Zahl verschiedener, inhomogener Produkte und Aktivitäten wird und je mehr es um die Abbildung der eher absatzorientierten Verflechtungen geht, um so schwieriger wird es häufig aus Gründen der Datenverfügbarkeit sein, ein sektorales Disaggregationsniveau zu erreichen, welches über das eines IO-Modells hinausgeht.

Ausblick

In dieser Arbeit wurde der entwickelte Modellansatz am Beispiel des ausgewählten Werkstoffs „Papier“ empirisch erprobt. Der Schwerpunkt der dabei analysierten Strategien lag bei der Zunahme des Altpapierrecyclings, verschiedenen Maßnahmen zur materialeffizienten Gestaltung von Papierprodukten sowie der Substitution von Papier und Papiererzeugnissen durch Produkte und Dienstleistungen auf der Basis von neuen Informations- und Kommunikationstechnologien. Wegen der kurzen Lebensdauer der meisten Papierprodukte spielten Maßnahmen zur Nutzungsdauerverlängerung und Nutzungsintensivierung, die auch Kreisläufe auf höheren Wertschöpfungsstufen beinhalten, keine Rolle. In einem nächsten Schritt könnte für langlebige Produkte (z.B. Kraftfahrzeuge oder Elektrogeräte) geprüft werden, ob und gegebenenfalls welche Änderungen am gekoppelten Modellansatz erforderlich wären. Eine größere Bedeutung dürften z.B. dynamische Aspekte erhalten, die es ermöglichen, die Nutzungsphase von Produkten nachzuzeichnen oder die Entwicklung des für die Sekundärrohstoffproduktion zur Verfügung stehenden Abfallaufkommens zu simulieren. In jedem Fall ist bei einem zu untersuchenden Material- oder Produktsystem neu zu entscheiden, wie das Zusammenspiel zwischen dem Stoffstrommodell und dem Input-Output-Modell aussieht. Dies beinhaltet vor allem die Abwägung, mit welchem Detaillierungsgrad ein Subsystem im Stoffstrommodell dargestellt wird.

Die Ausweitung des Modellansatzes auf weitere für die Umsetzung einer materialeffizienten Kreislaufwirtschaft bedeutsame Material- bzw. Produktsysteme könnte auch eine Vernetzung der verschiedenen Submodelle einschließen. Dies würde in die Lage versetzen, Substitutionseffekte und andere Wechselwirkungen zwischen den Subsystemen zu analysieren. Für die Frage nach den potentiellen Beiträgen von Materialeffizienzstrategien zur Energieeinsparung und zum Klimaschutz käme die Untersuchung weiterer energieintensiver Grundstoffindustrien (z.B. Teile der Chemischen Industrie, die Eisenschaffende Industrie, die NE-Metallindustrie oder auch der Sektor „Steine und Erden") in Frage.

Die vorliegende Arbeit hat sich auf den Beitrag von Materialeffizienzstrategien zum Klimaschutz konzentriert. Da mit der industriellen Werkstoffherstellung jedoch auch vielfältige andere Umweltbelastungen verbunden sind, würden diese Strategien in verschiedenen Bereichen zu Umweltentlastungen führen. Durch die Erweiterung des verwendeten Input-Output-Modells um verschiedene sektorspezifische Umweltbelastungskennzahlen (z.B. Luftschadstoffe, Abwasseremissionen und Abfallmengen) könnten Aussagen sowohl zu ökonomischen als auch zu ökologischen Auswirkungen von Materialeffizienzstrategien auf mesoökonomischer Ebene mit einem konsistenten Analyseinstrumentarium gemacht werden. Durch die Einbeziehung sozialer Indikatoren (z.B. Beschäftigung und Arbeitsqualität) könnten darüber hinaus alle drei Aspekte der Nachhaltigkeit für die Bewertung der Strategien berücksichtigt werden (vgl. z.B. Walz et al., 2001).

Bereits in der Einleitung wurde betont, dass der Ansatz der Kopplung eines Input-Output-Modells mit einem Stoffstrommodell nicht die einzige Analysemöglichkeit darstellt. Modellvergleiche haben gezeigt, dass es in der Regel nicht ein perfektes Modell gibt, sondern dass es durchaus sinnvoll ist, verschiedene Aspekte einer Fragestellung mit verschiedenen Modellkonzepten auszuleuchten (Frohn et al., 1998; Grubb et al., 1993). Neben dem hier vorgestellten Modellansatz wäre z.B. auch die Kopplung eines Stoffstrommodells mit einem Allgemeinen Gleichgewichtsmodell zu prüfen, um andere Wirkungsmechanismen zu beleuchten. Für energiebezogene Fragestellungen gibt es bereits Überlegungen zur Kopplung mit Bottom-Up-Ansätzen (vgl. z.B. Böhringer, 1998). Darüber hinaus wären Vergleiche zwischen verschiedenen Modellkonzepten ebenfalls aufschlussreich. Sowohl die Anwendung verschiedener Modellansätze als auch die schrittweise empirische Analyse weiterer Material- und Produktsysteme dürften das Verständnis der Auswirkungen eines Übergangs zu einer materialeffizienten Kreislaufwirtschaft auf die Volkswirtschaft vergrößern.

Anhang

A.1 Zum Aufbau des Input-Output-Modells MIS

Tabelle A-1: Sektorale Gliederung des Modells MIS in der angepassten Version

MIS-Gliederung		Gliederung des Statistischen Bundesamtes
Nr.	**Bezeichnung**	**Bezeichnung (Nr. SIO)**
1	Kohle	Kohle, Erzeugnisse des Kohlenbergbaus (6)
2	Öl	Mineralölerzeugnisse (10)
3	Gas	Gaserzeugung, -verteilung (4) Erdöl, Erdgas (8)
4	Strom- und Dampf-erzeugung	Elektrizität, Dampf, Warmwasser (3)
5	Raumwärme	-
6	Kernbrennstoff	Teil von Sektor Chemische Erzeugnisse, Spalt- u. Brutstoffe (9)
7	Regererenerative Energie	Auslagerung aus Energiesektoren
8	Sonstige Energie	Rest der Energie (Müll etc.)
9	Eisenbahnverkehr	Dienstleistungen der Eisenbahnen (45)
10	Schiffsverkehr	Dienstl. d. Schiffahrt, Wasserstraßen, Häfen (46)
11	Sonstiger Verkehr	Dienstleistungen des sonstigen Verkehrs (48)
12	Landwirtschaft, Forstwirtschaft, Fischerei	Landwirtschaft (1) Forstwirtschaft, Fischerei usw. (2)
13	Chemie / Gummi	Chemische Erzeugnisse, Spalt- u. Brutstoffe (ohne Spalt- und Brutstoffe) (9) Kunststofferzeugnisse (11) Gummierzeugnisse (12)
14	Steine / Erden	Steine u. Erden, Baustoffe usw. (13)
15	Sonstige Industrie	Bergbau (ohne Kohle, Erdöl, Erdgas) (7) Feinkeramische Erzeugnisse (14) Glas u. Glaswaren (15) Musikinstrumente, Spielwaren, Sportgeräte, Schmuck usw. (29) Holzbearbeitung (30) Holzverarbeitung (31) Leder, Lederwaren, Schuhe (35) Textilien (36) Bekleidung (37)
16	NE-Metallindustrie	NE-Metalle, NE-Metallhalbzeug (17)
17	Eisenschaffende Industrie	Eisen und Stahl (16)
18	Papier / Zellstoff	Zellstoff, Holzschliff, Papier, Pappe (32)

Fortsetzung Tabelle A-1

MIS-Gliederung		Gliederung des Statistischen Bundesamtes
Nr.	**Bezeichnung**	**Bezeichnung (Nr. SIO)**
19	Fahrzeug/Elektro (Investitionsgüter)	Stahl- u. Leichtmetallbauerzeugnisse, Schienenfahrzeuge (20) Maschinenbauerzeugnisse (21) Büromaschinen, ADV-Geräte u. –Einricht. (22) Straßenfahrzeuge (23) Wasserfahrzeuge (24) Luft- und Raumfahrzeuge (25) Elektrotechnische Erzeugnisse (26) Feinmechanische u. Optische Erzgn., Uhren (27) Eisen-, Blech- und Metallwaren (28)
20	Herstellung von Nahrungs- / Genußmitteln	Nahrungsmittel (38) Getränke (39) Tabakwaren (40)
21	Gießereien / Walzwerke	Gießereierzeugnisse (18) Erzgn. der Ziehereien, Kaltwaltzwerke usw. (19)
22	Baugewerbe	Hoch- u. Tiefbauleistungen u.ä. (41) Ausbauleistungen (42)
23	Wohnungen	Gebäude- und Wohnungsvermietung (51)
24	Dienstleistungen	Gewinnung und Verteilung von Wasser (5) Großhandel u.ä., Rückgewinnung (43) Einzelhandel (44) Postdienst u. Fernmeldewesen (47) Kreditinstitute (49) Versicherungen (ohne Sozialversicherung) (50) Marktbestimmte Leistungen des Gastgewerbes und der Heime (52) Leistungen der Wissenschaft, Kultur und der Verlage (53) Marktbestimmte Leistungen des Gesundheits- und Veterinärwesens (54) Sonstige marktbestimmte Dienstleistungen (55) Leistungen der privaten Organisationen ohne Erwerbszweck, häusliche Dienste (58)
25	Staat	Gebietskörperschaften (56) Sozialversicherung (57)
26	Papierverarbeitung	Papierverarbeitung (33)
27	Druckereien	Erzeugnisse der Druckereien und Vervielfältigung (34)

A.2 Zum Aufbau des Stoffstrommodells

Tabelle A-2: Stoffliche Inputs und Outputs der im Stoffstrommodell abgebildeten Prozesse für das Jahr 1995

Prozess	Input	Menge	Einheit	Output	Menge	Einheit
Bereitstellung von Laubholz	Laubholz m.R.	1100	kg lutro	Laubholz o.R.	1000	kg lutro
				Rinde	100	kg lutro
	Summe	**1100**	**kg**	**Summe**	**1100**	**kg**
Bereitstellung von Nadelholz	Nadelholz m.R.	1100	kg lutro	Nadelholz o.R.	1000	kg lutro
				Rinde	100	kg lutro
	Summe	**1100**	**kg**	**Summe**	**1100**	**kg**
Bereitstellung von Industrierestholz	Industrierestholz	1000	kg lutro	Industrierestholz	1000	kg lutro
Herstellung von Holzschliff	Nadelholz o.R.	1052	kg lutro	Holzschliff	1000	kg
				Reststoffe (pev)	52	kg
	Summe	**1052**	**kg**	**Summe**	**1052**	**kg**
Herstellung von TMP-Holzstoff	Industrierestholz	1052	kg lutro	TMP-Holzstoff	1000	kg
				Reststoffe (pev)	52	kg
	Summe	**1052**	**kg**	**Summe**	**1052**	**kg**
Holzstoff-Bleiche	Holzschliff	733	kg	Holzstoff_B	1000	kg
	TMP-Holzstoff	267	kg	Sonst. Reststoffe	40,3	kg
	Chemikalien	40,3	kg			
	Summe	**1040**	**kg**	**Summe**	**1040**	**kg**
Herstellung von Sulfitzellstoff / Chemiezellstoff	Nadelholz o.R.	302	kg lutro	Sulfitzellstoff/ Chemiezellstoff	1000	kg
	Laubholz o.R.	676	kg lutro	Reststoffe (pev)	1491	kg
	Industrierestholz	1403	kg			
	Chemikalien	110	kg			
	Summe	**2491**	**kg**	**Summe**	**2491**	**kg**
Herstellung von Sulfatzellstoff	Nadelholz o.R.	1640	kg lutro	Sulfatzellstoff	1000	kg
	Industrierestholz	410	kg	Reststoffe (pev)	1212	kg
	Chemikalien	162	kg			
	Summe	**2212**	**kg**	**Summe**	**2212**	**kg**
Herstellung von AP-Stoff zur Herst. von Verpackungspapieren	Altpapier	1064	kg	AP-Stoff_VP	1000	kg lutro
				Reststoffe (pev)	64	kg
	Summe	**1064**	**kg**	**Summe**	**1064**	**kg**
Herstellung von AP-Stoff zur Herst. von Hygienepapieren	Altpapier	1481,5	kg	AP-Stoff_HP	1000	kg lutro
	Chemikalien	20	kg	Reststoffe (pev)	481,5	kg
				Sonst. Reststoffe	20	
	Summe	**1501,5**	**kg**	**Summe**	**1501,5**	**kg**

Anmerkungen zur Tabelle siehe S. 216

Fortsetzung Tabelle A-2

Prozess	Input	Menge	Einheit	Output	Menge	Einheit
Herstellung von AP-Stoff zur Herst. von Sonstigen Papieren	Altpapier	1190,5	kg	AP-Stoff_SP	1000	kg lutro
	Chemikalien	42	kg	Reststoffe (pev)	190,5	kg
				Sonst. Reststoffe	42	
	Summe	**1232,5**		**Summe**	**1232,5**	
Herstellung von ZDP (Zeitungsdruck-papiere)	AP-Stoff_SP	949,2	kg lutro	ZDP	1000	kg
	Primärstoff	70,3	kg	Reststoffe (pev)	20	kg
	Füllstoffe	0	kg	Sonst. Reststoffe	36,5	kg
	Stärke/Leime	0,5	kg			
	Hilfsstoffe	36,5	kg			
	Summe	**1056,5**	**kg**	**Summe**	**1056,5**	**kg**
Herstellung von SDP (Sonstige Druck- und Pressepapiere)	Primärstoff	636	kg lutro	SDP	1000	kg
	AP-Stoff_SP	65	kg	Reststoffe (pev)	50	kg
	Füllstoffe	323	kg	Sonst. Reststoffe	36,5	kg
	Stärke/Leime	26	kg			
	Hilfsstoffe	36,5	kg			
	Summe	**1086,5**	**kg**	**Summe**	**1086,5**	**kg**
Herstellung von BP (Büro-/ Administra-tionspapiere)	Primärstoff	679	kg lutro	BP	1000	kg
	AP-Stoff_SP	126	kg	Reststoffe (pev)	50	kg
	Füllstoffe	200	kg	Sonst. Reststoffe	36,5	kg
	Stärke/Leime	45	kg			
	Hilfsstoffe	36,5	kg			
	Summe	**1086,5**	**kg**	**Summe**	**1086,5**	**kg**
Herstellung von VP (Verpackungspapiere, -pappen, -kartons)	Primärstoff	125	kg lutro	VP	1000	kg
	AP-Stoff_VP	893	kg	Reststoffe (pev)	50	kg
	Füllstoffe	16,6	kg	Sonst. Reststoffe	36,5	kg
	Stärke/Leime	15,8	kg			
	Hilfsstoffe	36,5	kg			
	Summe	**1086,5**	**kg**	**Summe**	**1086,5**	**kg**
Herstellung von HP (Hygienepapiere)	Primärstoff	528	kg lutro	HP	1000	kg
	AP-Stoff_HP	473	kg	Reststoffe (pev)	50	kg
	Füllstoffe	50	kg	Sonst. Reststoffe	36,5	kg
	Stärke/Leime	0	kg			
	Hilfsstoffe	36,5	kg			
	Summe	**1086,5**	**kg**	**Summe**	**1086,5**	**kg**
Herstellung von SP (Sonstige Papiere)	Primärstoff	389	kg lutro	SP	1000	kg
	AP-Stoff_SP	386	kg	Reststoffe (pev)	50	kg
	Füllstoffe	239	kg	Verluste	36,5	kg
	Stärke/Leime	36	kg			
	Hilfsstoffe	36,5	kg			
	Summe	**1086,5**	**kg**	**Summe**	**1086,5**	**kg**

Fortsetzung Tabelle A-2

Prozess	Input	Menge	Einheit	Output	Menge	Einheit
Zeitungsdruck	ZDP	1016	kg	ZDP-Waren	1000	kg
	SDP	63	kg	Papierreststoffe	111	kg
	Additive	32	kg			
	Summe	**1111**	**kg**	**Summe**	**1111**	**kg**
Zeitschriftendruck	SDP	1079	kg	Zeitschriften	1000	kg
	Additive	32	kg	Papierreststoffe	111	kg
	Summe	**1111**	**kg**	**Summe**	**1111**	**kg**
Buchdruck	ZDP	201,14	kg	Bücher	1000	kg
	SDP	877,86	kg	Papierreststoffe	111	kg
	Additive	32	kg			
	Summe	**1111**	**kg**	**Summe**	**1111**	**kg**
Werbedruck	ZDP	96,74	kg	Werbedrucksachen	1000	kg
	SDP	982,26	kg	Papierreststoffe	111	kg
	Additive	32	kg			
	Summe	**1111**	**kg**	**Summe**	**1111**	**kg**
Sonstiger Druck	SDP	1079	kg	Sonst. Druckwaren	1000	kg
	Additive	32	kg	Papierreststoffe	111	kg
	Summe	**1111**	**kg**	**Summe**	**1111**	**kg**
Herstellung von Büropapierwaren	BP	257	kg	BP-Waren	1000	kg
	SP	537	kg	Papierreststoffe	46	kg
	SDP	237	kg			
	Additive	15	kg			
	Summe	**1046**	**kg**	**Summe**	**1046**	**kg**
Herstellung von Verpackungen	VP	1040	kg	VP-Waren	1000	kg
	Additive	29	kg	Papierreststoffe	70	kg
	Summe	**1070**	**kg**	**Summe**	**1070**	**kg**
Herstellung von Hygieneartikeln	HP	686	kg	HP-Waren	1000	kg
	Additive	314[2)]	kg			
	Summe	**1000**	**kg**	**Summe**	**1000**	**kg**
Herstellung von Sonstigen Papierwaren	SP	337	kg	SP-Waren	1000	kg
	VP	653	kg			
	Additive	10	kg			
	Summe	**1000**	**kg**	**Summe**	**1000**	**kg**
Herstellung von unverarbeiteten Papieren[1]	BP	592	kg	Papier_unv	1000	kg
	SP	408	kg			
	Additive		kg			
	Summe	**1000**	**kg**	**Summe**	**1000**	**kg**
Gew. von Energie aus Reststoffen der Papierindustrie	Reststoffe (pev)	1000	kg	Sonst. Reststoffe	1000	kg
				Wärme	5913	MJ
	Summe	**1000**	**kg**	**Summe**	**1000**	**kg**

Anmerkungen zu Tabelle A-2:

1) „Unverarbeitete Papiere" sind eine Sammelposition, die einerseits Papiersorten umfasst wie Kopier- und Druckerpapiere, die nicht weiter verarbeitet werden, und andererseits technische und Spezialpapiere, die in anderen Industriezweigen als der Papierverarbeitung und Druckereien weiterverarbeitet werden

2) Statistische Differenz zwischen Produktion von Hygieneprodukten und Verbrauch von Hygienepapieren, Ursache der Differenz unklar

Die Position „Sonst. Reststoffe" umfasst alle Reststoffe, die nicht energetisch verwertbar sind, einschl. Abwasseremissionen und Luftschadstoffen; allerdings werden Wasserverbrauch und Abwassermengen sowie Luftemissionen nicht vollständig bilanziert (vgl. Kapitel 5.1.1)

Abkürzungen: lutro = lufttrocken (Trockengehalt 90 %); m.R. = mit Rinde; o.R. = ohne Rinde

pev = potentiell energetisch verwertbar

Quellen: BUWAL (1998); Göttsching (1990); Großmann et al. (1994); Henning (1994); Hoppe/Baumgarten (1997); Otto/Hennig (1992); Plätzer (1998); Pöyry (1997); Schmidt (1994); VdP (1997); eigene Berechnungen und Schätzungen

Tabelle A-3: Spezifischer Strom- und Wärmebedarf der energieintensiven Prozesse der Papierkette für das Jahr 1995

Prozess		spezifischer Energiebedarf	
		Wärme (MJ/t)	Strom (MJ/t)
Holzstoff			
	Holzschliff	0	7.500
	Refinerverfahren (TMP)	-3.000[1)]	9.500
Zellstoff			0
	Sulfitzellstoff	12.850	2.970
	Sulfatzellstoff	13.600	2.700
Altpapierstoff			
	Deinking / Waschen	500	1.200
	Hochwertiges Deinking	600	1.800
	Altpapieraufbereitung (ohne Deinking)	300	700
Papierherstellung			
	Stoffaufbereitung	0	720
	Papiermaschine	5.400	2.078

1) Wärmerückgewinnung

Quellen: IKARUS-Datenbank

Tabelle A-4: Annahmen zu durchschnittlichen Transportentfernungen für Inputs der Papierindustrie

	Entfernung (km)
Lkw-Transporte	
Holz	122
Industrierestholz	122
Altpapier	147
Hilfsstoffe	358
Importe Halbstoffe	150
Bahntransporte	
Holz	28
Industrierestholz	28
Altpapier	18
Importe Halbstoffe	100
Schiffstransporte	
Importe Halbstoffe	332

Quellen: Plätzer, 1998; eigene Berechnungen

Abbildung A-1: Übersicht über das Stoffstrommodell in Umberto (erste Hierarchieebene)

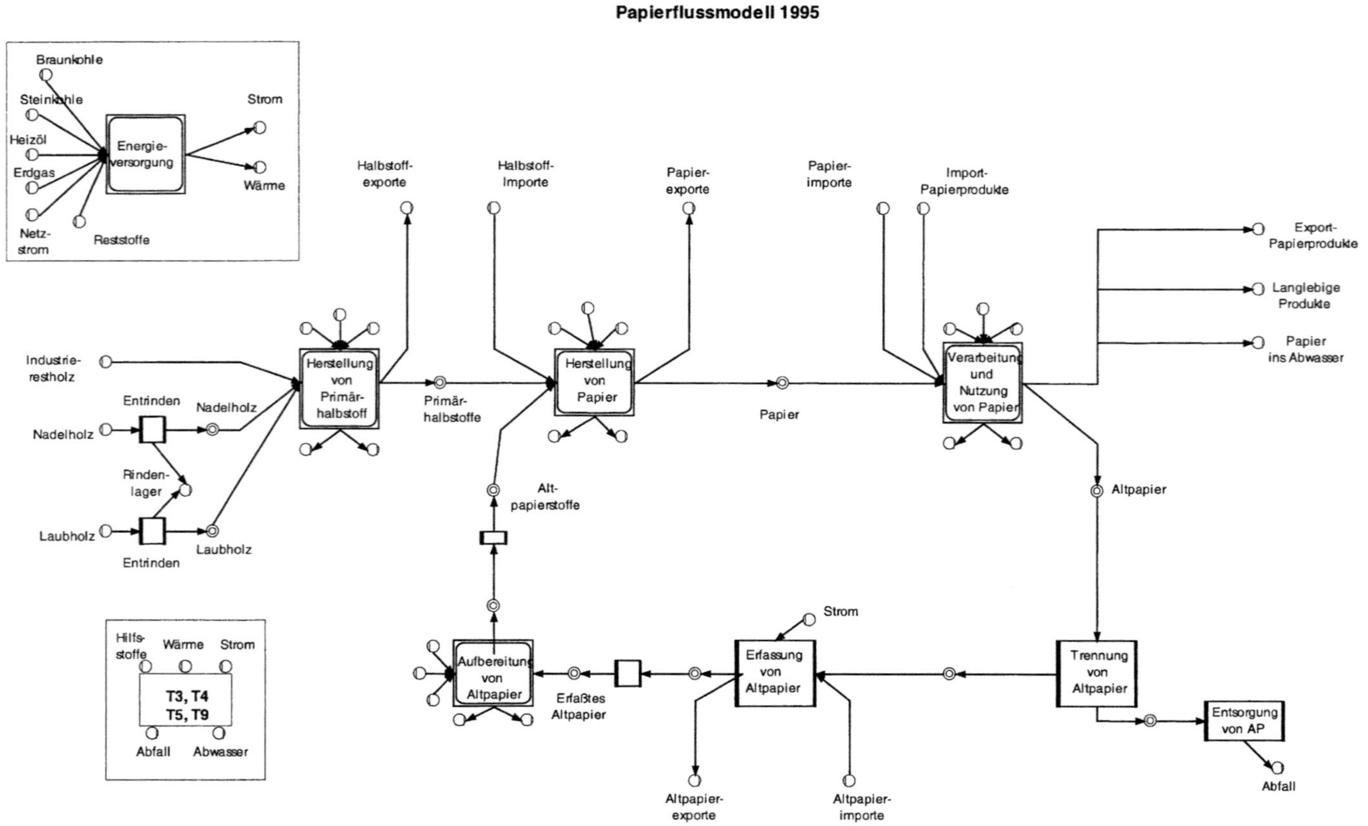

Abbildung A-2: Übersicht über das Stoffstrommodell in Umberto (Modul Papierverarbeitung)

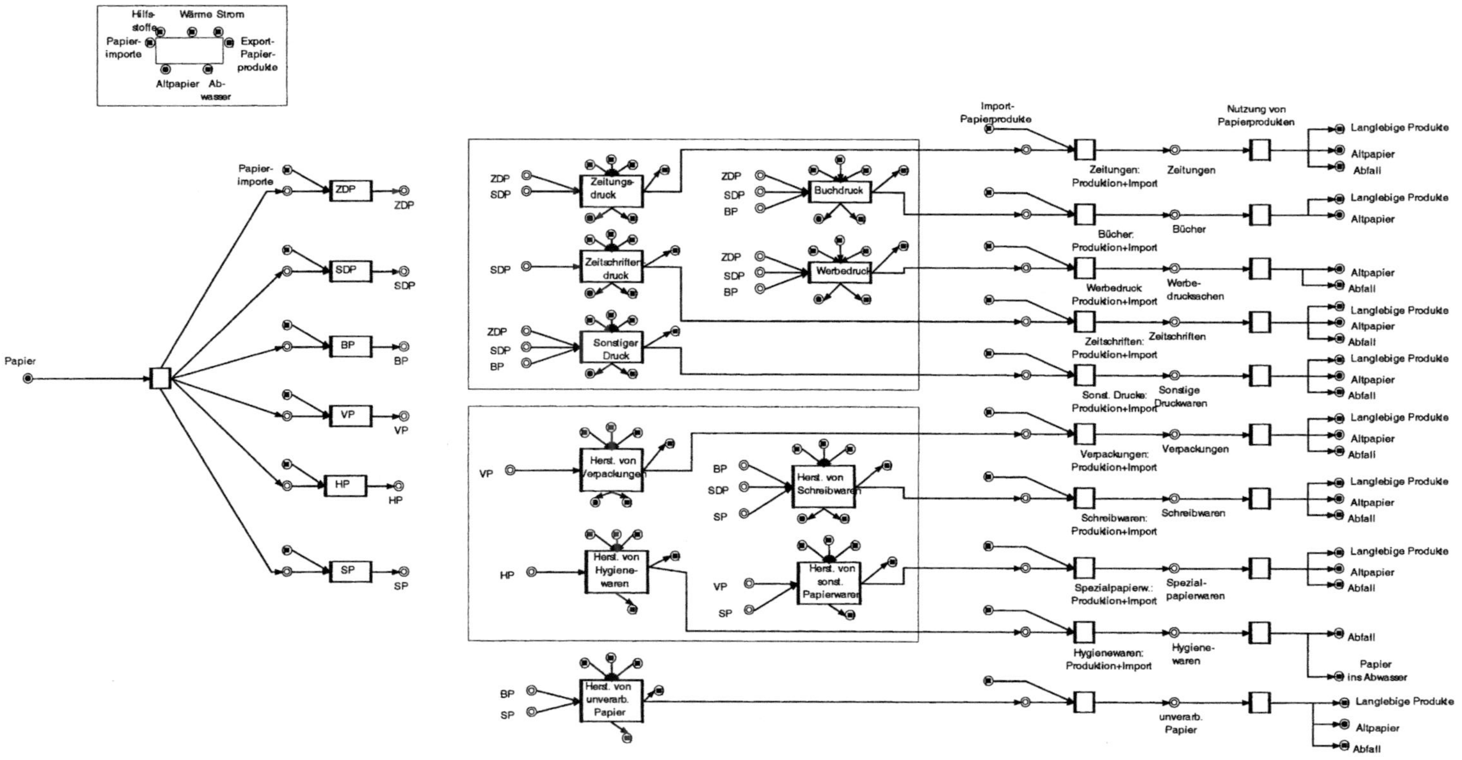

Tabelle A-5: Ausführliche Darstellung der Stoffstrommatrix für das Jahr 1995

Prozesse		Einheit	Strom-erz. Papier-indus-trie	Wärme aus TMP	Bereit-stel-lung Laub-holz	Bereit-stel-lung Nadel-holz	Holz-schliff	TMP-Holz-stoff	Holz-stoff-Bleiche	Sulfit-zell-stoff	Sulfat-zell-stoff	Mixer Primär-halb-stoff	Che-mie-zell-stoff	AP-Stoff _VP	AP-Stoff _HP	AP-Stoff _SP
Modellendogene Prozesse																
Energie	Strom Papierindustrie	TJ		414			2.914	906		847			42	1.427	207	1.233
	Wärme aus TMP	TJ												18	2	15
Holz	Laubholz	kt								462			23			
	Nadelholz	kt					981			207			10			
Halbstoff-herstellung	Holzschliff	kt							777			211				
	TMP-Holzstoff	kt							283			50				
	Holzstoff_Bleiche	kt										1.060				
	Sulfitzellstoff	kt										773				
	Sulfatzellstoff	kt										3.252				
	Mixer Primärhalbstoffe	kt														
	Chemiezellstoff	kt														
	AP-Stoff_VP	kt														
	AP-Stoff_HP	kt														
	AP-Stoff_SP	kt														
Papierher-stellung	Zeitungsdruckpapier	kt														
	Sonst. Druckpapier	kt														
	Büropapier	kt														
	Verpackungspapier	kt														
	Hygienepapier	kt														
	Sonstiges Papier	kt														

Fortsetzung Tabelle A-5

Prozesse		Einheit	Strom-erz. Papier-industrie	Wärme aus TMP	Bereit-stellung Laub-holz	Bereit-stellung Nadel-holz	Holz-schliff	TMP-Holz-stoff	Holz-stoff-Bleiche	Sulfit-zell-stoff	Sulfat-zell-stoff	Mixer Primär-halb-stoff	Che-mie-zell-stoff	AP-Stoff_VP	AP-Stoff_HP	AP-Stoff_SP
Papierprodukte		kt														
Papiernutzung		kt														
Altpapiererfassung		kt												5.205	614	2.936
Reststoffe zu Energie		TJ	5.819							8.789			439	45	6	38
Modellfremde Inputs																
Stoffliche Inputs	Laubholz m.R.	kt			534											
	Nadelholz m.R.	kt				1.318										
	Industrierestholz	kt						351		960			48			
	Chemikalien	kt							43	75			4		8	205
	Füllstoffe	kt														
	Stärke/Leime	kt														
	Hilfsstoffe	kt														
	Additive	kt														
Transporte	Bahn	Mio. tkm			15	37		10		27			1	94	11	53
	Schiff	Mio. tkm														
	Lkw	Mio. tkm			65	161		43	15	144			7	765	93	505
Energie	Strom	TJ		586			4.132	1.285		1.200			60	2.024	294	1.748
	Raumwärme	TJ											0	75	11	63
	Kohle	TJ	14.093										0	432	61	363
	Heizöl	TJ	6.767										0	209	30	176
	Erdgas	TJ	22.248										0	964	136	809
Importe gleichartiger Güter							73	0		271	3.342		210	0	0	0
Summe Materielle Inputs					534	1.318	1.054	351	1.102	1.974	3.342	5.345	295	5.205	622	3.140

Fortsetzung Tabelle A-5

Prozesse		Einheit	Zeitungs-druck-papier	Sonstiges Druck-papier	Büro-papier	Verpa-ckungs-papier	Hygiene-papier	Sonstiges Papier	Papier-produkte	Papier-nutzung	Altpapier-erfassung	Reststoffe zu Energie (Potential)
Modellendogene Prozesse												
Energie	Strom Papierindustrie	TJ	1.620	4.458	922	5.145	823	954				
	Wärme aus TMP	TJ	112	309	64	357	57	66				
Holz	Laubholz	kt										49
	Nadelholz	kt										120
Halbstoff-herstellung	Holzschliff	kt										48
	TMP-Holzstoff	kt										17
	Holzstoff_B	kt										
	Sulfitzellstoff	kt										1.020
	Sulfatzellstoff	kt										
	Primärhalbstoffe	kt	121	3.020	667	683	462	392				
	Chemiezellstoff	kt										51
	AP-Stoff_VP	kt				4.893						312
	AP-Stoff_HP	kt					414					199
	AP-Stoff_SP	kt	1.638	309	124			395				470
Papierher-stellung	Zeitungsdruckpapier	kt							2.362			35
	Sonst. Druckpapier	kt							4.417			237
	Büropapier	kt							928			49
	Verpackungspapier	kt							6.300			274
	Hygienepapier	kt							881			44
	Sonstiges Papier	kt							1.009			51

Fortsetzung Tabelle A-5

Prozesse		Einheit	Zeitungs-druck-papier	Sonstiges Druckpa-pier	Büropa-pier	Verpa-ckungs-papier	Hygiene-papier	Sonstiges Papier	Papier-produkte	Papier-nutzung	Altpapier-erfassung	Reststoffe zu Energie (Potential)
Papierprodukte		kt								14.153	1.435	
Papiernutzung		kt									9.390	
Altpapiererfassung		kt										
Reststoffe zu Energie		TJ	286	788	163	909	145	169				
Modellfremde Inputs												
Stoffliche Inputs	Laubholz m.R.	kt										
	Nadelholz m.R.	kt										
	Industrierestholz	kt										
	Chemikalien	kt										
	Füllstoffe	kt		1.534	196	91	44	243				
	Stärke/Leime	kt		123	44	87		37				
	Hilfsstoffe	kt	63	173	36	200	32	37				
	Additive	kt							780			
Transporte	Bahn	Mio. tkm	8	208	46	47	32	27				
	Schiff	Mio. tkm	28	692	153	156	106	90				
	Lkw	Mio. tkm	35	968	168	206	75	154				
Energie	Strom	TJ	2.297	6.321	1.307	7.294	1.167	1.353				
	Raumwärme	TJ	476	1.309	271	1.510	242	280				
	Kohle	TJ	2.743	7.546	1.560	8.707	1.393	1.615				
	Heizöl	TJ	1.328	3.655	756	4.217	675	782				
	Erdgas	TJ	6.118	16.834	3.480	19.425	3.108	3.603				
Importe gleichartiger Güter			1.197	2.911	388	2.722	111	128	1.278	0	1.141	
Summe Materielle Inputs			3.020	8.070	1.454	8.675	1.064	1.232	17.955	14.153	11.965	2.976

Fortsetzung Tabelle A-5

Prozesse		Einheit	Modellfremde Nachfrage: Langlebige Produkte	Modellfremde Nachfrage: Exporte	Modellfremde Nachfrage: Modell-externe Entsorgung	Modellfremde Nachfrage: Chemie-industrie	Ökosphäre: Stoffabgabe an die Umwelt	Summe Produkte	Summe Outputs
Modellendogene Prozesse									
Energie	Strom Papierindustrie	TJ						21.913	21.913
	Wärme aus TMP	TJ						1000	1000
Holz	Laubholz	kt						485	534
	Nadelholz	kt						1.198	1.318
Halbstoff herstellung	Holzschliff	kt		18				1.006	1.054
	TMP-Holzstoff	kt		1				333	351
	Holzstoff_B	kt					43	1.060	1.102
	Sulfitzellstoff	kt		182				955	1.974
	Sulfatzellstoff	kt		90				3.342	3.342
	Primärhalbstoff	kt						5.345	5.345
	Chemiezellstoff	kt		16		228		244	295
	AP-Stoff_VP	kt						4.893	5.205
	AP-Stoff_HP	kt					8	414	622
	AP-Stoff_SP	kt					205	2.466	3.140
Papier herstellung	Zeitungsdruckpapier	kt		561			63	2.923	3.021
	Sonst. Druckpapier	kt		3.242			173	7.659	8.070
	Büropapier	kt		442			36	1.369	1.454
	Verpackungspapier	kt		1.901			200	8.201	8.675
	Hygienepapier	kt		107			32	988	1.064
	Sonstiges Papier	kt		135			37	1.145	1.232
Papierprodukte		kt		2.367				16.520	17.955
Papiernutzung		kt	1.094		1.822		1.847	2.916	14.153
Altpapiererfassung		kt		3.212				11.966	11.966
Reststoffe zu Energie		TJ					2976 (kt)	17.597	17.597

Anmerkung: In dieser Tabelle wurden die Papierprodukte zu einer Kategorie zusammengefasst. Im Stoffstrommodell sind sie detaillierter abgebildet.

A.3 Daten zur Modellkopplung

Tabelle A-6: Preismatrix zur Monetarisierung der in physischen Einheiten vorliegenden Stoffströme (Preise von 1995)

Stoff	Einheit	Inlands-verwendung	Exporte	Gleichartige Importe
Outputs von modellendogenen Prozessen				
Strom Papierindustrie	DM/GJ	43		
Holzschliff	DM/t	719	704	905
TMP-Holzstoff	DM/t	1.106	1.106	0
Sulfitzellstoff	DM/t	1.170	1.408	1.237
Sulfatzellstoff	DM/t	1.204	1.307	1.207
Chemiezellstoff	DM/t	1.295	923	1.291
Zeitungsdruckpapier	DM/t	1.090	1.202	1.173
Sonstiges Druckpapier	DM/t	1.464	1.639	1.519
Büropapier	DM/t	1.846	2.185	2.095
Verpackungspapier	DM/t	1.094	1.421	1.310
Hygienepapier	DM/t	2.042	2.295	2.619
Sonstiges Papier	DM/t	1.606	2.185	1.850
Papierprodukte	DM/t	0	0	0
Papiernutzung	DM/t	0	0	0
Altpapiererfassung	DM/t	226	200	400
Modellfremde Inputs				
Strom	DM/GJ	43		
Raumwärme	DM/GJ	94		
Kohle	DM/GJ	7		
Heizöl L	DM/GJ	11		
Erdgas	DM/GJ	7		
Laubholz m.R.	DM/t	139		
Nadelholz m.R.	DM/t	139		
Industrierestholz	DM/t	50		
Chemikalien Holzstoff-Bleiche	DM/t	459		
Chemikalien Zellstoffproduktion	DM/t	333		
Chemikalien für Wasch-Deinking	DM/t	2.001		
Chemikalien für Deinking	DM/t	548		
Füllstoffe	DM/t	150		
Stärke/Leime	DM/t	750		
Hilfsstoffe	DM/t	1000		
Bahngütertransporte	DM/tkm	0,17		
Schiffsgütertransporte	DM/tkm	0,04		
Lkw-Gütertransporte	DM/tkm	0,27		

Anmerkung: Die Energiepreise erscheinen tendenziell zu hoch und nicht sehr plausibel, insbesondere das ähnliche Preisniveau zwischen Erdgas und Kohle. Diese Preise ergeben sich jedoch aus den amtlichen Input-Output-Tabellen und wurden daher aus Konsistenzgründen übernommen.

Quellen: StBA (1996); StBA (1997); Pöyry (1997); IO-Modell MIS; eigene Berechnungen

Tabelle A-7: Stoffstrommatrix für 1995 in monetären Einheiten (in Mio. DM)

	Strom Papier-industrie	Wär-me aus TMP	Holz-schliff	TMP-Holz-stoff	Sulfit-zell-stoff	Sulfat-zell-stoff	Che-mie-zell-stoff	Zei-tungs-druck-papier	Sonsti-ges Druck-papier	Büro-papier	Verpa-ckungs-papier	Hygie-ne-papier	Sonsti-ges Papier	Papier-pro-dukte	Papier-nutzung	Altpa-pier-erfas-sung
Modellendogene Prozesse																
Strom Papierindustrie			126	57	37		2	106	200	43	285	45	50			
Wärme aus TMP																
Holzschliff								16	401	89	91	61	52			
TMP-Holzstoff								8	208	46	47	32	27			
Sulfitzellstoff								21	511	113	116	78	66			
Sulfatzellstoff								89	2.213	488	500	339	287			
Chemiezellstoff																
Zeitungsdruckpapier														2.573		
Sonstiges Druckpapier														6.468		
Büropapier														1.713		
Verpackungspapier														6.891		
Hygienepapier														1.799		
Sonstiges Papier														1.621		
Papierprodukte																
Papiernutzung																
Altpapiererfassung								441	83	33	1.177	139	106			
Reststoffe als Energie																
Modellfremde Inputs																
Strom			179	81	52		3	150	284	60	404	63	71			
Raumwärme								49	124	26	149	24	27			
Kohle	103							22	56	12	67	11	12			
Heizöl	75							16	41	8	49	8	9			
Erdgas	154							46	117	24	141	22	26			

Fortsetzung Tabelle A-7

	Strom Papier-industrie	Wärme aus TMP	Holz-schliff	TMP-Holz-stoff	Sulfit-zell-stoff	Sulfat-zell-stoff	Chemie-zell-stoff	Zei-tungs-druck-papier	Sonsti-ges Druck-papier	Büro-papier	Verpa-ckungs-papier	Hygie-ne-papier	Sonsti-ges Papier	Papier-pro-dukte	Papier-nutzung	Altpa-pier-erfas-sung
Modellfremde Inputs (Forts.)																
Laubholz m.R.					71		4									
Nadelholz m.R.			150		32		2									
Industrierestholz				18	48		2									
Chemikalien			14	5	25		1	74	14	6		17	18			
Füllstoffe									230	29	14	7	36			
Stärke/Leime									93	33	65		27			
Hilfsstoffe								63	173	36	200	32	37			
Additive																
Bahntransporte			5	2	8			7	36	8	23	7	6			
Schiffstransporte								1	28	6	6	4	4			
Lkw-Transporte			38	13	63		3	99	276	52	260	45	63			
Sonstige Vorleistungsinputs																
Kohle																
Öl[1)]			1	8	22		1	18	54	26	83	32	28			9
Gas																
Strom																16
Raumwärme																8
Atom																
Regenerative Energie																
Sonstige Energie																
Bahnverkehr	2															1
Schiffsverkehr	3															1
Sonstiger Verkehr	4															21
Landwirtschaft			1	5	13		1	10	31	15	48	18	16			7
Chemie/Gummi	1			3	7			6	18	8	27	11	9			21

Fortsetzung Tabelle A-7

	Strom Papier-industrie	Wärme aus TMP	Holz-schliff	TMP-Holz-stoff	Sulfit-zell-stoff	Sulfat-zell-stoff	Chemie-zellstoff	Zeitungs-druckpa-pier	Sonstiges Druckpa-pier	Büro-papier	Verpa-ckungs-papier	Hygie-ne-papier	Sonsti-ges Papier	Papier-pro-dukte	Papier-nut-zung	Altpa-pierer-fassung
Steine/Erden				2	5			4	12	6	19	7	7			1
Sonstige Industrie			1	4	12		1	9	28	13	44	17	15			9
NE-Metallindustrie					1				1	1	2	1	1			
Eisenschaffende Industrie	4															1
Zellstoff/ Papier																3
Investitionsgüter	28		2	17	48		2	39	118	56	182	69	62			36
Nahrungs-/Genussmittel											1					37
Gießereien				2	7			6	17	8	26	10	9			1
Baugewerbe	12		1	7	18		1	15	45	21	69	26	24			12
Wohnungen	5			3	9			7	21	10	33	12	11			94
Dienstleistungen	59		8	57	160		7	130	390	186	600	229	204			549
Staat	5			2	7			6	17	8	26	10	9			9
Papierverarbeitung			1	6	16		1	13	39	18	59	23	20			6
Druckereien					1			1	2	1	3	1	1			36
Wertschöpfungsinputs																
Abschreibungen	166		47	26	59		3	131	525	133	430	125	120			147
Indirekte Steuern – Subventionen																17
Einkommen aus unselbständiger Arbeit	214		108	61	136		6	305	1.216	308	996	290	278			697
Unternehmens-/ Kapitaleinkommen	113		-27	-9	-29		-1	-65	-261	-66	-213	-62	-59			426
Gleichartige Importe			66		335	4.034	271	1.405	4.422	813	3.564	291	237			456
Kapitalbedarf																
Ausrüstungen			269	151	1185		56	1695	7556	1909	5501	1757	1683			
Bauten			136	76	599		29	857	3821	965	2782	888	851			

Quelle: Eigene Berechnung

Fortsetzung Tabelle A-7

	Modellfremde Nachfrage				Ökosphäre	
	Langlebige Produkte	Exporte	Externe Entsorgung	Chemieindustrie	Stoffabgabe an die Umwelt	Summe Outputs
Modellexogene Nachfrage						
Strom Papierindustrie						968
Wärme aus TMP						
Holzschliff		13				723
TMP-Holzstoff		1				369
Sulfitzellstoff		256				1.161
Sulfatzellstoff		117				4.034
Chemiezellstoff		14		295		310
Zeitungsdruckpapier		675				3.248
Sonstiges Druckpapier		5.314				11.782
Büropapier		965				2.678
Verpackungspapier		2.700				9.592
Hygienepapier		245				2.044
Sonstiges Papier		296				1.917
Papierprodukte						
Papiernutzung						
Altpapiererfassung		642				2.621
Reststoffe als Energie						

Anmerkungen:

1) Mineralölprodukte sind hier noch einmal als sonstige Inputs aufgeführt, da die in der IO-Tabelle für 1995 enthaltenen Vorleistungen von der Mineralölindustrie an die Papierindustrie deutlich über den im Stoffstrommodell erfassten Heizölbedarf der Prozesse hinausgehen. Der Einsatzzweck der Mineralölprodukte in der Papierindustrie ist nicht vollständig nachvollziehbar. Möglicherweise handelt es sich hier um ein statistisches Problem. Um mit dem IO-Modell kompatibel zu bleiben, werden die im Stoffstrommodell nicht abgedeckten Mineralölvorleistungen pauschal und proportional zur jeweiligen Inlandsproduktion auf die Prozesse der Papierindustrie verteilt.

2) In dieser Tabelle wurden die Papierprodukte zu einer Kategorie zusammengefasst. Im Stoffstrommodell sind sie detaillierter abgebildet.

Tabelle A-8: Zuordnung der im Papierflussmodell enthaltenen Stoffe und Güter zu den Sektoren der amtlichen IO-Tabellen und des Modells MIS

Papierflussmodell	IO-Sektoren (StBA)		IO-Sektoren (MIS)	
	Nr.	Bezeichnung	Nr.	Bezeichnung
Rohstoffe / Zwischenprodukte				
Industrierestholz	(30)	Holzbearbeitung	(15)	Sonst. Industrie
Nadelhoz	(2)	Forstwirtschaft	(12)	Landw./Forstw./Fischerei
Laubholz	(2)	Forstwirtschaft	(12)	Landw./Forstw./Fischerei
Altpapier	(41)	Großhandel	(24)	Dienstleistungen
Holzschliff	(32)	Zellstoff, Papier	(18)	Papier / Zellstoff
TMP-Holzstoff	(32)	Zellstoff, Papier	(18)	Papier / Zellstoff
Sulfit-Zellstoff	(32)	Zellstoff, Papier	(18)	Papier / Zellstoff
Sulfat-Zellstoff	(32)	Zellstoff, Papier	(18)	Papier / Zellstoff
Altpapierstoff	(-)		(-)	
Füllstoffe / Streichpigmente	(13)	Steine, Erden	(14)	Steine / Erden
Stärke	(9)	Chemische Industrie	(13)	Chemie/Gummi
Chemische Hilfsstoffe	(9)	Chemische Industrie	(13)	Chemie/Gummi
Papiersorten				
Zeitungsdruckpapier (ZDP)	(32)	Zellstoff, Papier	(18)	Papier / Zellstoff
Sonstige Druckpapiere (SDP)	(32)	Zellstoff, Papier	(18)	Papier / Zellstoff
Büro- und Administrations-papiere (BP)	(32)	Zellstoff, Papier	(18)	Papier / Zellstoff
Verpackungspapiere, -kartons- und pappen (VP)	(32)	Zellstoff, Papier	(18)	Papier / Zellstoff
Hygienepapiere (HP)	(32)	Zellstoff, Papier	(18)	Papier / Zellstoff
Technische und Spezialpapiere (SP)	(32)	Zellstoff, Papier	(18)	Papier / Zellstoff
Papierprodukte				
Verpackungen	(33)	Papierverarbeitung	(26)	Papierverarbeitung
Hygieneartikel	(33)	Papierverarbeitung	(26)	Papierverarbeitung
Bürobedarf	(33)	Papierverarbeitung	(26)	Papierverarbeitung
Sonstige Papierwaren	(33)	Papierverarbeitung	(26)	Papierverarbeitung
Zeitungen	(34)	Druckereien	(27)	Druckereien
Zeitschriften	(34)	Druckereien	(27)	Druckereien
Bücher	(34)	Druckereien	(27)	Druckereien
Werbedrucksachen	(34)	Druckereien	(27)	Druckereien
Sonstige Drucksachen	(34)	Druckereien	(27)	Druckereien

Fortsetzung Tabelle A-8

Papierflussmodell	IO-Sektoren (StBA) Nr.	Bezeichnung	IO-Sektoren (MIS) Nr.	Bezeichnung
Energieträger				
Strom	(3)	Strom/Dampf	(4)	Strom/Dampf
Fernwärme	(3)	Strom/Dampf	(4)	Strom/Dampf
Raumwärme	(-)		(5)	Raumwärme
Braunkohle	(6)	Kohle	(1)	Kohle
Steinkohle	(6)	Kohle	(1)	Kohle
Heizöl	(10)	Herst. v. Mineralöl-erzeugnissen	(2)	Öl
Erdgas	(4)	Erzg./Vert. von Gas	(3)	Gas
Transporte				
Bahntransporte	(45)	Dienstl. der Eisenbahnen	(9)	Eisenbahnverkehr
Schiffstransporte	(46)	Dienstl. der Schiffahrt etc.	(10)	Schiffahrt
Lkw-Transporte	(48)	Dienstl. des sonstigen Verkehrs	(11)	Sonstiger Verkehr

A.4 Szenarienannahmen

Tabelle A-9: Verbrauch, Produktion und Außenhandel von Papier im Referenzszenario und im Nachhaltigkeitsszenario

	historische Entwicklung				geschätzt	Referenzszenario	
	1980	1985	1990	1995	2000	2005	2020
Verbrauch	9.642	10.548	14.542	15.823	17.855	19.304	25.116
Ausfuhr	1.709	2.861	4.033	6.172	7.894	9.049	13.884
Einfuhr	3.771	4.231	6.702	7.168	8.805	9.264	12.213
Produktion	7.580	9.178	11.873	14.827	16.944	19.089	26.786
						Nachhaltigkeitsszenario	
Verbrauch						18.331	19.828
Ausfuhr						8.605	10.726
Einfuhr						8.759	9.390
Produktion						18.177	21.164

Quellen: VdP (1997); StBA (1997); eigene Berechnungen

Tabelle A-10: Annahmen zum spezifischen Energiebedarf der Faserstoff- und Papierherstellungsprozesse

Referenzszenario

Prozess	1995		2005		2020	
	Wärme (MJ/t)	Strom (MJ/t)	Wärme (MJ/t)	Strom (MJ/t)	Wärme (MJ/t)	Strom (MJ/t)
Holzstoff						
Holzschliff	0	7.500	0	7.500	0	7.500
Refinerverfahren (TMP)	-3.000	9.500	-3.211	8.920	-3.591	8.550
Zellstoff						
Sulfitzellstoff	12.850	2.970	12.722	2.940	12.593	2.911
Sulfatzellstoff	13.600	2.700	13.600	2.700	13.056	2.592
Altpapierstoff						
Altpapieraufbereitung (ohne Deinking)	300	700	300	700	300	700
Deinking / Waschen	500	1.200	500	1.200	500	1.200
Hochwertiges Deinking	600	1.800	600	1.800	600	1.800
Papierherstellung						
Stoffaufbereitung	0	720	0	674	0	620
Papiermaschine	5.400	2.078	4.923	1.969	4.226	1.906

Öko-Effizienzszenario / Nachhaltigkeitsszenario

Prozess	1995		2005		2020	
	Wärme (MJ/t)	Strom (MJ/t)	Wärme (MJ/t)	Strom (MJ/t)	Wärme (MJ/t)	Strom (MJ/t)
Holzstoff						
Holzschliff	0	7.500	0	7.470	0	7.440
Refinerverfahren (TMP)	-3.000	9.500	-3.501	8.708	-3.451	7.189
Zellstoff						
Sulfitzellstoff	12.850	2.970	12.593	2.911	12.336	2.851
Sulfatzellstoff	13.600	2.700	13.600	2.700	12.512	2.484
Altpapierstoff						
Altpapieraufbereitung (ohne Deinking)	300	700	300	700	300	700
Deinking / Waschen	500	1.200	500	1.200	500	1.200
Hochwertiges Deinking	600	1.800	600	1.800	600	1.800
Papierherstellung						
Stoffaufbereitung	0	720	0	627	0	532
Papiermaschine	5.400	2.078	4.768	1.896	3.333	1.746

(Quelle: Datenbank IKARUS, FIZ, o.J.; eigene Berechnungen)

Tabelle A-11: Annahmen zur Energiebereitstellung in der Papierindustrie

		Referenzszenario		Öko-Effizienzszenario/ Nachhalt.-szenario	
	1995	2005	2020	2005	2020
Wärmebereitstellung					
KWK	86 %	85 %	85 %	80 %	75 %
Dampferzeuger	9 %	10 %	10 %	10 %	5%
BHKW				5 %	15 %
Direkt gasbefeuert	5 %	5 %	5 %	5 %	5 %
Mittlere Stromkennzahl					
KWK	0,26	0,32	0,4	0,35	0,45
BHKW				0,7	0,7
Mittlere Wirkungsgrade bzw. Brennstoffausnutzungsgrade					
KWK	73 %	80 %	80 %	80 %	80 %
Dampfkessel	87 %	87 %	87 %	87 %	87 %
BHKW				90 %	90 %
Brennstoffmix					
Steinkohle	21,0 %	15,0 %	10,0 %	15,0 %	10,0 %
Braunkohle	4,4 %	3,0 %	1,0 %	3,0 %	1,0 %
Heizöl L	3,1 %	2,0 %	1,0 %	2,0 %	1,0 %
Heizol S	9,1 %	3,0 %	2,0 %	3,0 %	2,0 %
Gase	50,7 %	62,0 %	70,0 %	62,0 %	66,0 %
Sonstige BS	11,6 %	15,0 %	16,0 %	15,0 %	20,0 %

(Quelle: Eigene Darstellung)

A.5 Ergebnisse der Simulationsrechnungen mit dem Stoffstrommodell

Tabelle A-12: Entwicklung des Wärme- und Strombedarfs in der Papierindustrie bis 2020

	1995 (in TJ)	2005 (in TJ)	2020 (in TJ)
Wärmebedarf			
Referenzszenario	96,6	115,9	140,4
Öko-Effizienzszenario	96,6	112,2	115,9
Nachhaltigkeitsszenario	96,6	107,2	93,4
Strombedarf			
Referenzszenario	53,0	65,0	88,3
Öko-Effizienzszenario	53,0	62,6	80,7
Nachhaltigkeitsszenario	53,0	59,7	64,2

(Quelle: Eigene Berechnungen)

A.6 Ergebnisse der IO-Modellrechnungen

Tabelle A-13: Veränderung der Inlandsproduktion und Importe im Referenzszenario gegenüber dem Basisszenario in 2005 und 2020

IO-Sektor	Differenz Referenz- zu Basisszenario 2005			Differenz Referenz- zu Basisszenario 2020		
	Inlands-produktion	Importe	Insge-samt	Inlands-produktion	Importe	Insge-samt
	Mio. DM	Mio. DM	Mio. DM	Mio. DM	Mio. DM	Mio. DM
Kohle	-134	-19	-153	-304	-71	-375
Öl	-170	-61	-231	-287	-159	-446
Gas	-5	-4	-9	-8	-7	-15
Strom	-196	-6	-202	-416	-16	-432
Raumwärme	-129	0	-129	-347	0	-347
Atom	0	-6	-6	0	-14	-14
Regenerative Energie	-10	0	-10	-26	0	-26
Sonstige Energie	0	0	0	0	0	0
Bahnverkehr	-14	0	-14	-24	-1	-25
Schiffsverkehr	-13	-4	-18	-22	-7	-30
Sonstiger Verkehr	22	3	25	55	6	61
Landwirtschaft	22	12	33	11	7	18
Chemie/ Gummi	45	11	57	101	23	125
Steine/ Erden	35	3	38	107	13	120
Sonstige Industrie	-9	-5	-14	-27	-18	-45
NE-Metalle	-1	-1	-2	-3	-1	-4
Eisen/ Stahl	-7	-2	-9	-13	-5	-19
Zellstoff/ Papier	526	-1.370	-844	1.467	-2.946	-1.479
Investitionsgüter	-54	-14	-69	-122	-32	-155
Nahrungs-/ Genußmittel	3	1	4	2	0	2
Gießereien	-6	-1	-7	-14	-1	-15
Baugewerbe	-68	-1	-69	-103	-1	-105
Wohnungen	-1	0	-1	-8	0	-8
Dienstleistungen	116	-62	54	130	-135	-5
Staat	-5	0	-5	-15	0	-15
Papierverarbeitung	1	0	1	-2	0	-2
Druckereien	1	0	1	0	0	0
Summe	-52	-1.527	-1.579	131	-3.366	-3.235

(Quelle: Eigene Berechnungen)

Tabelle A-14: Veränderungen von Güteraufkommen und Energieverbrauch im Referenzszenario gegenüber dem Basisszenario in 2020 mit und ohne Kompensationsrechnung

IO-Sektor	Güteraufkommen			Energieverbrauch		
	Ohne Kompensation	Kompensation I	Kompensation II	Ohne Kompensation	Kompensation I	Kompensation II
	Mio. DM	Mio. DM	Mio. DM	TJ	TJ	TJ
Kohle	-375	-347	-368	-2.144	-1.985	-2.106
Öl	-446	-380	-399	-1.429	-1.217	-1.279
Gas	-15	43	7	-19	57	9
Strom	-432	-236	-392	-12.592	-6.741	-11.404
Raumwärme	-347	-306	-321	-4.946	-4.362	-4.575
Atom	-14	-12	-14	0	0	0
Regenerative Energie	-26	-21	-25	0	0	0
Sonstige Energie	0	0	0	0	0	0
Bahnverkehr	-25	-10	-18	-109	-41	-80
Schiffsverkehr	-30	-19	-27	-168	-105	-151
Sonstiger Verkehr	61	214	126	172	603	354
Landwirtschaft	18	89	59	28	137	92
Chemie/ Gummi	125	549	219	488	2.146	858
Steine/ Erden	120	186	143	520	806	620
Sonstige Industrie	-45	106	64	-42	98	59
NE-Metalle	-4	27	6	-11	68	16
Eisen/ Stahl	-19	30	-1	-103	164	-7
Zellstoff/ Papier	-1.479	173	-1.469	-65.618	-60.127	-65.587
Investitionsgüter	-155	716	181	-63	290	73
Nahrungs-/ Genußmittel	2	186	128	2	169	116
Gießereien	-15	41	6	-21	55	8
Baugewerbe	-105	197	67	-55	104	35
Wohnungen	-8	140	209	0	5	7
Dienstleistungen	-5	1.885	1.138	62	937	591
Staat	-15	340	357	-10	217	227
Papierverarbeitung	-2	270	8	-2	191	6
Druckereien	0	79	25	0	38	12
Summe	-3.235	3.942	-290	-86.059	-68.493	-82.104

(Quelle: Eigene Berechnungen)

Tabelle A-15: Veränderung der Inlandsproduktion und Importe im Öko-Effizienzszenario gegenüber dem Referenzszenario in 2005 und 2020

IO-Sektor	Differenz Öko-Effizienz- zu Referenzszenario 2005			Differenz Öko-Effizienz- zu Referenzszenario 2020		
	Inlands-produk-tion	Importe	Insgesamt	Inlands-produk-tion	Importe	Insge-samt
	Mio. DM	Mio. DM	Mio. DM	Mio. DM	Mio. DM	Mio. DM
Kohle	-28	-4	-33	-64	-15	-79
Öl	-6	-2	-8	-19	-10	-29
Gas	-9	-8	-16	-137	-124	-261
Strom	-114	-4	-118	-352	-7	-360
Raumwärme	-5	0	-5	-22	0	-22
Atom	0	-3	-3	0	-6	-6
Regenerative Energie	-6	0	-6	-11	0	-11
Sonstige Energie	0	0	0	0	0	0
Bahnverkehr	-6	0	-6	-24	-1	-25
Schiffsverkehr	-6	-2	-8	-25	-8	-34
Sonstiger Verkehr	4	0	5	28	3	32
Landwirtschaft	-15	-8	-23	-42	-28	-70
Chemie/ Gummi	21	5	27	96	22	118
Steine/ Erden	-2	0	-3	-8	-1	-9
Sonstige Industrie	-3	-2	-5	-10	-7	-16
NE-Metalle	1	1	2	0	0	0
Eisen/ Stahl	0	0	0	-6	-2	-9
Zellstoff/ Papier	-146	-402	-549	-441	-1.996	-2.437
Investitionsgüter	65	17	82	1	0	2
Nahrungs-/ Genußmittel	1	0	1	6	1	7
Gießereien	1	0	1	-6	-1	-7
Baugewerbe	-16	0	-16	-64	-1	-64
Wohnungen	3	0	3	17	0	18
Dienstleistungen	122	11	134	561	52	613
Staat	-2	0	-2	-4	0	-4
Papierverarbeitung	-1	0	-1	-1	0	-2
Druckereien	2	0	2	9	0	9
Summe	-146	-401	-547	-518	-2.128	-2.646

(Quelle: Eigene Berechnungen)

Tabelle A-16: Veränderungen von Güteraufkommen und Energieverbrauch im Öko-Effizienzszenario gegenüber dem Referenzszenario in 2020 mit und ohne Kompensationsrechnung

IO-Sektor	Güteraufkommen			Energieverbrauch		
	Ohne Kompensation	Kompensation I	Kompensation II	Ohne Kompensation	Kompensation I	Kompensation II
	Mio. DM	Mio. DM	Mio. DM	TJ	TJ	TJ
Kohle	-79	-38	-68	-450	-216	-390
Öl	-29	75	45	-94	240	144
Gas	-261	-179	-226	-342	-235	-297
Strom	-360	-69	-297	-10.680	-2.002	-8.804
Raumwärme	-22	41	19	-317	582	265
Atom	-6	-3	-5	0	0	0
Regenerative Energie	-11	-5	-10	0	0	0
Sonstige Energie	0	0	0	0	0	0
Bahnverkehr	-25	-1	-14	-107	-4	-61
Schiffsverkehr	-34	-17	-29	-191	-98	-164
Sonstiger Verkehr	32	278	134	90	784	378
Landwirtschaft	-70	40	-5	-108	62	-7
Chemie/ Gummi	118	801	270	463	3.132	1.056
Steine/ Erden	-9	102	31	-39	442	134
Sonstige Industrie	-16	227	157	-15	209	145
NE-Metalle	0	51	17	0	129	44
Eisen/ Stahl	-9	72	20	-46	390	111
Zellstoff/ Papier	-2.437	101	-2.423	-41.467	-34.348	-41.426
Investitionsgüter	2	1.432	551	1	580	223
Nahrungs-/ Genußmittel	7	297	203	6	270	185
Gießereien	-7	87	29	-9	117	40
Baugewerbe	-64	471	239	-34	248	126
Wohnungen	18	254	356	1	9	13
Dienstleistungen	613	3.645	2.418	266	1.671	1.102
Staat	-4	554	576	-3	353	367
Papierverarbeitung	-2	433	16	-1	306	11
Druckereien	9	135	48	4	65	23
Summe	-2.646	8.785	2.053	-53.072	-27.316	-46.784

(Quelle: Eigene Berechnungen)

Tabelle A-17: Veränderung der Inlandsproduktion und Importe im Nachhaltigkeitsszenario gegenüber dem Referenzszenario in 2005 und 2020

IO-Sektor	Differenz Nachhaltigkeits- zu Referenzszenario 2005			Differenz Nachhaltigkeits- zu Referenzszenario 2020		
	Inlands-produktion	Importe	Insgesamt	Inlands-produktion	Importe	Insgesamt
	Mio. DM	Mio. DM	Mio. DM	Mio. DM	Mio. DM	Mio. DM
Kohle	-53	-8	-61	-155	-36	-192
Öl	-46	-17	-63	-189	-105	-294
Gas	-44	-40	-84	-317	-286	-603
Strom	-306	-6	-312	-1.429	-17	-1.445
Raumwärme	-12	0	-12	-49	0	-49
Atom	0	-5	-5	0	-14	-14
Regenerative Energie	-9	0	-9	-26	0	-26
Sonstige Energie	0	0	0	0	0	0
Bahnverkehr	-20	-1	-21	-106	-3	-109
Schiffsverkehr	-17	-6	-23	-84	-28	-112
Sonstiger Verkehr	-538	-63	-602	-2.457	-289	-2.746
Landwirtschaft	-16	-9	-25	-44	-29	-74
Chemie/ Gummi	-328	-82	-410	-1.997	-458	-2.454
Steine/ Erden	-28	-2	-30	-191	-24	-215
Sonstige Industrie	-41	-22	-63	-179	-121	-301
NE-Metalle	-10	-5	-15	-56	-29	-85
Eisen/ Stahl	-20	-5	-25	-84	-34	-119
Zellstoff/ Papier	-1.455	-1.321	-2.776	-8.901	-7.160	-16.061
Investitionsgüter	-314	-82	-396	-1.777	-469	-2.246
Nahrungs-/ Genußmittel	43	7	50	260	43	303
Gießereien	-25	-2	-27	-133	-11	-144
Baugewerbe	-30	0	-30	-69	-1	-70
Wohnungen	42	0	42	302	1	303
Dienstleistungen	3.253	62	3.315	19.173	349	19.522
Staat	-17	0	-17	-80	0	-80
Papierverarbeitung	-419	-67	-486	-2.752	-443	-3.194
Druckereien	-4.154	-86	-4.240	-24.006	-497	-24.503
Summe	-4.565	-1.759	-6.325	-25.345	-9.662	-35.007

(Quelle: Eigene Berechnungen)

Tabelle A-18: Veränderungen von Güteraufkommen und Energieverbrauch im Nachhaltigkeitsszenario gegenüber dem Referenzszenario in 2020 mit und ohne Kompensationsrechnung

IO-Sektor	Güteraufkommen			Energieverbrauch		
	Ohne Kompensation	Kompensation I	Kompensation II	Ohne Kompensation	Kompensation I	Kompensation II
	Mio. DM	Mio. DM	Mio. DM	TJ	TJ	TJ
Kohle	-192	-135	-163	-960	-635	-793
Öl	-294	-88	-86	-760	-100	-93
Gas	-603	-472	-506	-732	-561	-606
Strom	-1.445	-1.072	-1.271	-36.160	-25.010	-30.964
Raumwärme	-49	67	65	-1.138	506	487
Atom	-14	-10	-12	0	0	0
Regenerative Energie	-26	-18	-22	0	0	0
Sonstige Energie	0	0	0	0	0	0
Bahnverkehr	-109	-68	-79	-300	-123	-171
Schiffsverkehr	-112	-83	-98	-390	-224	-312
Sonstiger Verkehr	-2.746	-2.294	-2.461	-1.463	-190	-661
Landwirtschaft	-74	180	109	-331	62	-49
Chemie/ Gummi	-2.454	-837	-2.032	-2.946	3.378	-1.295
Steine/ Erden	-215	-15	-98	-1.452	-585	-943
Sonstige Industrie	-301	349	193	-241	357	213
NE-Metalle	-85	23	-35	-206	66	-81
Eisen/ Stahl	-119	46	-35	-782	112	-326
Zellstoff/ Papier	-16.061	-14.052	-16.030	-77.678	-71.990	-77.589
Investitionsgüter	-2.246	743	-659	-1.042	168	-399
Nahrungs-/ Genußmittel	303	1.153	855	-81	693	422
Gießereien	-144	46	-38	-255	1	-112
Baugewerbe	-70	1.111	829	-582	40	-108
Wohnungen	303	947	1.256	-9	14	25
Dienstleistungen	19.522	26.185	24.561	-1.415	1.672	920
Staat	-80	1.379	1.264	-67	862	789
Papierverarbeitung	-3.194	-2.377	-3.150	-68	510	-36
Druckereien	-24.503	-24.347	-24.425	-37	38	1
Summe	-35.007	-13.640	-22.067	-129.096	-90.940	-111.683

(Quelle: Eigene Berechnungen)

Abkürzungsverzeichnis

ABL:	Alte Bundesländer
AP:	Altpapier
BIP:	Bruttoinlandsprodukt
BP:	Büro- und Administrationspapiere
BHKW:	Blockheizkraftwerk
BMBF:	Bundesministerium für Bildung und Forschung
BPW:	Bruttoproduktionswert
D:	Bundesrepublik Deutschland
DSD:	Duales System Deutschland
GuD:	Gas- und Dampfturbine
HP:	Hygienepapiere
IuK-:	Informations- und Kommunikations-
IOT:	Input-Output-Tabelle
ISI:	Institut für Systemtechnik und Innovationsforschung
KWK:	Kraft-Wärme-Kopplung
lutro:	lufttrocken
LWC:	Light Weight Coated
m.R.:	mit Rinde
MIS:	Makroökonomisches Informationssystem Ikarus
o.R.:	ohne Rinde
SC:	Super Calendered
SDP:	Sonstige Druck- und Pressepapiere
SP:	Sonstige Papiersorten
VdP:	Verband Deutscher Papierhersteller
VP:	Verpackungspapiere und –pappen
ZDP:	Zeitungsdruckpapier

Symbolverzeichnis

Input-Output-Modell:

$i,j = 1,...,n$	Indizes für Produktionsbereiche (Sektoren) der Input-Output-Tabelle
$k = 1,...,K$	Index für Endnachfragebereiche der Input-Output-Tabelle
$l = 1,2$	Index für Investitionsart (Bauten oder Ausrüstungen)
$t = t_0, t_1, ...$	Index der betrachteten Periode
x_i^D	Inländischer Bruttoproduktionswert des Sektors i
x_i^{Im}	Importe gleichartiger Güter des Sektors i
x_i	Güteraufkommen des Sektors i
$x = (x_i)$	Vektor der sektoralen Güteraufkommen
$z_{i,j}$	Güterlieferung von Sektor i an Sektor j
$y_{i,k}$	Güterlieferung von Sektor i an Endnachfragebereich k
$y = (y_i) = (\sum_k y_{i,k})$	Vektor der Endnachfrage
$a_{i,j}$	Inputkoeffizient von Sektor j, der den spezifischen Bedarf an Gütern aus Sektor i angibt
$Z = (z_{i,j})$	Matrix der Lieferungen der Zwischennachfrage
$A = (a_{i,j})$	Matrix der Inputkoeffizienten
$C = (c_{i,j})$	Leontief-Inverse
$b_{j,l}(t)$	Anlagevermögen im Sektor j an Investitionsart l (Ausrüstungen oder Bauten) zum Zeitpunkt t
$w_j(t)$	Bruttowertschöpfung des Sektors j zum Zeitpunkt t
gw_j	Wachstumsrate der Bruttowertschöpfung in Sektor j zwischen zwei Untersuchungsjahren
$Inv_{j,l}^{netto}(t)$	Nettoinvestitionen der Art l in Sektor j zum Zeitpunkt t
$Inv_{j,l}^{Ersatz}(t)$	Ersatzinvestitionen der Art l in Sektor j zum Zeitpunkt t

Stoffstrommodell:

$q,q',r, s = 1,...,S$	Indizes für Prozesse bzw. Aktivitäten des Stoffstrommodells (modellendogene Prozesse), dabei q und q' für Entsorgungsprozesse
$\hat{s}$	Prozess zur Herstellung eines „charakteristischen" Produkts
$g = 1,...,G$	Indizes für Prozesse innerhalb des ökonomischen Systems, die nicht im Stoffstrommodell abgebildet sind
$u = 1,...,U$	Indizes für ökologische Inputs in einen Prozess (z.B. unbearbeitete Rohstoffe)

$h = 1,\ldots,H$	Indizes für Komponenten der Bruttowertschöpfung, die in einem Prozess benötigt werden, also z. B. Arbeitseinsatz, Abschreibungen etc.
$m = 1,\ldots,M$	Indizes für Bereiche der modellfremden Nachfrage: Bereiche außerhalb des Bilanzraums, aber innerhalb des ökonomischen Systems, an die Prozessprodukte fließen
$e = 1,\ldots,E$	Indizes für Emissionen, Reststoffe etc.
$f_{r,s}$	Input von Material r in Prozess s in physischen Einheiten (z.B. kg, MJ)
$f_{g,s}$	ökonomischer Input g in Prozess s in physischen Einheiten
$f_{u,s}$	ökologischer Input in Prozess s in physischen Einheiten
f_s	Güteroutput von Prozess s in physischen Einheiten
$\hat{f}_s$	Output des charakteristischen Produkts $\hat{s}$
$f_{s,e}$	Output an Rest- oder Schadstoff e aus Prozess s
$f_{s,m}$	Lieferung des Prozesses s an den Bereich der modellfremden Nachfrage m
f_s^{Im}	gleichartige Importe der in Prozess s hergestellten Güter in physischen Einheiten
$v_{r,s}$	Input von Material r in Prozess s in monetären Einheiten
$v_{g,s}$	ökonomischer Input g in Prozess s in monetären Einheiten
$v_{h,s}$	Bedarf an ökonomischem Primärinput v in Prozess s in monetären Einheiten
v_s	Output von Prozess s in monetären Einheiten
$\hat{v}_s$	Output des charakteristischen Produktes $\hat{s}$ in monetären Einheiten
$v_{s,e}$	Kosten für die Entsorgung von Rest- oder Schadstoff w aus Prozess s
$v_{s,m}$	Lieferung des Prozesses s an den Bereich der modellfremden Nachfrage in monetären Einheiten
v_s^{Im}	Import des Hauptprodukts aus Prozess s in monetären Einheiten
v_s^{Inl}	Inländische Produktion von Prozess s
d_l	(1 x S)-Vektor des Kapitalbedarfs der Prozesse an Investitionsart l
V	Stoffstrommatrix in monetären Einheiten
V^*	Stoffstrommatrix in monetären Einheiten ohne Prozesse mit monetär nicht bewertbarem Output
P	Preismatrix
V_{SI}^*	Matrix der sonstigen Vorleistungsinputs der Prozesse in monetären Einheiten

V_{WS}^{*}	Matrix des Bedarfs der Prozesse an Wertschöpfungskomponenten in monetären Einheiten
VK_{SI}^{*}	Koeffizientenmatrix, die den spezifischen Bedarf der Prozesse an sonstigen Inputs, bezogen auf die Inlandsproduktion, enthält
VK_{WS}^{*}	Koeffizientenmatrix, die den spezifischen Input der Prozesse an Wertschöpfungskomponenten, bezogen auf die Inlandsproduktion, enthält
Γ_1 - Γ_5	Zuordnungsmatrizen für die Zuordnung der Sektorinputs- und –outputs zu IO-Sektoren
V_{Z}^{IO}	(Teil-)Matrix der Transaktionen zwischen den modellendogenen Prozessen des Stoffstrommodells in der Sektorgliederung des IO-Modells

Modellkopplung:

I_i, I_j	Menge der Prozesse bzw. Aktivitäten in Sektor i bzw. j
I_k	Menge der Prozesse bzw. Aktivitäten in Endnachfragebereich k
Π_l, Π_l, H_1, H_2, H_3, H_4	Hilfsmatrizen für die Monetarisierung der physischen Stoffströme
h	Hilfsvektor für die Monetarisierung der physischen Stoffströme
Λ_Z	Anteilsmatrix für die Transaktionsmatrix des IO-Modells, die angibt zu welchen Anteilen die Transaktionen zwischen den Sektoren der Zwischennachfrage durch Transaktionen des Stoffstrommodells abgedeckt werden
Λ_{EN}	analoge Anteilsmatrix für die Endnachfragematrix
Λ_{WS}	analoge Anteilsmatrix für die Matrix der Wertschöpfungskomponenten
λ_{GA}	analoger Anteilsvektor für den Vektor des Güteraufkommens
λ_{Im}	analoger Anteilsvektor für den Vektor der Importe
$\lambda_{d,l}$	analoger Anteilsvektor für die Vektoren des Kapitalstocks an Investitionsart l
$\hat{\alpha}_i$	Anteil der Abdeckung von Output $\hat{x}_i$ durch die zugehörige charakteristische Nachfrage
E_Z	Matrix, deren Elemente alle den Wert Eins haben
E_Y	Matrix, deren Elemente alle den Wert Eins haben
E_{WS}	Matrix, deren Elemente alle den Wert Eins haben
e	(n x 1)-Vektor, dessen Elemente alle den Wert Eins haben
e_H	(S x 1)-Vektor, dessen Elemente alle den Wert Eins haben

Abbildungsverzeichnis

Tabellenverzeichnis

Literaturverzeichnis

Abramowitz, J.N.; Mattoon, A.T.: Paper Cuts: Recovering the Paper Landscape. Worldwatch Paper149. Worldwatch Institute. Washington D.C., 1999.

Adriaanse, A.; Bringezu, S.; Hammond, A.; Moriguchi, Y.; Rodenburg, E.; Rogich, D.; Schütz, H.: Stoffströme: Die materielle Basis von Industriegesellschaften. Wuppertal Institut, Wuppertal, 1998.

Arbeitsgemeinschaft Graphische Papiere (AGRAPA): Selbstverpflichtung zur Rücknahme und Verwertung gebrauchter graphischer Papiere. Vereinbarung mit Bundesumweltminister Töpfer vom 14. Oktober 1994. http://www.gesparec.de/Download/g_agr_fs.pdf

Almon, C.: The Inforum Approach to Interindustry Modeling. In: Economic Systems Research, Nr. 3, 1991, S. 1 – 7.

Arbeitsgemeinschaft Energiebilanzen: Energiebilanzen der Bundesrepublik Deutschland. Frankfurt a.M., verschiedene Jahrgänge

Auhorn, W.J.; Linhart, F.: Chemische Hilfsstoffe. In: Göttsching, L. (Hrsg.): Papier in unserer Welt: Ein Handbuch. Düsseldorf/Wien/New York, 1990, S. 89 - 92.

Ayres, R.U.: Resources, Environment and Economics: Applications of the Materials/Energy Balance Principle. New York, 1978.

Ayres, R.U.: Thermodynamics and Process Analysis for Future Economic Scenarios. In: Environmental and Resource Economics, Nr. 6, 1995, S. 207 – 230.

Ayres, R.U.; Simonis, U.E (Hrsg.): Industrial Metabolism: Restructuring for Sustainable Development. Tokyo, New York, Paris, 1994.

Ayres, R.U.; Ayres, L.W.: Industrial Ecology: Towards Closing the Materials Cycle. Cheltenham, Brookfield, 1996.

Baccini, P.; Bader, H.-P.: Regionaler Stoffhaushalt: Erfassung, Bewertung und Steuerung. Heidelberg, Berlin, Oxford, 1996.

Baccini, P; Brunner, P. (Hrsg.): Metabolism of the Anthroposphere. Berlin, Heidelberg, New York, 1991.

Bätcher, K.; Böhm, E.: Zusammenfassende Darstellung des Kenntnisstandes zu Cadmiumstoffströmen in der Bundesrepublik. In: Enquete-Kommission „Schutz des Menschen und der Umwelt" des Deutschen Bundestages (Hrsg.): Studienprogramm Umweltverträgliches Stoffstrommanagement. Band 3: Bewertung. Bonn, 1995.

Baumann, W.; Herberg-Liedtke, B.: Papierchemikalien: Daten und Fakten zum Umweltschutz. Berlin, Heidelberg, 1994.

Baumgarten, H.L.: Papiertechnik. Manuskript TUD-PTM 01/96. Dresden, 1996.

de Beer, J.: Potential for Industrial Energy Efficiency Improvement in the Long Term. Diss. Universität Utrecht. Utrecht, 1998.

Behrendt, S.; Pfitzner, R.; Kreibich, R.: Wettbewerbsvorteile durch ökologische Dienstleistungen: Umsetzung in der Unternehmenspraxis. Berlin, Heidelberg, 1999.

Böhm, E.: Entwicklungstendenzen in der Umwelttechnologie. In: Zahn, Erich (Hrsg.): Handbuch Technologiemanagement. Stuttgart 1995, S. 151 – 168.

Böhm, E. et al.: Modell Chemische Technik: Anwendung für die Bereiche Düngemittel, Waschmittel, Farben und Lacke. Karlsruhe, 1979.

Böhm, E.; Hiessl, H.: Trends in der Umweltschutztechnologie. In: Steger, U. (Hrsg.): Handbuch des integrierten Umweltmanagements. München, Wien, 1997.

Bölle, C.-D.: Zur Methodik der Konzeption einer industriellen Energieversorgung unter besonderer Berücksichtigung der Papiererzeugung. Diss., Universität Karlsruhe. Karlsruhe, 1994.

Boero, G.; Clarke, R.; Winters, L.A.: The Macroeconomic Consequences of Controlling Greenhouse Gases: A Survey. UK Department of the Environment, Environmental Economics Research Series. London, 1991.

Boston Consulting Group (BCG): Paper and the Electronic Media: Creating Value from Uncertainty. Beziehbar über imc-info@bcg.com. September 1999.

Bringezu, S.: Ressourcennutzung in Wirtschaftsräumen: Stoffstromanalysen für eine nachhaltige Raumentwicklung. Berlin, Heidelberg etc., 2000.

Bringezu, S.; Fischer-Kowalski, M.; Kleijn, R.; Palm, V.: Regional and National Material Flow Accounting: From Paradigm to Practice of Sustainability. Proceedings of the ConAccount workshop, 21 –23 January, 1997. Leiden, Niederlande.

Buchert, M.; Achtner-Theiß, E.; Wollny, V.: Schwarze Kunst auf grünen Pfaden: Buchherstellung nach ökologischen Grundsätzen. Göttingen, 1997.

Bundesamt für Umwelt, Wald und Landschaft (BUWAL, Hrsg.): Ökoinventare für Verpackungen. 2. korrigierte und aktualisierte Auflage. Schriftenreihe Umwelt Nr. 250. Bern, 1998

Bundesministerium für Wirtschaft und Technologie (BMWi, Hrsg.): Energie Daten 1999: Nationale und internationale Entwicklung. Bonn, 1999.

Buttermann, H. G.; Hillebrand, B.: Klimaschutzerklärung der deutschen Industrie unter neuen Rahmenbedingungen: Monitoring-Bericht 1999. Untersuchungen des Rheinisch-Westfälischen Instituts für Wirtschaftsforschung, Heft 37. Essen, 2000

Carter, A.P.: Upstream and Downstream Benefits of Innovation. In: Economic Systems Research, Nr. 3, 1990, S. 241 – 257.

Chapman, P.: Energy Costs: a Review of Methods. In: Energy Policy, Juni, 1974.

Chemische Rundschau (CR): Erste Sulfatzellstoffanlage angefahren. Nr. 12, 16.6.2000, S. 14.

Clark, D.: Zukünftige Marktbedingungen für gestrichenes Papier. In: Wochenblatt für Papierfabrikation, Nr. 6, 1994, S. 201 – 204.

Cleveland, C.: Ecolological-Economic Underpinnings of Industrial Transformation. In: Industrial Transformation – Research Directions. International Human Dimensions Programme on Global Environmental Change, IHDP-IT Open Science Meeting, Discussion Paper 2. Amsterdam, 1999.

Conrad, K.: Computable General Equilibrium Models for Environmental Economics and Policy Analysis. In: van den Bergh, J. (Hrsg.): Handbook of Environmental and Resource Economics. Cheltenham, Nothampton, MA, 1999, S. 1060 - 1088.

Diekmann, J.; Eichhammer, W.;Neubert, A.;Heilwig, R.; Schlomann, B.; Ziesing, H.-J.: Energie-Effizienz-Indikatoren. Heidelberg, 1999.

DIW/KfA-STE/FhG-ISI/Öko-Institut: Politikszenarien für den Klimaschutz – II: Szenarien und Maßnahmen zur Minderung von CO_2 –Emissionen in Deutschland bis 2020. Berlin, Jülich, Karlsruhe, 1999.

Duchin, F.; Lange, G. M.: The Future of the Environment: Ecological Economics and Technological Change. New York, 1994.

Duchin, F.; Szyld, D.B.: A Dynamic Input-Output Model with Assured Positive Output. Metroeconomica, 37 (Oktober), S. 269 – 282.

Edler, D.: Ein dynamisches Input-Output-Modell zur Abschätzung der Auswirkungen ausgewählter neuer Technologien auf die Beschäftigung in der Bundesrepublik Deutschland. Beiträge zur Strukturforschung, Heft 116. Deutsches Institut für Wirtschaftsforschung, Berlin, 1990.

Eichhammer, W.; Boede, U; Gagelmann, F.; Jochem, E.; Kling, N.; Schleich, J.; Schlomann, B.; Chesshire, J.; Ziesing, H.-J.: Greenhouse gas reductions in Germany and the UK – Coincidence or policy induced? Reihe „Climate Change" des Umweltbundesamtes, Bericht 01/01. Berlin, 2001.

Enquete-Kommission „Vorsorge zum Schutz der Erdatmosphäre" des Deutschen Bundestages (Hrsg.): Schutz der Erde. Drucksache 11/8030 des Deutschen Bundestages. Bonn, 1990.

Enquete-Kommission „Schutz des Menschen und der Umwelt" des Deutschen Bundestages (Hrsg.): Die Industriegesellschaft gestalten: Perspektiven für einen nachhaltigen Umgang mit Stoff- und Materialströmen. Bonn, 1994.

Fachinformationszentrum Karlsruhe (FIZ, Hrsg.): IKARUS-Datenbank (CD-ROM), Karlsruhe, o.J.

Fankhauser, S.; McCoy, D.: Modelling the economic consequences of environmental policies. In: Folmer, H.; Landis Gabel, H.; Opschoor, H.: Principles of Environmental and Resource Economics: A Guide for Students and Decision Makers. S. 253 – 275. Cheltenham/Lyme, 1995.

Faucheux, S.; Levarlet, F.: Energy-Economy-Environment Models. In: van den Bergh, J. (Hrsg.): Handbook of Environmental and Resource Economics. Cheltenham, Nothampton, MA, 1999, S. 1123 – 1145.

Fleig, J. (Hrsg.): Zukunftsfähige Kreislaufwirtschaft. Stuttgart, 2000.

Fleischer, G.; Kühl, W. (Hrsg.): Betriebliche Kreislaufwirtschaft. Nachschlagewerk, 2. Auflage. Berlin, 1999.

Fleissner, P.; Böhme, W.; Brautzsch, H.-U.; Höhne, J.; Siassi, J.; Stark, K.: Input-Output-Analyse: Eine Einführung in Theorie und Anwendungen. Wien, New York, 1993.

Flohr, M.; Grohs, G.: Monitore von morgen. In: CHIP, Nr. 7, 1999.

Food and Agriculture Organization of the United Nations (FAO, Hrsg.): Pulp and Paper towards 2010: An executive summary. Rom, 1994.

Forssell, O.: Explaining Changes in Input-Output-Coefficients for Finland. In: Brody, A.; Carter, A. (Hrsg.): Input-Output-Techniques. Amsterdam, London, 1972, S. 343 – 369.

Forum für Energiemodelle und Energiewirtschaftliche Systemanalysen in Deutschland (FEES, Hrsg.): Energiemodelle zum Klimaschutz in Deutschland: Strukturelle und gesamtwirtschaftliche Auswirkungen aus nationaler Perspektive. Springer, Heidelberg, 1999.

Fraunhofer Institut für Systemtechnik und Innovationsforschung (ISI): Delphi 98 – Umfrage: Zukunft nachgefragt: Studie zur globalen Entwicklung von Wissenschaft und Technik. Karlsruhe, 1998.

Froböse, R.: Die Fusion von Papier und Bildschirm ist beinahe perfekt. In: Chemische Rundschau, 5.1.2001, S. 9.

Frohn, J.; Leuchtmann, U.; Kräussl, R..: Fünf makroökonometrische Modelle zur Erfassung der Wirkungen umweltpolitischer Maßnahmen - eine vergleichende Betrachtung. Abschlußbericht im Projekt "Modellvergleich" des wissenschaftlichen Beirats zur Umweltökonomischen Gesamtrechnung. Stuttgart, 1998.

Frosch, R.A.: Toward the End of Waste: Reflections on a new Ecology of Industry. In: Ausubel, J.H.; Langford, H.D. (Hrsg.): Technological Trajectories and the Human Environment. Washington D.C., 1997.

Gesellschaft für Papierrecycling (Gesparec): Marktversorgung und stoffliche Wiederverwertung graphischer Papierprodukte. Stand 17.8.2001. http://www.gesparec.de/index2.html

Gielen, D.: Materialising dematerialisation: Integrated energy and materials systems engineering for greenhouse gas emission mitigation. Delft, 1999.

Göttsching, L. (Hrsg.): Papier in unserer Welt: Ein Handbuch. Düsseldorf/Wien/New York, 1990.

Göttsching, L.; Hamm, U.; Platzer, E.; Putz, H.-J.: Analysis of Waste Paper Recycling and Disposal Options in Germany. Sub-Studie Nr. 15 für: International Institute for Environment and Development (IIED): Towards A Sustainable Paper Cycle. London, 1996.

Grefermann, K.: Druckindustrie: Strukturwandlungen und Entwicklungsperspektiven. Berlin, München, 1990.

Grefermann, K.: Papier- und Pappeverarbeitung: Strukturwandlungen und Entwicklungsperspektiven. Berlin, München, 1986.

Grönberg, R.: Diagnose und Prognose von Veränderungen der Inputkoeffizienten in offenen Input-Output-Systemen. Augsburg, 1980.

Großmann, H.; Rebmann, G.; Klein, R.; Metz, A.-M.; Borchers, B.: Daten zur Altpapieraufbereitung. Abschlußbericht an das Umweltbundesamt. Texte 19/94, Berlin, 1994.

Grubb, M.; Edmonds, J.; ten Brink, P.; Morrison, M.: The Costs of limiting Fossil-Fuel CO_2 emissions: A Survey and Analysis. In: Annual Review of Energy and Environment. 1993, S. 397 – 478.

Grundmann, T.: Volkswirtschaftlich konsistente Energieszenarien zur CO_2-Reduktion: Eine Sektoranalyse mittels Kopplung von einem energietechnischen mit einem makroökonomischen Modell am Beispiel des IKARUS-Instrumentariums. Berichte des Forschungszentrums Jülich, Nr. 3663. Jülich, 1999

Fa. Haindl Papier GmbH: Umwelterklärung der Haindl Papier GmbH, Standort Augsburg. Augsburg, 1997.

Heijungs, R.; Guinee, J.B.; Huppes, G.; Lankreijer, R.M.; Udo de Haes, H.A.; Wegener Sleeswijk, A.: Environmental Life Cycle Assessment of Products: Guide- October 1992. Leiden, 1992.

Heijungs, R.: A generic method for the identification of options for cleaner products. In: Ecological Economics, Nr. 10, 1994, S. 69 – 81.

Heise Online: „Elektronisches Papier geht in Produktion“. Meldung vom 29.6.1999, http://www.heise.de/newsticker/.

Hekkert, M.P.; Joosten, L.A.J.; Worrell, E.; Turkenburg, W.C.: Reduction of CO_2-Emissions by improved Management of Material and Product Use: The Case of Primary Packaging. In: Resources, Conservation and Recycling, Nr. 1-2, 2000, S. 33 – 64.

Hellenbrandt, S.; Rubik, F.: Produkt und Umwelt. Anforderungen, Instrumente und Ziele einer ökologischen Produktpolitik. Marburg, 1994.

Hennig, H.: Marktbedingungen der Zukunft für gestrichenes graphisches Papier – Am Beispiel holzfrei gestrichener Papiere. In: Wochenblatt für Papierfabrikation, Nr. 6, 1994, S. 205 – 213.

Hennig, H.: Unterlagen über „Entwicklung des Marktes für Kommunikationspapiere und Papierprodukte“, 1996/97, UPM Nordland Papier AG, Dörpen. Zitiert in: Hoppe, J.; Baumgarten, H.L.: Die Zukunft des Papiers im elektronischen Zeitalter – Papier auf dem Weg in sein 3. Jahrtausend (Teil 2). In: Wochenblatt für Papierfabrikation, Nr. 19, 1997, S. 918 – 927.

Hiessl, H.; Meyer-Krahmer, F.; Schön, M.: Auf dem Weg zu einer ökologischen Stoffwirtschaft. Teil II: Die Rolle einer ganzheitlichen Produktpolitik. In: Gaia, Nr. 4, 1995, S. 89 – 99.

Hirschl, B.; Konrad, W.; Scholl, G.U., Zundel, S.: Nachhaltige Produktnutzung: Sozial-ökonomische Bedingungen und ökologische Vorteile alternativer Konsumformen. Berlin, 2001.

Holub, H.-W.; Schnabl, H.: Input-Output-Rechnung: Input-Output-Analyse: Einführung. München, Wien, 1994.

Hoppe, J.; Baumgarten, H.L.: Die Zukunft des Papiers im elektronischen Zeitalter – Papier auf dem Weg in sein 3. Jahrtausend (Teil 2). In: Wochenblatt für Papierfabrikation, Nr. 19, 1997, S. 918 – 927.

Idenburg, A.: Technological Choices and the Eco-Efficiency of the Economy: A Dynamic Input-Output-Approach. Paper presented at the Twelfth International Conference on Input-Output-Techniques. New York, 18. – 22.5.1998.

Immenschuh, M.: Wirklichkeitstreue von Vorleistungskoeffizienten der Input-Output-Tabelle. Eine Analyse der Papierindustrie. Diplomarbeit an der Albert-Ludwigs-Universität, Freiburg im Breisgau, 1998.

International Institute for Environment and Development (IIED): Towards a Sustainable Paper Cycle. London, 1995.

Jaako Pöyry Deutschland GmbH (Pöyry): Umweltverträgliche Holzaufschlußverfahren. Schriftenreihe „Nachwachsende Rohstoffe", Nr. 8. Münster, 1997.

Jacobson, J.; Comiskey, B.; Turner, C.; Albert, J.; Tsao, P.: The last book. IBM Systems Journal, Nr. 3, 1997. http://www.research.ibm.com/journal/sj/363/jacobson.html.

Jänicke, M.; Binder, M.; Mönch, H.: „Dirty Industries": patterns of change in industrial countries. In: Environmental and Resource Economics 9 (1997), 467 – 491.

James, D.E; Musgrove, A.R. deL.; Stocks, K.J.: Integration of an economic input-output model and a linear programming technological model for energy systems analysis. In: Energy Economics, Nr. 4, 1986, S. 99 – 112.

Jochem, E.; Bradke, H.: Energieeffizienz, Strukturwandel und Produktionsentwicklung der deutschen Industrie. Monographien des Forschungszentrums Jülich, Band 19, Jülich, 1996.

Jochem, E.; Schleich, J; Ostertag, K.; Walz, R.: Evaluation of costs of response strategies to climate change. In: The Shared Analysis Project: Economic Foundations for Energy Policy, Volume 13. Fraunhofer ISI, Karlsruhe, 1999.

Jochem, E.: End-Use-Efficiency. In: UNDP/World Energy Council/DESA: World Energy Assessment. Kapitel 6. New York, 2000.

Johansen, L.: Production Functions. Amsterdam, London, 1972

Kessler, H.: Produktion grafischer holzhaltiger Papiere und zukünftige Entwicklungen. In: Wochenblatt für Papierfabrikation, Nr. 22, S. 1080 – 1085, 1997.

Kandelaars, P.: Economic Models of Material-Product Chains for Environmental Policy Analysis. Dordrecht/Boston/London, 1999.

Koopmans, T.C. (Hrsg.): Activity Analysis of Production and Allocation. New York, London, 1951.

Krause, F.: The Costs of Mitigating Carbon Emissions: A Review of Methods and Findings from European Studies. In: Energy Policy, Nr. 10/11, 1996, S. 899 – 915.

Krauthauf, E.; Stöckler, A.: Altpapiereinsatz in höherwertigen graphischen Druckpapieren. In: Wochenblatt für Papierfabrikation, Nr. 1, S. 9 – 12, 1999.

Kreikebaum, H.: Umweltgerechte Produktion: integrierter Umweltschutz als Aufgabe der Unternehmensführung im Industriebetrieb. Wiesbaden, 1992.

Kottwitz, B.: Prognose der Firma Jaako Poyry für Deutschland. Persönliche Mitteilung von Bodo Kottwitz, Dezember, 2000.

Kuhn, M.; Radermacher, W.; Stahmer, C.: Umweltökonomische Trends 1960 bis 1990. In: Wirtschaft und Statistik, Nr. 8, S. 658 – 677, 1994.

Leontief, W.: Techniques for Consistent Forecasting of Future Demand for Major Minerals Using an Input-Output Framework. Institute for Economic Analysis, 1982.

Leontief, W.; Koo, J.; Nasar, S.; Sohn, I.: Input-Output-Economics. New York, 1986.

Leontief, W.; Duchin, F.: The Future Impacts of Automation on Workers. New York, 1986.

Mäenpää, I.: FMS3 Model System: An Overview. Thule Institute, University of Oulu, Oulu, 1996.

Mäenpää, I.; Juutinen, A.: The Finnish Long Term Model System (FMS) and Wood Flows in the Finnish Economy. In: Bringezu, S. et al. (1997).

Meade, D.: The Impact of the Electric Car on the U.S. Economy:1998-2005. In: Economic Systems Research, Nr. 4, 1995, S. 413 – 438.

Metallstatistik 1989 – 1999: Herausgegeben vom World Bureau of Metal Statistics. Ware, 2000.

Meyer, B.; Bockermann, A.; Ewerhart, G.; Lutz, C.: Marktkonforme Umweltpolitik: Wirkungen auf Luftschadstoffemissionen, Wachstum und Struktur der Wirtschaft. Reihe Umwelt und Ökonomie, Band 28. Heidelberg, 1999.

Meyer-Krahmer, F.; Jochem, E.: Perspektiven ökologischer Innovationen aus technologischer Sicht: Neue Verfahren, Stoffkreisläufe und längere Produktnutzungsdauern. In: v. Gleich, A.; Leinkauf, S.; Zundel, S. (Hrsg.): Surfen auf der Modernisierungswelle? Ziele, Blockaden und Bedingungen ökologischer Innovation. Marburg, 1997.

Middlehoek, A.: Tests of the Marginal Stability of Input-Output-Coefficients. In: Brody, A.; Carter, A. (Hrsg.): Contributions to Input-Output-Analysis. Amsterdam, London, 1970, S. 261 – 279.

Miller, R.E.; Blair, P.D.: Input-Output-Analysis: Foundation and Extensions. Engelwood Cliffs, 1985.

Möller, F.-J.: Ökobilanzen erstellen und anwenden: Entwicklung eines Untersuchungsmodells für die Umweltverträglichkeit von Verpackungen. Ecobalance Applied Research, München, 1992.

Möller, A.; Rolf, A.: Methodische Ansätze zur Erstellung von Stoffstromanalysen unter besonderer Berücksichtigung von Petri-Netzen. In: Schmidt, M.; Schorb, A.: Stoffstromanalysen in Ökobilanzen und Öko-Audits. Berlin, Heidelberg, 1995.

Müllhandbuch: Gebührenentwicklung in der kommunalen Abfallentsorgung für den Bereich der Siedlungsabfälle. In: Müllhandbuch, Kennzahl 1567, Lieferung 1/00. Berlin, 2000.

Nickel, W. (Hrsg.): Recycling-Handbuch: Strategien – Technologien – Produkte. Düsseldorf, 1996.

Obersteiner, M; Nilsson, S.: Press-imistic Futures? – Science Based Concepts and Models to Assess the Long-term Competitiveness of Paper Products in the Information Age. IIASA, Interim Report IR-00-59. Laxenburg, 9. November 2000.

Otto, H; Hennig, H.: Graphische Papiere in Europa: Nachfrage, Verwendungsbereiche, Perspektiven. In: Wochenblatt für Papierfabrikation, Nr. 22, S. 901 – 910, 1992.

Patel, M.K:: Closing Carbon Cycles. Thesis, Utrecht, 1999.

Pfaffenberger, W.: Arbeitsplatzeffekte von Energiesystemen. Energiewirtschaftliche Studien, Band 6 der Vereinigung Deutscher Elektrizitätswerke. Frankfurt am Main, 1995.

Pfaffenberger, W.; Kemfert, C.: Das gesamtwirtschaftliche Informationssystem Ikarus (MIS). In: Molt, S.; Fahl, U. (Hrsg.): Energiemodelle in der Bundesrepublik Deutschland – Stand der Entwicklung. Jülich, 1997.

Pfaffenberger, W.; Ströbele, W.: Projekt Ikarus: Makroökonomische Einbettung: Makroökonomisches Informationssystem Ikarus, Band 1, Beschreibung des Modells MIS. Oldenburg, 1995.

Plätzer, E. T.: Papier versus Neue Medien: Eine Analyse der Umweltverträglichkeit von Presseinformationen im Licht des technologischen Wandels. Diss. TU Darmstadt, Darmstadt, 1998.

Quintanilla, M.R.: Preisbereinigung in Input-Output-Tabellen. Frankfurt/Main, Bern, 1981

Rat von Sachverständigen für Umweltfragen (SRU): Abfallwirtschaft (Sondergutachten). Stuttgart, 1990

Rettig, R.: Changes in Input-Coefficients in the German Economy. In Smyshlyaev, A. (Hrsg.): Input-Output-Modeling. Proceedings, Laxenburg 1984. Berlin, Heidelberg, 1985, S. 141 – 150.

Richter, J.: Aktualisierung und Prognose technischer Koeffizienten in gesamtwirtschaftlichen Input-Output-Modellen. Heidelberg, 1991.

Rinschede, A.; Wehking, K.-H.: Entsorgungslogistik III: Kreislaufwirtschaft. Berlin, 1995.

Robins, N.; Roberts, S.: Rethinking Paper Consumption. Discussion Paper. International Institute for Environment and Development, London, 1996.

Roffael, E.; Dix, B.; Pfeifer, R.; Gensch, C.-O.; Grießhammer, R.: Verwendung von Durchforstungsholz und Altpapier zur Papierherstellung unter Berücksichtigung forstwirtschaftlicher Belange. Studie für das Umweltministerium Baden-Württemberg. Luft, Boden, Abfall, Heft 37. Stuttgart, 1995.

Romm, J.: The Internet Economy and Global Warming: A Scenario of the Impact of E-commerce on Energy and the Environment. The Global Environment and Technology Foundation. http://www.getf.org. Dezember 1999.

Rubik, F.; Teichert, V.: Ökologische Produktpolitik. Stuttgart, 1997.

Schädler, M.: Holzstoff-Produktion. In: Göttsching, L. (Hrsg.): Papier in unserer Welt: Ein Handbuch. Düsseldorf/Wien/New York, 1990. S. 110 – 117.

Schäper, S.; Leitermann, W.: Energie-, Emissions- und Wirkbilanzen von Pkw in aluminiumintensiver und in konventioneller Bauweise. In: Verein Deutscher Ingenieure (VDI, Hrsg.): Ganzheitliche Betrachtungen im Automobilbau. VDI-Berichte 1307. Düsseldorf, 1996.

Schleich, J.; Eichhammer, W.; Böde, U.; Gagelmann, F.; Jochem, E.; Schlomann, B.; Ziesing, H.-J.: Greenhouse Gas Reductions in Germany –lucky strike or hard work? In: Climate Policy 1 (2001), S. 363 – 380.

Schmidt, M.: Die Modellierung von Stoffrekursionen in Ökobilanzen. In: Schmidt, M.; Schorb, A.: Stoffstromanalysen in Ökobilanzen und Öko-Audits. Berlin, Heidelberg, 1995

Schmidt, M.; Schorb, A.: Stoffstromanalysen in Ökobilanzen und Öko-Audits. Berlin, Heidelberg, 1995

Schmidt, W.-P.: Life Cycle Assessment (LCA) zur Bestimmung der ökologisch optimalen Recyclingrate von Papier. Diplomarbeit am Fachgebiet Abfallwirtschaft der TU Berlin. Berlin, 1994.

Schmidt-Bleek, F.: Wieviel Umwelt braucht der Mensch? MIPS - Das Maß für ökologisches Wirtschaften. Berlin, Basel, Boston, 1994.

Schumann, J.: Input-Output-Analyse. Berlin, 1968.

Schweimer, G.W.;Schuckert, M.: Sachbilanz eines Golf. In: Verein Deutscher Ingenieure (VDI, Hrsg.): Ganzheitliche Betrachtungen im Automobilbau. VDI-Berichte 1307. Düsseldorf, 1996.

Sevaldson, P.: The Stability of Input-Output-Coefficients. In: Brody, A.; Carter, A. (Hrsg.): Contributions to Input-Output-Analysis. Amsterdam, London, 1970, S. 207 - 237.

Siegenthaler, C.P.; Noppeney, C.; Pagliari, F.: Ökobilanz-Software Marktübersicht 1995. Eine Übersicht der PC-Programme zur Erstellung von Produkt- und Betriebsökobilanzen. Adliswil: Schweizerische Vereinigung für Ökologisch Bewusste Unternehmensführung, 1995.

Society of Environmental Toxicology and Chemistry (SETAC): A Technical Framework for Life Cycle Assessments. Workshop Report, Aug. 18-23, 1990, Vermont, Washington, D.C., 1991.

Stahel, W.R.: Vertiefungsstudie zur Langlebigkeit und zum Materialrecycling im Bereich der Produkte. Schlussbericht für das Ministerium für Umwelt, Baden-Württemberg. Stuttgart, 1991.

Stahl, B.: Methodenvergleich und Methodenentwicklung zur Lösung der Bewertungsproblematik in produktbezogenen Ökobilanzen. Frankfurt a.M., 1999.

Stahmer, C.: Verbindung von Ergebnissen der herkömmlichen Sozialproduktsberechnung und der Input-Output-Rechnung: Überleitungsmodell des Statistischen Bundesamtes. In: Allgemeines Statistisches Archiv, Heft 4, 1979, S. 340 ff.

Stahmer, C.; Kuhn, M.; Braun, N.: Physische Input-Output-Tabellen 1990. Band 1 der Schriftenreihe „Beiträge zu den Umweltökonomischen Gesamtrechnungen". Stuttgart, 1997.

Statistisches Bundesamt (StBA): Außenhandel nach Waren und Ländern (Spezialhandel), Dezember und Jahr 1995. Fachserie 7; Reihe 2: Metzler-Poeschel, Stuttgart, 1997.

Statistisches Bundesamt (StBA): Beschäftigung, Umsatz und Energieversorgung der Unternehmen und Betriebe im Bergbau und im Verarbeitenden Gewerbe. Fachserie 4, Reihe 4.1.1. Metzler-Poeschel, Stuttgart, 1996c.

Statistisches Bundesamt (StBA): Input-Output-Tabellen 1986, 1988, 1990. Fachserie 18, Reihe 2. Stuttgart, 1994.

Statistisches Bundesamt (StBA): Produktion im Produzierenden Gewerbe 1995. Fachserie 4; Reihe 3.1. Metzler-Poeschel, Stuttgart, 1996.

Statistisches Bundesamt (StBA): Struktur der Produktion 1994. Fachserie 4; Reihe 3.2. Metzler-Poeschel, Stuttgart, 1996b.

Steinhilper, R.; Hudelmaier, U.: Erfolgreiches Produktrecycling zur erneuten Verwendung oder Verwertung. Eschborn, 1993.

Sterman, J.D.: A Sceptic.s Guide to Computer Models. In: Managing a Nation. The Microcomputer Software Catalog, Kapitel 14, Oxford, 1991.

Strassert, G.: Physische Input-Output-Rechnung: Produktionstheoretische Grundlagen, erste Ergebnisse und konzeptionelle Probleme. In: Reich, U.P.; Stahmer, C.; Voy, K.: Kategorien der Volkswirtschaftlichen Gesamtrechnungen, Band 3, Geld und Physis. Marburg, 2001.

Sullivan, G.P.; Roop, J.M.; Schultz, R.W.: Quantifying the benefits: Energy, Cost and Employment Impacts of Advanced Industrial Technologies. In: American Council for an Energy-Efficient Economy (ACEEE): 1997 ACEEE Summer Study on Energy Efficiency in Industry: Proceedings, Refereed Papers, Summary monographs. Washington, D.C., Berkeley, 1997.

Umweltbundesamt (UBA): Ökobilanzen für graphische Papiere. Vergleich von Verwertungs- und Beseitigungsverfahren für graphische Altpapiere sowie Produktvergleiche für Zeitungsdruck-, Zeitschriften- und Kopierpapiere unter Umweltgesichtspunkten. Texte 22/00, Berlin, 2000.

Umweltbundesamt: Daten zur Umwelt: Der Zustand der Umwelt in Deutschland 2000. Berlin, 2001.

van Berkel, R.; Willems, E.; Lafleur, M.: The Relationship between Cleaner Production and Industrial Ecology. In: Journal of Industrial Ecology, No. 1, 1997, S. 51 – 66.

van den Reek, J.A.: Reduction of CO_2 emissions by reduction of paper use for publication applications. Universität Utrecht, Sectie NW&S. 1999.

van der Voet, E.: Substances from Cradle to Grave: Development of a Methodology for the Analysis of Substance Flows through the Economy and the Environment of a Region with Case Studies on Cadmium and Nitrogen Compounds. Doctoral thesis, Leiden University, 1996.

Verband Deutscher Papierfabriken (VdP): Papier '97. Ein Leistungsbericht. Bonn, 1997.

Verband Deutscher Papierfabriken (VdP): Papier 2000. Ein Leistungsbericht. Bonn, 2000.

Vögele, S.: Analyse von Energie- und Umweltpolitiken mit DIOGENES: ein gesamtwirtschaftliches Modell und seine Anwendung auf die Elektrizitätswirtschaft in Baden-Württemberg. Heidelberg, 2001.

von Raven, A.; Höke, U.: Papierveredelung. In: Göttsching, L. (Hrsg.): Papier in unserer Welt: Ein Handbuch. S. 154 - 160. Düsseldorf/Wien/New York, 1990.

Walz, R.; Dreher, C.; Marscheider-Weidemann, F.; Nathani, C.; Schirrmeister, E.; Schleich, J.; Schneider, R.; Schön, M.: Arbeitswelt in einer nachhaltigen Wirtschaft: Analyse der Wirkungen von Umweltschutzstrategien auf Wirtschaft und Arbeitsstrukturen. Endbericht an das Umweltbundesamt. Karlsruhe, 2001.

Weidhaas, A.G.: Altpapier-Aufbereitung. In: Göttsching, L. (Hrsg.): Papier in unserer Welt: Ein Handbuch. S. 128 – 140. Düsseldorf/Wien/New York, 1990.

Wirtschaftsvereinigung Stahl (WV Stahl): Statistisches Jahrbuch der Stahlindustrie 1999/2000. Düsseldorf, 1999.

Worrell, E.: Potentials for Improved Use of Industrial Energy and Materials. Universität Ütrecht, 1994.

Worrell, E.; Levine, M.; Price, L.; Martin, N.; van den Broek, R.; Blok, K.: Potentials and Policy Implications of Energy and Material Efficiency Improvement. Vereinte Nationen, New York, 1997.

TECHNIK, WIRTSCHAFT und POLITIK

Schriftenreihe des Fraunhofer-Instituts
für Systemtechnik und Innovationsforschung ISI

Band 2: B. Schwitalla
Messung und Erklärung industrieller Innovationsaktivitäten
1993. ISBN 3-7908-0693-4

Band 3: H. Grupp (Hrsg.)
Technologie am Beginn des 21. Jahrhunderts,
2. Aufl.
1995. ISBN 3-7908-0862-8

Band 4: M. Kulicke u.a.
Chancen und Risiken junger Technologieunternehmen
1993. ISBN 3-7908-0732-X

Band 5: H. Wolff, G. Becher, H. Delpho, S. Kuhlmann, U. Kuntze, J. Stock
FuE-Kooperation von kleinen und mittleren Unternehmen
1994. ISBN 3-7908-0746-X

Band 6: R. Walz
Die Elektrizitätswirtschaft in den USA und der BRD
1994. ISBN 3-7908-0769-9

Band 7: P. Zoche (Hrsg.)
Herausforderungen für die Informationstechnik
1994. ISBN 3-7908-0790-7

Band 8: B. Gehrke, H. Grupp
Innovationspotential und Hochtechnologie,
2. Aufl.
1994. ISBN 3-7908-0804-0

Band 9: U. Rachor
Multimedia-Kommunikation im Bürobereich
1994. ISBN 3-7908-0816-4

Band 10: O. Hohmeyer, B. Hüsing, S. Maßfeller, T. Reiß
Internationale Regulierung der Gentechnik
1994. ISBN 3-7908-0817-2

Band 11: G. Reger, S. Kuhlmann
Europäische Technologiepolitik in Deutschland
1995. ISBN 3-7908-0825-3

Band 12: S. Kuhlmann, D. Holland
Evaluation von Technologiepolitik in Deutschland
1995. ISBN 3-7908-0827-X

Band 13: M. Klimmer
Effizienz der computergestützten Fertigung
1995. ISBN 3-7908-0836-9

Band 14: F. Pleschak
Technologiezentren in den neuen Bundesländern
1995. ISBN 3-7908-0844-X

Band 15: S. Kuhlmann, D. Holland
Erfolgsfaktoren der wirtschaftsnahen Forschung
1995. ISBN 3-7908-0845-8

Band 16: D. Holland, S. Kuhlmann (Hrsg.)
Systemwandel und industrielle Innovation
1995. ISBN 3-7908-0851-2

Band 17: G. Lay (Hrsg.)
Strukturwandel in der ostdeutschen Investitionsgüterindustrie
1995. ISBN 3-7908-0869-5

Band 18: C. Dreher, J. Fleig, M. Harnischfeger, M. Klimmer
Neue Produktionskonzepte in der deutschen Industrie
1995. ISBN 3-7908-0886-5

Band 19: S. Chung
Technologiepolitik für neue Produktionstechnologien in Korea und Deutschland
1996. ISBN 3-7908-0893-8

Band 20: G. Angerer u.a.
Einflüsse der Forschungsförderung auf Gesetzgebung und Normenbildung im Umweltschutz
1996. ISBN 3-7908-0904-7

Band 21: G. Münt
Dynamik von Innovation und Außenhandel
1996. ISBN 3-7908-0905-5

Band 22: M. Kulicke, U. Wupperfeld
Beteiligungskapital für junge Technologieunternehmen
1996. ISBN 3-7908-0929-2

Band 23: K. Koschatzky
Technologieunternehmen im Innovationsprozeß
1997. ISBN 3-7908-0977-2

Band 24: T. Reiß, K. Koschatzky
Biotechnologie
1997. ISBN 3-7908-0985-3

Band 25: G. Reger
Koordination und strategisches Management internationaler Innovationsprozesse
1997. ISBN 3-7908-1015-0

Band 26: S. Breiner
Die Sitzung der Zukunft
1997. ISBN 3-7908-1040-1

Band 27: M. Kulicke, U. Broß, U. Gundrum
Innovationsdarlehen als Instrument zur Förderung kleiner und mittlerer Unternehmen
1997. ISBN 3-7908-1046-0

Band 28: G. Angerer, C. Hipp, D. Holland, U. Kuntze
Umwelttechnologie am Standort Deutschland
1997. ISBN 3-7908-1063-0

Band 29: K. Cuhls
Technikvorausschau in Japan
1998. ISBN 3-7908-1079-7

Band 30: J. Fleig
Umweltschutz in der schlanken Produktion
1998. ISBN 3-7908-1080-0

Band 31: S. Kuhlmann, C. Bättig, K. Cuhls, V. Peter
Regulation und künftige Technikentwicklung
1998. ISBN 3-7908-1094-0

Band 32: Umweltbundesamt (Hrsg.)
Innovationspotentiale von Umwelttechnologien
1998. ISBN 3-7908-1125-4

Band 33: F. Pleschak, H. Werner
Technologieorientierte Unternehmensgründungen in den neuen Bundesländern
1998. ISBN 3-7908-1133-5

Band 34: M. Fritsch, F. Meyer-Krahmer, F. Pleschak (Hrsg.)
Innovationen in Ostdeutschland
1998. ISBN 3-7908-1144-0

Band 35: F. Meyer-Krahmer, S. Lange (Hrsg.)
Geisteswissenschaften und Innovationen
1999. ISBN 3-7908-1197-1

Band 36: B. Geiger, E. Gruber, W. Megele
Energieverbrauch und Einsparung in Gewerbe, Handel und Dienstleistung
1999. ISBN 3-7908-1216-1

Band 37: G. Reger, M. Beise, H. Belitz
Innovationsstandorte multinationaler Unternehmen
1999. ISBN 3-7908-1225-0

Band 38: C. Kolo, T. Christaller, E. Pöppel
Bioinformation
1999. ISBN 3-7908-1241-2

Band 39: R. Bierhals et al.
Mikrosystemtechnik – Wann kommt der Marktdurchbruch?
2000. ISBN 3-7908-1250-1

Band 40: C. Hipp
Innovationsprozesse im Dienstleistungssektor
2000. ISBN 3-7908-1264-1

Band 41: U. Broß
Innovationsnetzwerke in Transformationsländern
2000. ISBN 3-7908-1287-0

Band 42: F. Pleschak, M. Fritsch, F. Stummer
Industrieforschung in den neuen Bundesländern
2000. ISBN 3-7908-1288-9

Band 43: Katrin Ostertag et al.
Energiesparen – Klimaschutz der sich rechnet
2000. ISBN 3-7908-1294-3

Band 44: U. Böde, E. Gruber
Klimaschutz als sozialer Prozess
2001. ISBN 3-7908-1317-6

Band 45: A. Hullmann
Internationaler Wissenstransfer und technischer Wandel
2001. ISBN 3-7908-1413-X

Band 46: V. Peter
Institutionen im Innovationsprozess
2002. ISBN 3-7908-1462-8

Band 47: F. Pleschak u. a.
Gründung und Wachstum FuE-intensiver Unternehmen
2002. ISBN 3-7908-1478-4

Band 48: H. Grupp u. a.
Das deutsche Innovationssystem seit der Reichsgründung
2002. ISBN 3-7908-1479-2

Band 49: K. Blind u. a.
Software-Patente
2003. ISBN 3-7908-1540-3

Band 50: K. Menrad u. a.
Gentechnik in der Landwirtschaft, Pflanzenzucht und Lebensmittelproduktion
2003. ISBN 3-7908-0021-X

GPSR Compliance

The European Union's (EU) General Product Safety Regulation (GPSR) is a set of rules that requires consumer products to be safe and our obligations to ensure this.

If you have any concerns about our products, you can contact us on ProductSafety@springernature.com

In case Publisher is established outside the EU, the EU authorized representative is:

Springer Nature Customer Service Center GmbH
Europaplatz 3
69115 Heidelberg, Germany

Batch number: 10815974

Printed by Printforce, the Netherlands